黑龙江省同江市耕地地力评价

徐柏富　主编

中国农业出版社
北　京

内 容 提 要

  该书是对黑龙江省同江市耕地地力调查与评价成果的集中反映。在充分应用耕地信息大数据智能互联技术与多维空间要素信息综合处理技术并应用模糊数学方法进行成果评价的基础上，首次对同江市耕地资源历史、现状及问题进行了分析和探讨。它不仅客观地反映了该市土壤资源的类型、面积、分布、理化性状、养分状况和影响农业生产持续发展的障碍性因素，揭示了土壤质量的时空变化规律，而且详细介绍了测土配方施肥大数据的采集和管理、空间数据库的建立、属性数据库的建立、数据提取、数据质量控制、县域耕地资源管理信息系统的建立与应用等方法和程序。此外，还确定了参评因素的权重，并利用模糊数学模型，结合层次分析法，计算了该市耕地地力综合指数。这些成果不仅为今后改良利用土壤、定向培育土壤、提高土壤综合肥力提供了路径、措施和科学依据；而且也为今后建立更为客观、全面的黑龙江省耕地地力定量评价体系，实现耕地资源大数据信息采集分析评价互联网络智能化管理提供参考。

  全书共七章，第一章：自然与农业生产概况；第二章：耕地立地条件；第三章：耕地土壤类型、分布及概况；第四章：耕地地力评价技术路线；第五章：耕地土壤属性；第六章：耕地地力评价；第七章：耕地区域配方施肥。书末附6个附录供参考。

  该书理论与实践相结合、学术与科普融为一体，是黑龙江省农林牧业、国土资源、水利、环保等大农业领域各级领导干部，科技工作者，大中专院校教师和农民群众掌握和应用土壤科学技术的良师益友，是指导农业生产必备的工具书。

编写人员名单

总 策 划：辛洪生

主 编：徐柏富

副 主 编：赵 志 刘东林 金 鑫

编写人员（按姓氏笔画排序）：

丁立萍	于晓东	王冬芹	王永胜	王兴强	王迎霞
王建伟	王海龙	王淑红	田冠涛	田致才	田新富
邢丽君	朱欣华	刘东林	刘凯春	刘宜新	刘恒清
闫成革	孙伟波	孙竟来	李 丽	李天普	李云泽
李国生	李桂娟	吴连富	吴海波	何新义	宋宝华
张义峰	张玉山	张亚萍	苗雨全	金 鑫	房彩霞
赵 志	赵玉水	赵志艳	赵明纯	施桂红	夏丽娟
徐加升	徐柏富	郭 鑫	郭景华	蒋 雨	韩新文
颜士杰	薛全花				

序

农业是国民经济的基础。耕地是农业生产的基础，也是社会稳定的基础。中共黑龙江省委、省政府高度重视耕地保护工作，并做了重要部署。为适应新时期农业发展的需要、促进农业结构战略性调整、促进农业增效和农民增收，针对当前耕地土壤现状确定科学的土壤评价体系，摸清耕地的基础地力并分析预测其变化趋势，从而提出耕地利用与改良的措施和路径，为政府决策和农业生产提供依据，乃当务之急。

2007年，同江市结合测土配方施肥项目实施，及时开展了耕地地力调查与评价工作。在黑龙江省土壤肥料管理站、黑龙江省农业科学院、东北农业大学、中国科学院东北地理与农业生态研究所、黑龙江大学、哈尔滨万图信息技术开发有限公司及同江市农业科技人员的共同努力下，同江市耕地地力调查与评价工作于2010年12月顺利完成，并通过了农业部组织的专家验收。通过耕地地力调查与评价工作，摸清了该市耕地地力状况，查清了影响当地农业生产持续发展的主要制约因素，建立了该市耕地土壤属性、空间数据库和耕地地力评价体系，提出了该市耕地资源合理配置及耕地适宜种植、科学施肥及中低产田改造的路径和措施，初步构建了耕地资源信息管理系统。这些成果为全面提高农业生产水平，实现耕地质量计算机动态监控管理，适时提供辖区内各个耕地基础管理单元土、水、肥、气、热状况及调节措施提供了基础数据平台和管理依据；同时，也为各级政府制订农业发展规划、调整农业产业结构、保证粮食生产安全以及促进农业现代化建设提供了最基础的科学评价体系和最直接的理论与方法依据；另外，还为今后全面开展耕地地力普查工作，实施耕地综合生产能力建设，发展旱作节水农业、测土配方施肥及其他农业新技术的普及工作提供了技术支撑。

《黑龙江省同江市耕地地力评价》一书，集理论基础性、技术指导性和实际应用性为一体，系统介绍了耕地资源评价的方法与内容，应用大量的调查分析资料，分析研究了同江市耕地资源的利用现状及存在问题，提出了合理利用的对策和建议。该书既是一本值得推荐的实用技术读物，又是同江市各级农业工作者必备的一本工具书。该书的出版，将对同江市耕地的保护与利用、分区施肥指导、耕地资源合理配置、农业结构调整及提高农业综合生产能力起到积极的推动和指导作用。

2018 年 1 月

随着我国社会经济全面飞速发展，农业科技不断进步，人口、粮食、资源环境之间的矛盾愈加突出，为了确保国家粮食安全和生态安全，满足人民生活和社会发展的需要，农业科技进步已成为农业科技工作最迫切的任务，而加强土地管理，提高耕地生产能力，成为提高粮食生产潜能的重要问题。众所周知，土地是人类赖以生存的基础，耕地是农业生产的前提条件，是人类社会可持续发展不可替代的生产资料。随着农村经济体制、耕作制度、作物布局、种植结构、产量水平、肥料施用的总量与种类及农药施用等诸多方面出现的变化，现存的全国第二次土壤普查资料已不能完全适应当前农业生产的需要。因此，开展耕地地力调查与评价工作，把握耕地资源状态、土地利用现状、土壤养分的变化动态，是掌握耕地资源状态的迫切需要；是加强耕地质量建设的基础；是深化测土配方施肥的必然要求；是确保粮食生产安全的基础性措施；是促进农业资源化配置的现实需求。做好这项工作是为农田基本建设，农业综合开发，农业结构调整，农业科技研究，新型肥料的开发和农业、农村、农民的发展提供科学依据的重要措施之一。

同江市耕地地力调查与评价工作，是按照《2006年全国测土配方施肥项目工作方案》《耕地地力调查与质量评价技术规程》及黑龙江省2006年耕地地力调查与质量评价工作精神，于2007年开始启动。本次耕地地力调查与评价工作得到了同江市委、市政府的高度重视，给予了资金的支持，并多次召开专项推进工作会议，研究部署耕地地力调查与评价工作，由主管农业副市长负总责。耕地地力调查与评价工作，全程得到了黑龙江省土壤肥料管理站及同江市相关部门的大力支持，使耕地地力调查和评价工作于 2010 年 12 月基本完成了调查与评价任务。

在 2007—2010 年的 4 年时间里，共采集土样近万个，通过调查分析，对同江市耕地进行了耕地地力评价分级，总结出同江市耕地地力退化的原因，提出了耕地地力建设与土壤改良培肥；耕地资源整理配置与种植结构调整；农作物平衡施肥与绿色农产品基地建设；耕地质量管理与保护等建设性意见。建立了同江市耕地资源管理信息系统，绘制了耕地地力等级图，土壤养分等级图等图幅。并专人负责编写了《同江市耕地地力调查与评价技术报告》，整理和记录 13 项次化验分析数据。耕地地力评价对同江市耕地资源进行了科学配置，在此基础上提高了全市耕地利用效率，为促进农业可持续发展打下了良好的基础。通过比较分析耕地地力的变化特征，揭示了地力的空间变化规律，制订出了当前耕地改良和利用的对策，确保了国家粮食安全。同时，耕地地力评价结果可以延伸到现行的测土配方施肥实践、精准农业探索等应用型研究领域，是一项从理论到实践的系统工程。为同江市农业生产的可持续发展，提供了科学指导依据。

在本书编写过程中，由于调查内容多、分析评价技术性较强、工作任务繁重，加之作者水平有限，书中不妥之处在所难免，敬请读者批评指正。

编　者

2018 年 1 月

目 录

序

前言

第一章　自然与农业生产概况

第一节　地理位置与行政区划

同江市历史悠久，据县志记载，在西周时期同江市属于肃慎部落的游牧之地。同江镇原名临江镇，又名拉哈苏苏（赫哲语"废墟之地"之意）。1906 年设州治，取名临江州；1910 年辛亥革命后废除州治，改为临江府；1912 年改为临江县；1913 年因与吉林省临江县重名，改为同江县，即黑龙江和松花江在此汇流于一江之意；1949 年，新中国成立，同江属于富锦县管辖第十区；1959 年，县政府迁到同江镇，改为抚远县；1961 年，与856 农场合并；1962 年，场县分开；1966 年 1 月，经国务院批准与抚远分开恢复同江县；1986 年，经国务院批准撤县建市，成为一座新兴的口岸城市。

同江市位于黑龙江省东北边陲三江下游，黑龙江、松花江两江汇流处的南岸之间三角地带。地处北纬 $47°23'30''$～$48°17'20''$、东经 $132°18'22''$～$134°07'15''$，东与抚远接壤，南与富锦、饶河为邻，西隔松花江与绥滨县相望，北隔黑龙江与俄罗斯相对。东西长约 146千米，南北宽约 42 千米，呈西南、东北走向的狭长地带。

同江市管辖面积 6 300 千米^2（包括勤得利、青龙山、洪河、鸭绿河、浓江、前进 6 个国有农场）。全市地势平坦，土地辽阔肥沃，水源丰富，发展生产的潜力大，适宜农、牧、渔、林、副各业的发展。主要种植的农作物有小麦、大豆、水稻、玉米和薯类。土地资源得天独厚，具有良好的建设现代化大农业的土地基础。

辖区总人口 21 万，市属人口 13 万，农场人口 8 万。同江市辖 4 个镇、6 个乡，4 个农林牧渔场，85 个行政村，127 个自然屯（表 1-1）。辖区总耕地面积 38.33 万公顷，其中市属耕地面积 15 万公顷。

表 1-1　同江市乡（镇）区划一览表

乡（镇）位置	乡（镇）	行政村数	行政村名称
西部	乐业镇	13	乐业、东风、东方红、庆明、安卫、青年庄、一庄、团发、前锋、曙平、东胜、同胜、盛昌
	向阳乡	10	向阳、朝阳、红旗、燎源、奋斗、新兴、东升、同富、黎明、同兴
	同江镇	7	胜利、新发、新光、新街、新乐、永胜、新中
中部	三村镇	10	头村、二村、三村、四村、庆安、华星、红卫、新富、红建、拉起河
	青河乡	15	东宏、红星、东明、东强、东平、东原、东利、东阳、永存、永利、永丰、永恒、永祥、永发、永安
	街津口赫哲族乡	6	卫国、卫华、卫星、卫垦、卫明、渔业

（续）

乡（镇）位置	乡（镇）	行政村数	行政村名称
东部	临江镇	10	合兴、富江、春华、富强、富有、富国、临江、富民、富裕、富川
	八岔赫哲族乡	4	新强、八岔、新颜、新胜
	金川乡	5	金珠、金江、金山、金华、金河
	银川乡	5	新民、银川、兴隆、银河、永华

第二节 自然与农村经济概况

一、土地资源概况

同江市总面积229 346.8公顷（辖区内农场除外），其中耕地面积150 000公顷。按照国土资源局统计数字，各类土地面积及构成见表1-2。

表1-2 同江市土地类别面积及构成统计

地类类别	面积（公顷）	占总面积（%）
水田	15 378.76	6.71
水浇地	75.56	0.03
旱地	134 511.9	58.65
设施农用地	15.02	0.01
果园	6.57	0
其他园地	12.19	0.01
国有林地	21 805.22	9.51
天然牧草地	0.03	0
其他草地	4 447.89	1.94
城市	774.22	0.34
建制镇	228.82	0.10
村庄	3 134.89	1.37
采矿用地	91.25	0.04
公路用地	480.65	0.21
农村道路	3 629.5	1.58
港口码头用地	26.89	0.01
河流面积	15 518.86	6.77
坑塘水面	1 191.91	0.52
内陆滩涂	8 407.52	3.67

（续）

地类类别	面积（公顷）	占总面积（%）
沼泽地	3 602.75	1.57
裸地	449.91	0.20
灌溉林地	9 317	4.06
其他林地	2 480.88	1.08
风景及特殊用	58.37	0.03
沟渠	1 222.17	0.52
人工建筑用地	2 478.08	1.08
合计	229 346.81	100.00

同江市土地自然类型齐全，土地利用程度较高，利用率为87%，森林覆盖率为21%。现有用地结构不合理，土地使用缺乏科学管理，重使用，轻养护；中低产田面积仍较大，占耕地总面积的50%左右；土地使用制度改革后，强化科学管理使用力度不够等问题，在后备土地资源开发、中低产田改造、土地整理、城镇国有存量土地、农村居民点存量土地等方面还有一定的潜力可挖。同江市耕地各土壤类型面积及比例见表1-3。

表1-3　同江市耕地土壤类型面积统计

土　类	总面积（公顷）	占全市耕地总面积（%）
白浆土	35 283.53	23.52
暗棕壤	10 570.77	7.05
黑土	20 191.19	13.46
沼泽土	3 837.76	2.56
草甸土	78 057.75	52.04
泥炭土	1 623.79	1.08
水稻土	435.21	0.29
合计	150 000	100.00

二、自然概况与水文地质条件

（一）地形、地貌

同江市属古老的三江冲积平原，除中北部沿黑龙江南岸局部为低山残丘外，均为广阔的沉降平原、低平原地区。地形总趋势是由西南向东逐渐倾斜。平均海拔在45～65米，坡降一般为五千分之一至八千分之一。西部为漫川漫岗、中部为低山残丘和平原，东部为低平地，沿江是泛滥地，五种主要地貌类型。

1. 漫川漫岗　主要位于同江市西部，包括乐业、向阳、同江等。主要分部在沿江一带的高漫无边际地。主要由松花江古河道漫流沉积堆积而成，由于松花江多次泛滥的冲积和沉积作用，形成漫岗和洼地相间的地形特征。地势绝大部分比较平坦，海拔为 52～62 米，相对高差 10 米，缓坡地带坡度一般在 3°以下，其上发育的主要土壤类型是黑土、白浆土和草甸土。母质为黄土状黏土和沙壤质冲积物。地势较高，排水通畅。是同江市开发较早的农区，也是同江市米豆、杂粮主要产区。

2. 低山残丘　主要分布在街津口赫哲族乡和勤得利、青龙山两个国有农场境内，属完达山余脉，从西向东有街津口山、青龙山、额图山、勤得利山等。东西长 75 千米，山地平均海拔 150～200 米，最高山峰额图山为 626.6 米；其次是街津口山，海拔高度为 553 米，山顶呈浑圆状，山谷南坡地势平缓，北坡陡峭，下临大江。山地为沉积岩的风化残积物和坡积物。山麓多被坡残积物覆盖，个别陡壁下有崩积物堆积。母质较粗，渗透良好，以氧化条件占优势，覆土层薄，最薄土层仅有 5 厘米，植被较茂密，生长灌木林及次生林。土壤发育以暗棕壤为主，是发展林业的好地方。

3. 平原　位于同江市中南部，包括街津口山地外的 3 个乡（街津口、青河、三村）和市属三场等。主要分布在莲花河、青龙河的沿河一带低漫滩，海拔高度 52～57 米，相对高差 5 米，坡度极缓，地势平坦。土壤类型大部分为草甸土和黑土，部分为白浆土。该区北靠黑龙江，中间贯穿莲花河，水源丰富，对发展灌溉、扩大水田极为有利。特别是国家正在勘测施工的街津口大闸，竣工后，控制莲花河的水量，该区将成为旱能灌、涝能排的高产稳产区。

4. 低平地　位于同江市东部四乡，是黑龙江古河道冲积沉积而成。除个别外，多为低平地和重湿沼泽地，海拔高度为 41～45 米，相对高差 4 米左右，成土母质为黏土或沙土，由于成土较晚，黑土层较薄，一般最深 20～23 厘米，最浅 15～18 厘米，多为幼年土壤。土壤主要有草甸土、沼泽土及泥炭土。土质黏重、冷浆、通透性差，地下水位较高，低洼易涝，俗有"鸭北涝区"之称。近几年国家非常重视，投入大量资金，采取有效措施，修建了鸭绿河围堤、同抚大堤和黑泡河排干工程，这些工程竣工后，东部涝区将彻底解决，该区必将成为同江市发展农、牧、副、渔业的重要基地。

5. 沿江泛滥地　主要分布在松花江、黑龙江两江的沿江一带低漫滩。地势低平，海拔 52～54 米，相对高差 2 米，地下水位较高，丰水期易受洪涝灾害。其组成物质主要是第四纪河流冲积物，包括黏土、沙土等，沙黏相间，呈现明显的层状沉积而成的泛滥地草甸土。成土过程具有腐殖质累积的草甸过程和氧化还原交替的特征，所成土壤为幼年土壤。主要发展渔、牧业，部分用于粮食生产。

（二）气象资料

气候支配着成土过程的水热条件，直接参与母质的风化过程和物质的地质淋溶过程，在很大程度上控制着植物和微生物的生长，影响土壤有机质的积累和分解，决定着营养物质的生物系小循环的速度和范围。

同江市地处中高纬度，属于寒温带大陆性季风气候。由于初春受冬季季风控制；夏季太平洋副热带高压北上，受东南季风影响，海洋暖湿空气流入大陆；秋季海洋性暖气团开始南撤，西伯利亚冷空气开始侵袭同江市；冬季高空为西风环流控制，地面受西伯利亚冷空气影响；因此，形成同江市四季差别明显的气候特点。具体是：春风较大、雨雪少，夏季短暂、雨集中，秋季凉爽、初霜早，冬季漫长、冷干燥。

1. 气温和土温

(1) 气温：同江市多年累积（1967—2007 年）年平均气温 2.5 ℃，最热的是 7 月，平均 22 ℃，最冷月是 1 月，平均—20.8 ℃。历年各月平均气温见表 1-4。

表 1-4　1967—2007 年各月平均气温

单位：℃

月份	1	2	3	4	5	6	7	8	9	10	11	12	年平均
温度℃	—20.8	—16.3	—6.3	4.7	13.2	18.2	22	20.3	14	4.5	—7.5	—16.6	2.5

极端最高气温为 36.3 ℃，出现在 1968 年 7 月 22 日，极端最低气温为—40.8 ℃（1969 年），年平均气温最高 2.772 ℃（1970 年），年平均气温最低 2.083 ℃，高温年和低温年差别很大，年际差近 689 ℃，相当于 7 月的积温。如按 20 ℃为一个生育日计算，高温年与低温年则相差 35 天。高温年相当于黑龙江省南部地区的常年年景，现有晚熟类型的作物品种都能成熟；低温年相当于黑龙江省北部地区正常年景，现有早熟品种都有不能成熟的危险。气温由西向东递减。积温分布情况，年日照总量平均 2 474.3 小时，平均每天 7 小时左右，可满足一般作物生长的需要。无霜期平均为 136 天，最短为 118 天，最长 158 天。中东部黑龙江沿岸无霜期在 126 天左右，和西部地区相差 10 天左右。初霜出现在 9 月中旬至 10 月初，最早出现在 1967 年 9 月 13 日，最晚出现在 1974 年 10 月 7 日；终霜在 4 月末至 5 月上旬，东部更晚些，在 5 月 17～20 日，甚至在 6 月初，只能种植生育期在 120 天左右的作物品种，不然就有贪青晚熟遇早霜冷害的危险。1967—2007 年各月日照时数平均值见表 1-5。

表 1-5　1967—2007 年各月日照时数平均值

月份	1	2	3	4	5	6	7	8	9	10	11	12	年总量
日照时数（小时）	159.6	191	241.5	216.9	244.4	246.1	241.6	227.1	216.9	189.9	159.1	140.2	2 474.3
日照率（%）	57	65	64	54	52	49	49	50	56	56	41	51	53.7

(2) 土温：全年结冻期在 250 天左右。冻土深度 1.5～2 米，沼泽地因受积水影响，冻土深度可小于 1 米，结冻迟、解冻晚，有土壤结冻层存在。早春地表温度上升，则在冻层上形成临时性积水（反浆水），不仅对土壤形成有重要作用，而且对早春保证作物出全苗具有十分重要的意义。结冻期始于 10 月初，终于 6 月中旬，3 月下旬土壤开始解冻，4 月初土壤化冻 3～5 厘米，正是小麦播种适宜季节，5 厘米耕层稳定通过 7 ℃初日为 4 月 30 日，此时土壤已化冻 20～30 厘米，可播种大田。地中各层之间温度变化不大，差异小，地中温度变化的规律是随着深度的增加而递减，以 7 月达最高。

(3) 降水：从 1977—2007 年的月、年降水量统计看（表 1-6），最大降水量为 838.2 毫米（1987 年），最小降水量为 322.4 毫米（1999 年），年平均降水量为 521.9 毫米。降水量的年内分配极不均匀，6～9 月降水量占全年总量的 71.8%；而 3～5 月的降水量只占全年的 16.4%，降水量最少的 12 月至翌年 2 月，仅占全年降水量的 3.7%（表 1-7）。

表 1 - 6　1977—2007 年降水量分布表

单位：毫米

年份	1977	1978	1979	1980	1981	1982	1983	1984	1985	1986	1987
降水量	370.3	376.7	468	484	707	403	571.3	671.8	542	396	838
年份	1988	1989	1990	1991	1992	1993	1994	1995	1996	1997	1998
降水量	468.5	405.9	584	745.4	568.5	495.1	567.6	644.6	559.4	585.5	501.8
年份	1999	2000	2001	2002	2003	2004	2005	2006	2007		
降水量	322.4	550.3	432.9	508.4	494.4	465.2	400	477.4	464.1		

表 1 - 7　2007 年各月平均降水表

单位：毫米

月份	1	2	3	4	5	6	7	8	9	10	11	12	年总量
降水量	3.1	16	39.8	6	60.4	57.2	32.3	106.9	74.5	55.1	0	11.8	463.1

（4）风：据 1969—1997 年统计，全年大于或等于 6 级大风平均 12.4 次，最多年 46 次（1969 年），最少年 1 次（1997 年）。从历年各月大风次数可以看出大风多出现在 4 月、5 月，9～11 月较大，其他月比较平缓（表 1 - 8）。

表 1 - 8　1969—1997 年各月大风次数

月份	1	2	3	4	5	6	7	8	9	10	11	12	年平均
风次（6 级）	0.2	0.5	1.3	3.1	3.4	1	0.4	0.3	0.4	0.9	0.8	0.3	12.4

（三）水文地质

1. 河流水系　同江市地处三江下梢，地势低平，水系发达，江河纵横，泡沼棋布，地表水极为丰富，水域面积 229.30 千米^2，储水量 23.30 亿吨，每年用地表水 0.08 亿吨，占地表总量 0.3%，主要灌水田。境内有大小江河 20 余条，大小泡沼有 30 多个，但主要有两江七河，均属黑龙江水系。

（1）黑龙江：流经同江市的东北境，西起三江口，东至黑鱼泡河口，长 170 千米，江宽 1～2 千米，水域面积 9 650.4 公顷，江水墨绿，水量充沛，是同江市航运的大动脉。

（2）松花江：从乐业平安入境，缓缓北去，至县城东北 4 千米的三江口，汇入黑龙江，长 58 千米，江宽 0.5～2 千米，水域面积 3 177 公顷，河床坡降度 1/8 000～1/110 000，它是从古至今联系同江与内地的天然航道。松花江五十年一遇洪水，水位在海拔 55.6 米，历史最高洪水水位海拔 54.77 米，最低洪水水位海拔 52.54 米，相差 22.3 米，多年平均水位 53.6 米。最大流量 16 600 米^3/秒，最小流量 130 米^3/秒，水流流向为由南向北。江水封冻期每年 11 月 20 日左右，解冻期为 4 月 20 日左右。

（3）莲花河：发源于富锦东部沼泽地区，全长 127 千米，由庆丰村入境，因河水清澈，丛生莲花而得名，其水深为 0.7～2.4 米，河宽 30～50 米，沿岸多低洼地，杂草丛生，河底为泥炭沼泽，从同江市西南向东北青龙山河汇流转北流经街津口入黑龙江。全长

127 千米，共有 22 条支流，流域面积 2 600 千米²，贯穿同江市西部 6 个乡、2 个国有农场，成为同江市西部地区农田排水天然容池区，排水除涝的大动脉。但由于地势平坦，河床比降小，曲大宽浅，两岸形成漂筏和沼泽，水源不畅，发挥不了天然池区的作用，其上游逢干旱年间，河床干涸，杂草布满河底，淤泥干裂，逢雨年份河水猛涨，两岸沼泽一片汪洋。致使两岸耕种的 0.7 万公顷良田受内涝和倒灌洪水成灾，可垦荒原 10 万公顷地不能开发利用。国家正考虑根治莲花河的方案。如果根治好莲花河，不仅能养鱼、能行舟，而且涝能排、旱能灌，使中下游的前卫、乐业、向阳、秀山、青河等乡（镇）将成为同江市重要的鱼米之乡。

（4）鸭绿河：发源于额图山南坡低洼重湿地带。在境内长 106 千米，水深 0.5～1.5 米，河宽 50 米，河底为泥炭沼泽，从同江市东北境流入抚远市达里加湖。

（5）别拉洪河：发源于同江市东南赵小山东侧重湿地，河长 66 千米，水深 0.6～2.5 米，河宽 60～80 米，河西南接富锦市界，东南邻饶河县界，东流入抚远市，河上中游已干涸，辟为肥沃良田，全国著名的洪河农场就位于别拉洪河的上游地带。

（6）拉起河：发源于同江镇南门外沼泽地，河长 32 千米，水深 0.6～2.8 米，河宽 30～40 米，东流入莲花河，近年河水枯竭，大部分河底已垦为耕地。

（7）卧牛河：发源于勤得利农场南二十三连门前重湿地，全长 8 千米，水深 1.6～2 米，河宽 30～45 米，河底泥沙，北流入黑龙江。

（8）其他河流：还有八岔河、黑鱼泡河、拉起河、大马斯河、勤得利河等短小季节性河流，除了河流外，腰屯大泡、莲花泡、十里泡、二接力大泡、三十八军泡、朱老四大泡等，多分布在同江市东南部低洼地区。

这些河流除黑、松两江外，其特点是上游分水岭不明显，河流弯曲比较大，流速迟缓，河床宽浅，河滩宽阔，过水能力小，汛期洪水顶托，内水不能外排，使两岸土地形成沼泽和重湿地。

（9）地表水变化特点

① 地域分布的不均衡，同江市境内西部地区的径流深小于东部地区的径流深，山区的径流深大于平原地区的径流深。

② 年际间丰枯水交替出现，据同江市气象 17 年降水资料分析，降水量的年最大值为 1971 年，为 759.3 毫米，降水量最小年为 1970 年，为 332.7 毫米，丰枯相差 2.28 倍。降水主要集中在 6～8 月，降水量占全年降水量的 62.18%，水量这种悬殊变化是年际间旱涝不均的主要因素。

③ 年内分布不均，同江市地表径流补给来源主要有 3 个方面：雨水补给占 70%～75%，融雪补给占 10%～15%，地下水补给占 5%～15%。

由于地势平坦，植被好，含沙量较少，地表水矿化度很低，为 38.66～115.20 毫克/升。地表水多为碳酸根-氯离子-钙-钠型，沼泽水的 pH 为 6.5～7.0。其水质好，无色无嗅无味，矿化度、硬度及主要离子含量都很低，适宜生活和工业用水，灌溉系数为 18，符合农业灌溉要求。

2. 地下水　根据地质构造及地貌情况可分为两个水文地质区。

（1）低山区：这一地区山顶呈浑圆状，植被发育旺盛，山顶覆土薄，基岩裸露，岩性为变质岩、火山碎屑岩、花岗岩等硬度中等岩石。变质岩、花岗岩风化带裂隙水和基岩裂隙水等，富水极不均匀。并且大气降水沿风化壳裂隙下渗，形成风化构造裂隙水，局部断层破碎带形成承压水。潜水埋深随地形的起伏而异，沿山脚及岗坡区其地下水埋深多在10米以上，山丘顶部地区其地下水埋深多在30～50米，地下水多为重碳酸钙型软水，矿化度普遍较低，为低矿化软水，其矿化度为0.15～0.26克/升，其渗透量为3.46米/日，水化学类型为碳酸氢根-钙-钠，水位年变幅为4～6米，富水性变大，单井涌水量为100～1000吨/日，中部地区地下水流向为西南东北。铁离子含量为41毫克/升。

（2）平原区：该区普遍沉积了很厚的第四系沙、沙砾层，形成富水性强的含水体。由于四面环山，所以形成了平原区微向北东倾覆的储水盆地。含水层厚而稳定，透水性好，富水性强，地下水蕴藏丰富。含水层最厚可达273.82～230.60米，渗透量为30～100米/日。含水层多为沙砾石、粗沙，其单井涌水量在603.36吨/日。地下水的补给来源主要是从该地区的西南部接受来自外区的地下径流。这是由于该区存在着较多较厚的隔水层而产生的，进入该区后呈以北东向为主的放射流，流经广阔的一级、二级阶地，泄入黑龙江。汛期，江水上涨，高于漫滩中的地下水位，各江对地下水都有不同程度的倒灌补给。水位埋深，对于西部地区属于高漫地区，表层为不连续的厚为0～3米的黄褐色亚黏土覆盖，所以其含水层厚度为15～30米。八岔赫哲族乡一带其含水层达268米，同江镇、三村镇红卫村一带其含水层厚达155.31～220.96米。含水层富水性极强，单井通水量达2000吨/日以上。同江镇、乐业镇一庄村最高可达12239吨/日。对于东部低漫滩区，地下水类型普遍为潜水，水位埋藏深度为1～7米，地下矿化度为92～348毫克/升，以100毫克/升居多。硬度为2.1～13.68（德国度），水化学类型为低矿化重碳酸钙软水，pH为6.5左右，属微酸性水，铁离子普遍较高，一般为3.6～24毫克/升，最高可达32毫克/升。地下水补给来源，主要接受中部平原地下水、大气降水和汛期江河倒灌补给，因此，其动态与江水关系密切，水位季节性变化明显。枯水期松花江、黑龙江为地下水排泄的主要通道。

各种污染指数，除松花江漫滩乐业、东风一带之外，含量均较低，地下水未受人为或自然因素污染。

（3）地下水净储量与利用

① 地下水储量计算是根据中国人民解放军701部队的水方调查资料。

② 区域包括同江、向阳、乐业、青河、临江、八岔、金川、银川、三村共9个乡（镇）。

对于地下水的开采除山区外，平原地区较容易，并且投资少，见效快，该地区地下水储量极为丰富，已利用地下水进行灌溉并收到了很好的效果。地下水利用系数按0.003计算，则可利用的地下水量为9909亿米^3，可以同时满足发展水旱田的灌溉需要。

第三节　植　被

植被是土壤发育和土壤生产力的具体反映，并决定着土壤形成的方向和特点。这种植被对土壤形成过程的显著影响是土壤本身的一个极其重要的特点。

同江市由于夏季短暂温暖湿润，地表、地下水丰富；冬季漫长寒冷，日照不足，植物生长旺盛，种类繁多。根据不同的地形、水和土壤等条件，组成不同的植物群落。

一、森　　林

同江市森林植被主要分布在勤得利山、额图山、街津口山、青龙山及低山边缘坡岗地，植被多以柞、桦、杨、槐为主的次生林，是同江市暗棕壤、白浆土的主要分布地区。

二、森林草甸

森林草甸是草甸植被向森林植被的过渡类型，从组成上森林植物也有草甸植物，从地势低处向高处森林植物逐渐增加，主要分布在平地稍高的地方及林间空地、岛屿。主要植被为柞、桦、杨、沼柳、小叶樟等。主要土壤类型为潜育化白浆土、草甸土及草甸沼泽土。

三、草　　甸

草甸以多年生禾本科植物为主，主要植物为禾本类草和杂类草，以大叶樟、小叶樟为主组成的草甸植被群落。分布较广，一般平地间歇性矿质养分多，为草甸化过程奠定基础，是发育草甸土的重要因素。

四、草原化草甸

草原化草甸是由森林草甸向草原草甸演变的过渡类型。其中漫岗地有部分灌木、榛柴、笤条；大片平原主要是草甸草原植物，俗称"五花草塘"，其中植物组成有牡蒿、小叶蒿、黄花菜、问荆、马兰、狗尾草、扁竹兰、落豆秧等。每年夏秋季节群花连续开放，异常鲜艳繁茂。这种植被的主要特点是植物种类繁多，生长繁茂，有机质积累量高，矿物质的生物循环量大，对黑土的形成起重要作用，同江市的黑土区主要分布在这类植被上。草原化草甸主要分布在同江市西中部的三村和青河等乡（镇），现在已开垦为耕地，成为同江市的重要产粮区。

五、沼　　泽

沼泽为隐域性植被类型，其组成以湿生植物为主，主要分布在同江市的东四乡及低洼沼泽地带，常年积水，植被为三棱草、乌拉草、薹草、漂筏子等。

湿生植物生长对沼泽土和泥炭土的形成发育、类型的性质有着重大影响，由于土壤经常处于过湿状态，有机质分解差，在土壤中大量累积，加强了土壤的沼泽化、泥炭化过程。

同江市是典型的农业县级市，1986 年被确定为国家商品粮基地县。2008 年统计局统计结果，全市总人口 13 万（农场除外），其中非农业人口 4 万，占总人口的 30.77%，农业人口 9 万，占总人口的 69.23%；财政总收入 4 500 万元。在岗职工年平均工资 7 595 元；第一产业总产值 159 000 万元，其中农业产值 143 490 万元，占第一产业总产值的 90%；林业产值 1 428 万元，占农业总产值 1%；牧业产值 16 919 万元，占农业总产值的 11.79%；渔业产值 2 400 万元，占农业产值 1.67%（表 1-9）；农村经济总收入 70 561 万元，农村人均纯收入 4 300 元。

表 1-9　同江市 1988—2008 年农、林、牧、渔业产值

单位：万元

年度	农林牧渔业总产值	农业产值	林业产值	牧业	渔业产值
1988	6 155	4 559	73	1 013	510
1989	8 576	6 578	55	699	1 244
1990	9 058	6 485	100	1 474	999
1991	5 048	1 870	52	2 010	1 116
1992	10 194	6 660	55	2 954	525
1993	12 678	7 981	124	4 109	464
1994	22 259	15 548	183	6 017	511
1995	34 246	26 313	235	7 178	520
1996	40 205	30 450	389	8 466	900
1997	38 480	28 516	385	8 713	866
1998	19 838	11 804	517	5 817	1 700
1999	36 933	29 810	586	5 491	1 046
2000	38 505	30 876	730	5 794	1 105
2001	45 282	36 831	797	6 334	1 320
2002	50 265	39 887	745	8 113	1 520
2003	61 925	48 561	960	10 534	1 550
2004	67 368	52 021	1 152	12 054	1 750
2005	79 925	63 299	1 288	13 138	1 800
2006	89 885	71 794	1 082	14 189	2 400
2007	116 234	93 508	1 360	18 150	2 766
2008	143 490	122 268	1 428	16 919	2 400

第四节　基础设施与农业生产

一、农业基础设施

同江市位于黑龙江省东北部、三江平原下梢，从整体上来看是漫岗平原向低平原过渡地带，中北部沿江地带有浅山、丘陵分布，中部和东部部分低洼地易受涝灾。历届市委、市政府为了保证农业生产的可持续发展，都高度重视并且大力建设农田基础设施，在不同区域采取了适应当地的建设工作。

根据同江市沿江、沿河地带较多，低洼易涝，在近 30 年中先后完成了同抚大堤、莲花河流域及鸭绿河流域除涝工程建设。尤其是正在进行的临江灌区的工程建设，这些工程的建设，为同江市的农业生产提供了基础保障。与此同时，大力发展植树造林工程，为农业生产提供了良好的生态条件。

自 20 世纪 80 年代开始推广机械化，到 2009 年农田机耕水平已经达到 99％以上。成立农机合作社 2 个，全市农机总动力 15.1 万千瓦，大中型拖拉机 2 552 台，小型拖拉机 4 450 台，配套农具 11 681 台。机耕面积达到 15.3 万公顷，机播面积 16 万公顷。

同江市地处边远，新中国成立初期，人口稀少，只有 2 万多人，经济落后，耕地面积仅 0.6 万多公顷。1974 年，当时县委、县政府积极认真贯彻落实中央对三江平原作为重点开发，建设商品粮基地的指示精神，从而加速了同江市工农业发展速度。发展到现在工业兴旺发达，县属工业有发电、乳粉、制酒、制砖、印刷、木制家具、服装、食品、油米加工等 31 个企业，总产值 800 万元。农业发展也是突飞猛进，1974—1979 年，先后新建了 6 个乡（前卫、秀山、青河、临江、金川、银川）并对原有六大乡增建村屯，至今人口增加到 13 万多，耕地面积达到 15 万公顷，由昔日落后的"北大荒"已建设成祖国东北边疆的商品粮生产大市。从新中国成立初期到现在同江市农业发展进程可分为以下 5 个阶段：

1. 恢复阶段（1949—1959 年）　1949 年粮豆薯播种面积 4 467 公顷，平均单产 35 千克，年总产 107 250 千克，到 1959 年粮豆薯面积 5 627.5 公顷，比 1949 年增加了 26％，平均单产 52 千克，比 1949 年提高 49％，年总产 438 500 千克，比 1949 年增长 87％。

2. 持续发展阶段（1960—1969 年）　1960 年粮豆薯播种面积 5 092.8 公顷，平均单产 102 千克，总产 3 896 000 千克，到 1969 年面积 11 151.87 公顷，比 1960 年增加 118％，平均单产 57.5 千克，比 1960 年提高 12.6％，总产 19 118 500 千克，比 1960 年增长 146％。20 世纪 60 年代平均粮豆薯播种面积 7 602.7 公顷，平均单产 78 千克，总产 8 904 750 千克。在这阶段林牧业有了发展，乡办企业和县办企业逐步发展起来。

3. 大步发展阶段（1970—1979 年）　1970 年粮豆薯播种面积 11 643.1 公顷，平均单产 93.5 千克，总产 16 329 500 千克，到 1979 年粮豆薯播种面积 30 958.6 公顷，比 1970 年增加 42.2％，平均单产 76.5 千克，比 1970 年下降 18.2％，总产 35 467 500 千克，比

1970年增加116％。20世纪70年代平均粮豆薯播种面积15 342.0公顷，平均单产95.5千克，总产22 068 050千克，这个时期粮食的单产一直在70千克左右徘徊。其他林、牧等各业迅速发展起来。乡办企业和地方工业已形成并初具规模。截至1979年，牛发展到6 900头、羊3 200只，造林194.0公顷。

4. 快速发展阶段（1980—1983年）　1983年粮豆薯面积已达51 333.3公顷，平均单产87.5千克，粮食总产实现6.75万吨，首次突破5万吨大关，面积比1949年增长8.5倍，粮食总产量增长21.3倍，上缴商品粮2.25万吨，创历史最好水平。工农业总产值完成4 418万元，其中农业总产值3 624万元，乡办集体经济积累236万，人均收入328元，比历史最好水平的1980年工农业总产值增长16％，平均每年递增5％。牧业发展很快，大牲畜8 071头，其中黄牛总数5 397头、奶牛523头、羊13 000只，猪存栏数13 028头，现在造林面积758.7公顷，其中用材林561.8公顷、薪炭林104.0公顷、防护林24.7公顷。渔业生产已由单纯的捕捞转向捕养结合，自然水面捕捞量264吨，人工养鱼水面24.7公顷，多种经营总收入103.8万元，占总收入4.2％。

5. 跨越式发展阶段（1984—2009年）　1984年中共中央实行的土地联产承包责任制为同江市农业生产的发展提供了空前的发展契机，尤其是20世纪80年代中期以来，每年中共中央都以1号文件的形式对农业生产的发展制定出许多的强农惠农政策，这更加激发了广大农村干群发展农业生产的热情。30年来同江市的农业生产有了跨越式飞跃发展。截至2008年，同江市粮豆薯播种面积达到了14.000 4万公顷，粮豆薯总产量达到4.5亿千克，林业总产值达到1 428万元，牧业产值达到16 919万元，渔业总产值达到2 400万元。

二、农业生产

（一）农作物种植结构

2008年，同江市的农作物总播种面积140 004公顷，主要以大豆、水稻和玉米为主，谷类杂粮零星种植，大豆96 366公顷、水稻18 922公顷、玉米12 935公顷。

1. 大豆　1988年，全市播种大豆22 991公顷，占粮豆总面积的65.0％。1998年，全市播种大豆33 193公顷，占粮豆总面积的56.6％。2008年，全市播种大豆96 366公顷，占粮豆总面积的66.7％。

2. 水稻　1988年水稻种植面积1 504公顷，占粮豆总面积的0.4％。1998年水稻种植面积7 449公顷，占粮豆总面积的12.7％。2008年水稻种植面积18 922公顷，占粮豆总面积的13.5％。

3. 玉米　1988年玉米种植面积4 137公顷，占全市粮豆总面积的11.6％。1998年播种面积10 438公顷，占全市粮豆面积的17.8％。2008年，玉米播种面积12 935公顷，占粮豆总面积9.2％。

1988—2008年同江市粮豆作物种植结构见表1-10，主要农作物播种面积及产量见表1-11，粮食作物、豆类和薯类播种面积及产量见表1-12。

表 1-10　1988—2008 年同江市粮豆作物种植结构

单位：公顷

年度	大豆	水稻	玉米	小麦	薯类	合计
1988	22 991	1 504	4 137	5 715	1 270	35 617
1989	21 277	2 185	4 192	7 029	1 350	36 033
1990	20 863	3 361	6 783	8 043	1 733	40 783
1991	20 486	3 273	6 152	6 457	1 593	37 961
1992	17 069	2 923	5 413	5 093	1 452	31 961
1993	24 176	2 389	4 978	4 487	1 973	38 003
1994	23 113	2 667	7 333	4 666	845	38 003
1995	23 956	2 682	7 895	1 901	1 449	37 883
1996	23 561	2 680	7 890	5 667	1 070	40 868
1997	19 051	5 800	12 593	5 002	1 187	43 633
1998	33 193	7 449	10 438	6 108	1 427	58 660
1999	26 605	12 678	9 447	7 647	1 746	58 123
2000	34 432	14 374	6 828	2 996	1 372	63 002
2001	36 453	13 466	7 424	550	1 915	59 808
2002	34 609	13 982	7 000	2 514	1 984	60 089
2003	42 716	9 215	6 814	2 166	1 682	62 593
2004	76 308	13 333	6 091	2 026	1 549	99 307
2005	73 926	14 133	6 931	2 362	1 537	98 889
2006	85 355	16 534	7 267	2 534	1 236	112 926
2007	82 008	17 890	11 510	1 219	707	113 334
2008	96 366	18 922	12 935	1 201	1 137	140 004

表 1-11　1988—2008 年同江市主要农作物播种面积及产量

年度	粮食作物		大豆		水稻		小麦		玉米	
	播种面积（公顷）	产量（吨）	播种面积（公顷）	产量（吨）	播种面积（公顷）	产量（吨）	播种面积（公顷）	产量（吨）	播种面积（公顷）	产量（吨）
1988	35 617	66 773	22 991	35 358	1 504	4 180	5 715	11 297	4 137	12 648
1989	36 033	78 934	12 277	36 377	485	7 519	7 029	14 338	4 192	16 728
1990	40 738	88 226	20 863	33 149	3 361	11 410	8 043	17 820	6 783	21 892
1991	37 961	39 135	20 486	8 945	3 273	7 471	6 457	8 939	6 152	10 663
1992	31 950	63 227	17 069	21 233	2 923	10 716	5 093	11 714	5 413	15 724
1993	38 003	73 755	24 176	37 772	2 389	8 382	4 487	8 946	4 978	13 955

（续）

年度	粮食作物		大豆		水稻		小麦		玉米	
	播种面积（公顷）	产量（吨）	播种面积（公顷）	产量（吨）	播种面积（公顷）	产量（吨）	播种面积（公顷）	产量（吨）	播种面积（公顷）	产量（吨）
1994	38 624	115 112	23 113	50 964	2 667	14 669	4 666	8 267	7 333	40 332
1995	37 883	151 854	23 965	61 775	2 682	18 774	1 901	3 768	7 895	59 213
1996	40 868	180 006	23 561	70 297	2 680	19 883	5 667	17 589	7 890	65 335
1997	43 600	190 014	19 051	39 645	5 800	37 706	5 002	16 691	12 593	88 630
1998	58 660	165 052	33 193	42 018	7 449	48 912	6 108	20 218	10 438	49 413
1999	58 123	229 605	26 605	56 419	12 678	77 035	7 647	24 733	9 447	61 488
2000	63 002	192 470	37 432	53 727	14 373	93 316	2 996	4 884	6 828	32 226
2001	59 808	196 619	36 453	77 513	13 466	78 987	550	2 281	7 424	32 093
2002	60 089	184 750	34 609	65 757	13 982	71 600	2 514	8 821	7 000	38 500
2003	62 593	162 231	42 716	77 425	9 215	57 560	2 166	1 752	6 814	24 909
2004	99 307	201 905	76 308	104 051	13 333	67 198	2 026	5 268	6 091	20 709
2005	98 889	252 856	73 926	134 028	14 133	75 258	2 362	6 479	6 931	31 190
2006	120 066	291 903	85 355	140 186	16 534	97 551	2 534	7 349	7 267	34 882
2007	120 121	315 234	82 008	170 206	17 890	118 790	1 219	2 618	11 510	48 695
2008	140 004	450 418	96 366	246 073	18 922	136 704	1 201	4 851	12 935	104 188

表 1-12 1988—2008 年同江市播种面积及产量

年度	播种面积（公顷）			产量（吨）		
	粮食作物	豆类	薯类	粮食作物	豆类	薯类
1988	35 617	22 991	1 252	66 773	35 358	4 405
1989	36 033	21 277	985	78 934	36 377	5 910
1990	40 783	20 863	619	88 226	33 149	2 356
1991	37 961	20 486	715	39 135	8 945	962
1992	31 950	17 069	1 267	63 227	21 233	4 760
1993	38 003	24 176	1 250	73 755	37 772	5 009
1994	38 624	23 113	839	115 112	50 964	3 296
1995	37 883	23 956	2 010	151 854	61 775	7 369
1996	40 868	23 561	631	180 006	70 297	2 335
1997	43 633	19 051	733	190 014	39 645	2 500
1998	58 660	33 193	1 000	165 052	42 018	2 000
1999	58 123	26 605	800	229 605	54 691	5 000

（续）

年度	播种面积（公顷）			产量（吨）		
	粮食作物	豆类	薯类	粮食作物	豆类	薯类
2000	63 002	37 432	1 800	192 470	53 727	5 000
2001	59 808	36 453	1 000	196 619	77 513	2 000
2002	60 089	34 609	1 333	184 750	65 757	5 000
2003	62 593	42 716	667	162 231	77 425	1 500
2004	99 307	76 308	1 467	201 905	104 051	2 000
2005	98 889	73 926	2 133	252 856	134 028	5 000
2006	120 066	26 415	2 126	291 903	140 186	3 000
2007	120 121	30 719	1 650	135 234	170 206	2 185
2008	140 004	33 124	1 060	450 418	246 073	517

（二）农技农艺

1. 玉米栽培　1988—1991 年，推广应用玉米高产技术，即选高产品种，播前晒种，增强种子生命活力；顶浆打垄，5 月 1 日前岗平地播完，墒情好的地块实行玉米催芽播种；加大底肥，提早追肥，促前期生长；玉米三叶期前间苗，按品种、地力确定合理留苗株数，用阿特拉津进行田间化学除草；6 月 30 日前后起大垄，喷施植物生长调节剂，如三十烷醇、长-751、玉米壮丰灵等，促进营养转化积累；隔行去雄，叶面喷施磷酸二氢钾；8 月末拔除田间杂草，改善通风透光条件。该综合技术促早熟 5～7 天。在此期间同江市玉米主栽品种为合玉 11，主要播种方式为人工埯种。

1992 年，在同江市各乡（镇）推广玉米"大双覆"种植技术，实行大垄、双行、覆膜栽培。提高玉米单位面积产量。同时，推广玉米与大豆、甜菜等矮棵作物间作，该项技术抗倒伏、抗病虫、增产，平均比单一品种清种增产 5% 以上。因受气候与生产条件限制，该项技术没有得到推广。

1993 年，同江市玉米的播种方式由传统的人工埯种改为垄上机械精量点播。品种有新合玉 11、合玉 14 和东农 248 等。

进入 21 世纪，同江市种植品种逐年更新。主要品种有绥玉 7、浙单 37。由过去的人工除草改为全部药物除草，使玉米的产量大幅度提升。

2. 水稻栽培　1986 年，同江市种植水稻的乡村部分开始使用旱育苗技术，但绝大多数仍使用旱直播技术。旱育苗技术主要是小棚育苗，主栽品种为合江 19。此项技术的应用与推广带动了全市水稻生产的大发展。到 20 世纪 90 年代末，全市基本淘汰了传统的直播技术。进入 21 世纪，全市开展了大规模的大中棚旱育苗技术，大搞"三超"栽培模式，全市水稻的产量与效益逐年增加，尤其是 2003 年全市在各乡（镇）推广了有机水稻、绿色水稻的栽培技术，面积达到 9 215 公顷。所生产出的大米畅销于南方大中城市，使稻农获得了很高的经济效益。2008 年全市水稻发展到 18 922 公顷，使同江市成为佳木斯地区水稻生产大市。

3. 大豆栽培 1990 年起，中国科学院东北三所在同江市开展大豆中产变高产课题研究，大力推广机械垄上双条精量点播技术，主栽品种为合丰 25，保苗密度为 22 万～25 万株，灭草技术采用化学药剂除草。这些栽培技术的推广应用使同江市大豆的产量在原有基础上有了大幅度的提高。20 世纪 90 年代末至今全市大豆推广了垄三栽培技术，面积为大豆播种面积的 99%。由于此项技术的推广改善了大豆群体与个体之间的空间距离，使其通风和透光性良好，减少了大豆的落花、落荚现象，进一步增加了大豆的产量。

（三）肥料应用

1. 农家肥 由于同江市地多人少，种植业生产机械化程度较高，故而使役畜饲养量极少，肥源有限，家畜粪便所产生的肥料大都用于蔬菜种植的应用。全市历年平均农肥保有量为 5 万吨左右。

2. 化肥 1988 年，同江市应用化肥的主要品种有磷酸二铵、尿素和硫酸铵等。在施肥方法上推广氮、磷结合，氮、磷、钾结合，进行了因土定量施肥。在大田推广不同氮、磷配方 1 000 公顷，其中，高肥地块 666.7 公顷，增产 14%；低肥地块 333.3 公顷，增产 17%，在玉米田使用钾肥试验，每公顷施硫酸钾 0.3～0.7 千克，增产 2.7～3.3 千克。1989 年在水田施肥技术上，采用前重、中控、后巧的施肥技术方法。即在氮肥的用量上，底肥 50%，分蘖肥占 30%，中期（穗分化前后各 10 天）停止施用氮肥，后期施 20% 左右的穗粒肥。1990 年在玉米施肥上实行稳磷、增氮、加钾、配微（肥）的方法。岗地、漫岗地每公顷钾肥施用量 0.3～0.7 千克，洼地及冷凉地每公顷使用硫酸锌 0.1 千克，增产 5%～10%。

1992 年，农业部门提出连续 5 年以上施用磷酸二铵 200 千克/公顷的地块，可以减磷（施磷酸二铵 40～50 千克/公顷）、保氮、增加钾肥的施用量。

1988—2008 年同江市农作物播种面积、化肥施用量见表 1-13。

表 1-13　1988—2008 年同江市农作物播种面积、化肥施用量

年度	农作物播种面积（公顷）	氮肥（吨）	磷肥（吨）	钾肥（吨）	复合肥（吨）	有机肥（吨）
1988	35 617	4 205	2 578	100	0	1 120
1989	36 033	2 050	1 769	120	0	1 340
1990	40 783	2 147	1 921	150	0	1 678
1991	37 961	2 217	2 564	210	210	1 594
1992	31 950	2 058	2 470	180	250	1 764
1993	38 003	2 175	2 365	185	310	1 834
1994	38 644	2 186	2 415	205	470	2 005
1995	37 883	2 095	2 341	180	470	3 000
1996	40 868	2 178	2 462	215	510	2 919
1997	43 633	2 162	2 435	261	600	3 105
1998	58 660	2 417	2 615	258	750	3 105
1999	58 123	2 585	2 768	262	815	4 100

（续）

年度	农作物播种面积（公顷）	氮肥（吨）	磷肥（吨）	钾肥（吨）	复合肥（吨）	有机肥（吨）
2000	63 002	2 618	2 876	310	912	3 918
2001	59 808	2 576	2 718	305	1 100	4 120
2002	60 089	2 658	2 817	320	1 350	3 918
2003	62 593	2 674	2 905	408	1 490	4 140
2004	99 307	3 102	3 309	415	1 874	5 509
2005	98 889	3 215	3 410	382	1 920	4 218
2006	120 066	5 576	5 634	712	2 110	5 000
2007	120 121	5 610	5 712	707	3 400	5 120
2008	140 004	5 762	5 813	804	2 500	5 315

3. 生物菌肥 1986 年推广增产菌剂，主要应用于大豆田、玉米田和水稻田，粮食作物平均增产 7%～8%，玉米制种田增产 15%，采取玉米拌种、大豆喷洒、水稻蘸根等方法，延续至 1995 年，累计实施面积 2 万公顷。同年，在三村镇试验、示范大豆根瘤菌 1 公顷，结果表明，拌菌的地块出苗晚 1～2 天，但幼苗生长快，后期株高增加 2%～7%，叶色深，分枝增加 5%，荚数每株增加 17.4 个荚，根瘤增加 46.2 个，百粒重增加 2%～8%。1987 年后连续推广 2 年，面积 666.7 公顷。

2000—2008 年，市场上生物菌肥品种多达十几个，主要品种：圣吉奥生物菌肥、生物钾肥、龙旗生物菌肥、大豆根瘤菌肥等，应用面积 1.5 公顷，有增加趋势。

4. 微肥

1986 年，同江市应用的微肥主要是钼肥和锌肥等。

1987 年，同江市在大豆田继续应用钼酸铵拌种，玉米田应用硫酸锌防治白苗病，水稻田应用硫酸锌防治赤枯病。

1988 年，乐业、三村镇等乡（镇）在大豆田应用稀土拌种和花期喷施试验、示范，增产幅度 7%～8%，最高达 9.44%。1990 年后，稀土扩宽应用领域，玉米、水稻均有应用。

1993 年，在玉米、水稻、大豆田进行"高美施"示范 66.7 公顷，其中，玉米增产 22%、水稻增产 21.55%、大豆增产 22.6%，特别对大豆重茬、迎茬地块增产效果更加明显，瓜果、蔬菜类等经济作物均增产 20% 以上。1994—2000 年推广应用，锌肥施用面积不断增加。

2004 年以来，在三村镇三村村开展土壤养分数字化项目研究，同时加大微肥使用必要性的宣传力度。目前，微肥应用面积达到 5 万多公顷。

5. 植物生长调节剂 植物生长调节剂主要分为两大类。一类是促进作物营养生长，增强新陈代谢；一类是控制营养生长，促进生殖生长。

（1）促进作物营养生长类型：1986 年后，开始使用"长 751"和"三十烷醇"。1989 年推广应用叶面宝、喷施宝、植保素等，对粮食作物增产 10% 左右，蔬菜、薯类、瓜类等增产 30% 以上。

1992 年，开始应用 ABT 生根粉，是国家科委重点推广的项目之一，在所有的生根植物中都可以使用。全市用于玉米、水稻、大豆、烟叶、蔬菜作物试验示范，玉米增产 21%，水稻增产 11%，大豆增产 38%。1993 年后，ABT 生根粉主要应用于水稻旱育苗和果树扦插。

1996 年后，推广应用双效微肥、绿风 95、云大 120、金满利、赤霉素等植物生长调节剂，主要应用于蔬菜、瓜类、水稻等作物上。

（2）控制营养生长类型：1987 年，在试验基地首次使用了玉米壮健素，可降低玉米株高 20~30 厘米，促进玉米早熟 3~5 天，增强了抗灾能力。

1992—1993 年，先后使用玉米型生长调节剂，玉米壮丰灵、玉米植物生长调节剂、玉米丰收宝等均具有抗倒伏能力，株高降低 40~50 厘米，茎粗增加 0.1~0.3 厘米，气生根增加 1~3 层，秃尖减少，早熟 3~5 天，增产 10%~20%。

到 2008 年，各类植物生长调节剂应用面积扩大，特别是在重灾年份，多达 10 万公顷，合理使用各类调节剂已成为广大农民的自觉行为。

第二章　耕地立地条件

第一节　立地条件状况

一、地形地貌

地形是形成土壤的重要因素。它影响到水分和热量的再分配，影响到物质元素的转移。一般说来，地形越低土壤水分越大，土温越低养分元素越丰富。

同江市属古老的三江冲积平原，除中北部沿黑龙江南岸局部为低山残丘外，均为广阔的沉降平原、低平原地区。地势总趋势是由西南向东逐渐倾斜。平均海拔高度为45～65米，坡降一般为五千分之一至八千分之一。西部为漫川漫岗，中部为低山残丘和平原，东部为低平地，沿江是泛滥地，五种主要地貌类型。

（一）漫川漫岗

主要位于同江市西部，包括乐业、向阳、同江等乡（镇）。主要分部在沿江一带的高漫滩。主要由松花江古河道漫流沉积堆积而成，由于松花江多次泛滥冲积和沉积作用，形成漫岗和洼地相间的地形特征。地势绝大部分比较平坦，局部地区呈"钱搭子"地形，俗称漫川漫岗，坡度平缓，岗顶平坦，海拔在52～62米，相对高差10米，缓坡地带，坡度一般在3°以下，其上发育的主要土壤类型是黑土、白浆土和草甸土。母质为黄土状黏土和沙壤质冲积物。地势较高，排水通畅。是同江市开发较早的农区和米、豆、杂粮主要产区。

（二）低山残丘

主要分布在街津口赫哲族乡和勤得利、青龙山两个国有农场境内，属完达山余脉，从西向东有街津口山、青龙山、额图山、勤得利山等。东西长75千米，山地平均海拔150～200米，最高山峰额图山为626.8米；其次是街津口山，海拔553米，山顶呈浑圆状，山谷南坡地势平缓，北坡陡峭，下临大江。山地为沉积岩的风化残积物堆积。母质较粗、渗透良好，以氧化条件占优势，覆土层薄，最薄土层仅有5厘米，植被较茂密，生长灌木林及次生林，土壤发育以暗棕壤为主，是发展林业的好地方。

（三）平原

位于同江市中南部，包括街津口山地外的3个乡（街津口、青河、三村）和市属农、牧、渔3个农场等。主要分布在莲花河、青龙河的沿河一带低漫滩，海拔52～57米，相对高差5米，坡度极缓，地势平坦。土壤类型大部分为草甸土和黑土，少部为白浆土。该区北靠黑龙江，中间贯穿莲花河，水源丰富，对发展灌溉、扩大水田极为有利。现已成为同江市豆、稻、经济作物和蔬菜的重要产区。

（四）低平地

位于同江市东部4个乡，是黑龙江古河道冲积而成。除个别岗地外，多为低平地和重湿沼泽地，海拔 45～41 米，相对高差 4 米左右，成土母质为黏土或沙土，由于成土较晚，黑土层较薄，一般最深 20～30 厘米，最浅 15～18 厘米，多为幼年土壤。土壤主要有草甸土、沼泽土及泥炭土。土质黏重、冷浆、通透性差，地下水位较高，低洼易涝，古有"鸭北涝区"之称。近几年国家非常重视，投入大量资金采取有效措施，修建了鸭绿河围堤、同抚大堤和黑河泡排干等工程，过去的东部涝区已彻底解决，该区已成为同江市发展农、牧、副、渔业的重要基地。

（五）沿江泛滥地

主要分布在松花江、黑龙江两江的沿江一带低漫滩。地势低平，海拔 52～54 米，相对高差 2 米，地下水位较高，丰水期易受洪涝灾害。其组成物质主要是第四纪河流冲积物，包括黏土、沙土等，沙黏相间呈明显的层状沉积而成的泛滥地草甸土。成土过程具有腐殖质累积的草甸化过程和氧化还原交替的特征，所成土壤为幼年土壤。主要发展渔、牧业，部分用于粮食生产。

二、母 质

岩石的风化产物称为成土母质，母质是形成土壤的物质基础，它对土壤的形成过程和土壤形态均有影响。

同江市山地土壤成土母质为沉积岩的风化残积及坡积物。母质较粗、渗透良好，以氧化占优势，表土层薄，岩石埋藏较浅，土壤发育以暗棕壤为主。除了坡度稍缓的地方可垦为耕地外，多数适于林业用地。

在平原和低平原地区，土壤成土母质大部分为河流冲积物。成土母质有沙土、黏土。沙层埋藏深度较浅，一般 0.5～1.5 米，大部分底土为细沙或江沙，因为在上部土体沉积以前，同江市大部分松花江和黑龙江的漫流地段，在黑龙江、松花江两江水北迁后，才形成上部不同土体。

成土母质对土壤肥力的影响，除表层质地影响到土壤水、肥、气、热状态和耕性外，土体内沙层的深度能影响土体水分状况，与灌溉排水密切相关，并对成土过程有着直接影响。因境内母质是近代沉积物，发育的土壤是幼年土壤，所以黑土层普遍较薄，多数是 12～20 厘米，因开发较晚，有机质含量较高。一般最高可达 349.8 克/千克，最低 24.4 克/千克；pH 为 5.5～6.5，偏酸性。主要土壤为草甸土和白浆土。在漫岗坡地上母质为第四纪沉积物，又称黄土状沉积物。岗地多发育形成黑土，岗下部多发育成草甸黑土。

现在河流淤积物分布在河流两岸，间歇性受江水泛滥影响，层层沉积，往往出现沙土和土壤相间，层次明显，但多数质地较轻。多发育为不同类的泛滥地草甸土和泛滥地沼泽土。防洪排涝后部分可作为耕地利用，多数用于牧、副、渔业用地。

第二节 土壤的形成

土壤是在气候、地形、母质、生物和时间等自然成土因素和人类生产活动的综合作用下，通过一定的成土过程形成的，也是土壤肥力发生和发展的过程。由于成土条件和成土过程的差异，在同江市形成各种各样的土壤。同时在一个土壤上下各层也不一样，层次分化是土壤形成过程中物质迁移、转化和积累的结果，不同的土壤有不同的剖面构造。同江市主要层次及其代表符号如下：

A_0——枯枝落叶层 　　　　　　AB——过渡层

A_1——腐殖质层 　　　　　　　B——淀积层

A_p——耕作层 　　　　　　　　BC——过渡层

A_w——白浆土层 　　　　　　　C——母质层

A_t——泥炭层 　　　　　　　　G——潜育层

A——草根层 　　　　　　　　　Gg——潜育化层

W——潜育层 　　　　　　　　　P——犁底层

上述各层次的形成，是在长期的成土过程中各种矛盾运动的结果，这些矛盾运动包括淋溶和淀积、氧化和还原、冲刷和堆积、有机质的合成和分解。

土壤中的水总是溶解有各种物质的，称为土壤溶液。当土壤中水饱和时，受重力的影响要向下渗漏，这样就把土壤中的部分物质从上层带到了下层，这些物质主要是易溶性盐类、土壤黏粒等。对上边土层来说发生了淋溶，下边土层则发生了淀积。各种物质的溶解度和活性不同，因此，淋溶和淀积有先后之分。先淋溶则淀积得深，后淋溶则淀积得浅，使各种物质元素在土壤剖面上表现差异，如白浆土、黑土、暗棕壤等，土壤中的淋溶淀积过程很显著，形成明显的淀积层。

该区某些土壤经常处于干湿交替状态，因而土壤在水的影响下出现氧化还原交替。土壤有机质分解的中间产物也可以使土壤某些物质发生还原。一些变价元素如铁、锰等在氧化还原影响下，发生淋溶和淀积，在土壤中形成铁锰结核、斑点等新生体。根据这些新生体的形状、颜色、硬度、出现部位等可以判断土壤的水分状况，它的形成促使土壤呈现层次性。

冲刷和堆积的现象在同江市也是存在的。如坡地上径流带着溶解的物质和土粒向下流动并在低处淀积或流入江河。冲刷和堆积使不同地形部位的土层厚度、养分元素多少等均有显著不同。从大的范围来看江河泛滥，上游冲刷来的泥沙在平原地区淤积，这一过程使土壤剖面发生地质层次排列，特别是在泛滥地草甸土壤上地质层次发生十分明显。

土壤有机质的合成和分解对土壤形成起着主导作用，是土壤形成的实质和土壤肥力形成的主要途径。在冷暖相间的气候条件下，有机质的合成占主导地位，形成了深厚的腐殖质层。它使土壤上层发生深刻变化，形成 A 层的各个亚层，并对底层发生一定影响。总之，土壤多样性可从成土因素中找根据；土壤层次的不同，可从淋溶和淀积、氧化和还原、冲刷和堆积、有机质的合成和分解 4 对矛盾运动中找原因。

由于自然条件的复杂，加上长期人为因素的影响，同江市成土过程较多，发生的土壤类型也较复杂，而每种土壤类型都有自己的形成特点。同江市各种土壤的形成分别叙述如下：

一、暗棕壤的形成特点

在同江市境内延伸着完达山余脉，在低山上生长着茂密的次生林植被。

在岩石风化成土过程中，土体中原生矿物逐渐向次生矿物转化，土壤颗粒由粗变细，形成黏粒。由于该区具有明显的大陆性季风气候，夏季温暖多雨，70%以上的降水在这个季节，因此，土壤产生淋溶过程，使游离钙、镁元素和一部分铁、铝元素被淋溶到心土层。由于地形和母质条件的限制，水分不能在土壤中长期保留，释放出的铁、锰受到氧化而沉淀并将土体染成棕色。此外，地表植被是次生阔叶林，林下草本植物繁茂，灰分含量较高且以钙、镁为主，丰富的盐基中和了微生物活动所产生的有机酸进入土壤后，不足以引起灰化作用，使土体发生黏化现象。每年都有大量的落叶返回地表，致使暗棕壤具有特殊的枯枝落叶层及含腐殖质丰富的表土层。在腐殖层含量较高的黑土层下由于淋溶作用，剖面中部黏粒和铁有轻度积累。形成明显棕色土层的过程又称为暗棕壤化过程，形成暗棕壤土类。

二、白浆土的形成特点

白浆土的形成过程，包括腐殖质累积过程和白浆化过程。换言之，白浆土是在腐殖质累积的基础上，由强烈的滞水还原淋溶作用而形成。

白浆土分布在同江市开阔的平原、低平原或低山边缘的岗坡地顶部较平缓地带上，在疏林草甸或沼柳、小叶樟植被下，成土母质是第四纪江河黏土淀积物。

由于母质黏重，加上该区季节性冻层影响，透水性差，早春地表解冻水和夏秋季节大量集中降水，常使上部土层水分短期处于饱和状态，形成滞水。土体中铁、锰等元素还原为低价态，随水侧渗，在淋失土体以外部分被淋失掉，部分淀积在心土棱柱结构裂隙上，形成黑色胶膜或结核、锈斑的淀积层。由于干湿交替，铁、锰结核等元素重新分配，有色矿物铁、锰随着黏粒不断渗漏，使土壤腐殖质层下的亚表层逐渐脱色，出现白色的土层——白浆层发育成同江市的平地草甸白浆土。另外，在同江市低平地白浆土上生长着沼柳、小叶樟等喜湿性植物，有季节性短期积水，土壤下土层和空气隔绝处于还原状态，使氧化铁还原成氧化亚铁，形成蓝灰色或青灰色潜育层次，部分氧化亚铁沿毛吸管上升形成锈斑，是白浆土向沼泽土过渡类型。

三、黑土的形成特点

在同江市缓坡漫岗地和高平地上，母质多为黏质的黄土状物质和冲积沙，气候夏季温暖多雨，冬季寒冷干燥。在这种条件下，草原草本植物得到顺利的发展，特别是高温多湿季节，五花草塘生长特别繁茂。到了晚秋天寒地冻，植物死亡，大部分残体留在地表或地下，由于土温低，微生物活动弱，来不及分解，积累在土壤中，翌年春气温逐渐升高，土壤解冻，微生物开始活动。解冻水受下层冻层阻滞，形成上层滞水，土壤过湿，通气不良，只有在厌氧条件下，进行有机质分解。到春末夏初时节，气温逐渐升高，蒸发量大，土壤变干，微生物活动加强，下部仍处于厌氧条件，使植物残体有利于变成腐殖质在土壤中积累。大量的氮和灰分元素受冻层和黏重母质的影响，绝大部分积聚在土层，使土壤的潜在肥力提高，形成暗灰色或灰黑色的深厚腐殖层。由于腐殖质淋溶浸透土壤，胶结土粒呈舌状分布，土体中可溶性盐和碳酸盐也受到淋溶，使同江市黑土没有石灰反应，呈酸性反应。草本植物经常积累灰分元素到表土中，碳酸钙淋溶缓慢，腐殖质的胶结为钙所凝聚，在五花草强大根系的掠夺和分割下，土壤的干湿、冻融的交替作用，使土壤形成良好的团粒结构，腐殖质的增加和团粒结构的形成，构成了同江市黑土形成过程的基本特点。另外在土壤水分较为丰富的情况下，铁、锰等可还原成离子随水移动，在土层中逐渐形成铁锰结核或锈斑等淀积物，表层黏粒也有向下淋溶、淀积的现象，从而构成明显的黑土特征。

在漫岗的岗坡下或高平原，地形变化少，为平缓坡地，地势较低，地下水位稍高，土壤水分较多，草甸化过程较快发展。该土颜色较深，腐殖质含量高，团粒结构明显，土壤中有较多铁锰锈斑；湿度大，耕性差，潜在肥力较高，有效性差，是黑土与草甸土过渡类型。这类土壤称为草甸黑土。

在一些稍高的漫岗地黑土上，由于地形和母质条件的限制，水分不能在土壤中长期停留，二价、三价氧化物在剖面中积累，在黑土层下面形成棕色土。土壤形成过程中腐殖化过程较强，有轻度黏化过程，称为棕壤型黑土。

四、草甸土形成特点

草甸土的成土母质多为冲积物，是在地下水浸润和生长草甸植被的情况下发育而成的水成土壤。

草甸土发育在江河沿岸的低平地上，地势较低，地下水位较高，一般在1～3米，土体经常受水浸润，地下水直接参与土壤形成过程。雨季地下水位上升，旱季又下降，在干湿交替作用下，使土壤呈现明显的潜育化过程和有机质积累过程。在有机质参与下，湿润时，三价氧化物还原成二价氧化物；干旱时，二价氧化物又氧化成三价氧化物，这样则发生铁锰化合物的移动或局部淀积。因此，在土壤剖面中出现锈色胶膜和铁锰结核等，构成草甸土的基本特点。繁茂喜湿的草甸植被根系发达密集，而且分布较深，穿透能力强，植被死亡且在厌氧条件下分解，使土壤中腐殖质得以积累。由于腐殖质的组成多为胡敏酸，与钙结合形成团粒结构，因此，土壤表面养分含量较高。此外，由于草甸植被只受地下水间歇性影响，无长久的淹水期，故草甸土没有泥炭状腐殖质层。

在低洼地区，地下水位有时接近地表或出现暂时积水，但绝大部分时间地表仍以氧化过程占优势，形成了草甸土向沼泽土的过渡类型，称为潜育草甸土。在松、黑两江的沿岸低漫滩处，经常受河水泛滥冲积；层层沉积，形成沙黏相间，也是母质的淤积和腐殖质累积的过程，黑土层薄，形成幼年泛滥土；质地变化大，有时可见被新近沉积物埋藏的黄黑土层。由无草到生草，草甸不断发育，当脱离河水泛滥以后，就向区域性土壤发展，这是泛滥草甸土的基本特点。由于该区季节性的冻层，在草甸土上层滞水，而发生的潜育和漂洗过程，在亚表层发育形成不完善的白浆土层，称为白浆化草甸土，是草甸土向白浆土过渡的类型。

五、沼泽土与泥炭土的形成特点

土壤沼泽化过程包括上部土层的泥炭化（或腐殖质化）过程和下部土层的潜育化过程，孔隙壁间有大量锈斑在淀积下面，出现了微绿色或浅蓝色的潜育层。因此，在野外根据锈斑出现的部位可判断土壤沼泽化的程度。

六、水稻土形成过程

在同江市沿江河两岸广阔的低平地上，耕种着大片的水田。由于人类生产过程的干预，经过长期水耕熟化过程，由地下水作用变成地表灌溉水和地下水双重作用，使锈斑和潜育斑增多，演变成新的土壤类型，称为水稻土。

同时水稻土多多少少保留原母体土壤的烙印，和原来土壤形态基本相似，成土过程和原来的土壤基本一致。

第三章 耕地土壤类型、分布及概况

第一节 土壤的类型、分布和面积

同江市自然条件复杂，土壤资源丰富，为商品粮基地建设创造有利的土壤条件。为了农、林、牧、副、渔业综合发展，因土制宜地利用改良、培肥土壤，全面规划，加速农业建设，需要充分摸清同江市土壤底细，必须对不同的土壤类型进行归类整理，进行土壤分类。由此可见，土壤分类目的不仅要科学的反映出土壤在发生学上地理分布的规律性，而且提示出土壤的属性、生产性能及改良利用途径，为农业生产服务。

一、土壤分类

同江市土壤分类是按《黑龙江省土壤分类暂行草案》和原《合江地区土壤分类暂行草案》规定为标准，以土壤发生学分类理论及原则为基础，以成土条件、成土过程、剖面形态、土壤属性以及肥力特征等综合因素为依据，自然土壤与耕作土壤采取统一分类的原则。既要反映土壤发生发展的规律，又要为农田基本建设、科学种田、改土培肥和实现农业现代化服务。因此，在分类时坚持贯彻科学性、生产性和群众性的原则。根据上述分类原则，采用土类、亚类、土属、土种分类命名法。在具体掌握上，以主导的成土过程划分土类；以附加的成土过程划分亚类。例如以白浆化过程为主导的称为白浆土类，如白浆土附加有潜育化过程，称潜育白浆土。土属是亚类的补充分类单位，在亚类与土种之间，依据成土母质、地形划分土属。土种是土壤分类的基本单元，每个亚类按肥力指标分为若干土种，因此，土种具有相似的利用特征。一般按腐殖层（A_1）（泥炭土按泥炭 A_T）的厚薄将土属划分为厚层、中层、薄层。划分标准如下：

$$\text{暗棕壤和白浆土}\begin{cases} A_1 < 10 \text{ 厘米为薄层} \\ A_1\ 10 \sim 20 \text{ 厘米为中层} \\ A_1 > 20 \text{ 厘米为厚层} \end{cases}$$

$$\text{草甸土类}\begin{cases} A_1 < 25 \text{ 厘米为薄层} \\ A_1\ 25 \sim 40 \text{ 厘米为中层} \\ A_1 > 40 \text{ 厘米为厚层} \end{cases}$$

$$\text{草甸沼泽土}\begin{cases} A_1 < 30 \text{ 厘米为薄层} \\ A_1 > 30 \text{ 厘米为中层} \end{cases}$$

$$\text{泥炭沼泽土} \quad A_1 < 25 \text{ 厘米为薄层}$$

$$\text{黑土类}\begin{cases} A_1\ 10 \sim 30 \text{ 厘米为薄层} \\ A_1\ 30 \sim 50 \text{ 厘米为中层} \\ A_1 > 50 \text{ 厘米为厚层} \end{cases}$$

$$泥炭土 \begin{cases} A_7 \ 50\sim100 \ 厘米为薄层 \\ A_7 \ 100\sim200 \ 厘米为中层 \\ A_7 \ >200 \ 厘米为厚层 \end{cases}$$

二、土壤命名法

根据黑龙江省土壤分类草案规定，采用连续命名法，就是把几个分类单元都概括进去，把土壤形成过程、主要特征与属性等都反映出来，容易看清它在土壤分类系统中的位置、在发生上的联系与规律性，便于确定利用方向和判定改良、培肥措施（图3-1）。

图3-1 同江市土壤分类系统

根据上述分类原则依据和标准，第二次土壤普查同江市共分7个土类，13个亚类，18个土属，30个土种（表3-1）。

表3-1 同江市土壤分布分类系统（第二次土壤普查）

土类	亚类	土属	土种 名称	土种 划分依据	主要成土条件	成土过程	剖面主要特征	土体构型	代表剖面
暗棕壤 I	暗棕壤 I_1	砾石底暗棕壤 I_{1-1}	薄层砾石底暗棕壤 I_{1-101}	$A_1<10$ 厘米	山地、低地、残丘杂木林及草地，母质为岩石半风化物	腐殖质积累弱酸淋溶及氧化还原过程，轻度黏化过程	剖面分3层，表面为暗灰色的腐殖质层；第二层为暗棕色或棕色的淀积层；第三层为岩石半风化物，夹有大量的石块	A_0 A B C	街-47
			中层砾石底暗棕壤 I_{1-102}	$A_1 \ 10\sim20$ 厘米					街-36
		原始暗棕壤 I_{4-1}			分布在山顶、陡坡上部；其他条件同暗棕壤	有轻度腐殖质化过程	在很薄一层腐殖质层下为母质层或基岩	A_1 C	街-49

（续）

土类	亚类	土属	土种 名称	土种 划分依据	主要成土条件	成土过程	剖面主要特征	土体构型	代表剖面
白浆土 II	草甸白浆土 II₁	平地白浆土 II₁-₁	薄层平地白浆土 II₁-₁₀₁	A₁<10厘米	分布在平地，生长杨、桦、柞、灌木及草类，沉积或冲积母质	腐殖质化过程、白浆化过程及草甸化过程	亚表层为灰白色；淀积层为核状结构；有褪色胶膜，母质层可见锈斑	A₁ Aw C	同-8
			中层平地白浆土 II₁-₁₀₂	A₁10～20厘米					三-20
			厚层平地白浆土 II₂-₁₀₃	A₁>20厘米					前-15
	潜育白浆土 II₃	低地白浆土 II₃-₁	中层低地白浆土 II₂-₁₀₂	A₁10～20厘米	分布在低平地，生长灌木丛、小叶樟、薹草；母质为沉积和冲积物	腐殖质化过程、白浆化过程及潜育化过程	表层有半泥炭化的草根层或腐殖质层；亚表层为棕色锈斑和青灰色潜育斑，淀积层为核状结构，结构表面有褪色胶膜	A₁ Aw B C	三-113
			厚层低地白浆土 II₃-₁₀₃	A₁>20厘米					乐-3
黑土 III	黑土 III₃	黏底黑土 III₁-₂	薄层黏底黑土地 III₁-₂₀₁	A₁<30厘米	分布在岗地、岗坡地，杂木林及五花草、榛柴等植被，为黄土状沉积母质	腐殖质化和潴育淋溶过程	全剖面分为黑土层、黑黄土层和黄土层，剖面通体呈石灰反应，土体为SiO₂铁锰结核及胶膜，有腐殖质舌状淋溶层	A₁ AB B C	向-10
			中层黏底黑土 III₁-₂₀₂	A₁30～50厘米					向-7
		沙底黑土 III₁-₃	薄层沙底黑土 III₁-₃₀₁	A₁<30厘米	漫岗及坡状漫岗，杂木林及杂草类耕地，冲积沙质母质	腐殖质化、潴育化及淋溶淀积过程	类似黏底黑土，但淀积层为发育较弱沙质母质层	A₁ AB B C	同-4
			中层沙底黑土 III₁-₃₀₂	A₁30～50厘米					三-48

（续）

土类	亚类	土属	土种		主要成土条件	成土过程	剖面主要特征	土体构型	代表剖面
			名称	划分依据					
黑土Ⅲ	草甸黑土Ⅲ₃	黏底草甸黑土Ⅲ₃₋₂	薄层黏底黑土Ⅲ₁₋₂₀₁	A₁<30厘米	漫岗下部及平地，地下水位较高，为黑土和草甸土过渡地势，植被以杂草类及小叶樟等喜湿性植物为主，母质为黄土状或沙质	同黑土，附加草甸化过程	全剖面分为黑土层、黑黄土层和黄土层，剖面通体呈石灰反应，土体为SiO₂铁锰结核及胶膜，有腐殖质舌状淋溶层	A₁ AB B C	前-38
		沙底草甸黑土Ⅲ₁₋₃	薄层沙底黑土Ⅲ₁₋₃₀₁	A₁<30厘米	漫岗下部及平地，地下水位较高，为黑土和草甸土过渡地势，植被以杂草类及小叶樟等喜湿性植物为主，母质为黄土状或沙质	同黑土，附加草甸化过程	全剖面分为黑土层、黑黄土层和黄土层，剖面通体呈石灰反应，土体为SiO₂铁锰结核及胶膜，有腐殖质舌状淋溶层	A₁ AB B C	三-68
	暗棕壤型黑土Ⅲ₄	沙底暗棕壤型黑土Ⅲ₄₋₃₀₁	薄层沙底暗棕壤型黑土Ⅲ₄₋₃₀₁	A₁<30厘米	分布在岗地、岗坡地；杂木林及五花草等植被；母质大部分为黄土状	同黑土，附加氧化还原过程	土体构型与黑土相似，但B层土体呈棕色或暗棕色	A₁ AB B G	三-3

（续）

土类	亚类	土属	土种		主要成土条件	成土过程	剖面主要特征	土体构型	代表剖面
			名称	划分依据					
草甸土 IV	草甸土 IV$_1$	平地草甸土 IV$_{1-2}$	薄层平地草甸土 IV$_{1-201}$	A$_1$<25厘米	平地、低地，地下水位较高；草甸植被为主；母质为黄土状或冲积物	腐殖质化过程、草甸化过程、潴育化过程	剖面层次结构由腐殖质层及锈色斑纹层组成，无明显的B层，有时在剖面下部出现铁锰结核	A$_1$ A$_w$	同-3
			中层平地草甸土 IV$_{1-202}$	A$_1$<25～40厘米					金-24
			厚层平地草甸土 IV$_{1-203}$	A$_1$>40厘米					临-10
	沼泽化草甸土 IV$_3$	平地沼泽化草甸土 IV$_{3-2}$	薄层平地沼泽化草甸土 IV$_{3-201}$	A$_1$<25厘米	分布在低洼地，喜湿性植被；母质为冲积或沉积物	腐殖质化过程、草甸化过程及沼泽化过程	泥炭层<30厘米、地表有较薄的草根层，土体有锈斑和潜育斑，母质可见潜育层	AS A$_1$ AB$_g$ B$_g$ G$_g$	秀-36
			中层平地沼泽化草甸土 IV$_{3-202}$	A$_1$ 25～40厘米					八-40
	白浆化草甸土 IV$_2$	平地白浆化草甸土 IV$_{2-2}$	薄层平地白浆化草甸土 IV$_{2-201}$	A$_1$<25厘米	分布在低洼地，喜湿性植被；母质为冲积或沉积物	沼泽化过程、草甸化过程和白浆化过程	黑土层在亚表层有不明显的白浆层、锈色斑纹层	A$_1$ A$_w$ G$_w$	金-4
			中层平地白浆化草甸土 IV$_{2-202}$	A$_1$ 25～40厘米					临-33
			厚层平地白浆化草甸土 IV$_{2-203}$	A$_1$>40厘米					同-1
	泛滥地草甸土 IV$_4$	平地泛滥地草甸土 IV$_{4-1}$	薄层平地泛滥地草甸土 IV$_{4-101}$	A$_1$<25厘米	分布在江河沿岸地带；杂草类植被；母质为沙黏相间的泛滥冲积物	腐殖质化过程及草甸化过程	在黑土层下，层状冲积、沉积物，有锈斑	A$_1$ AC G	三-4

（续）

土类	亚类	土属	土种 名称	土种 划分依据	主要成土条件	成土过程	剖面主要特征	土体构型	代表剖面
沼泽土 V	草甸沼泽土 V	洼地草甸沼泽土 V₁₋₂	薄层洼地草甸沼泽土 V₁₋₂₀₁	A₁ 10～30 厘米	分布在低湿地，生长三棱草、小叶樟、芦苇等喜湿植物，地表常年积水，母质为冲积或沉积物	沼泽化过程及草甸化过程	剖面表层无泥炭层，有腐殖质层和潜育层	AS A₁ C	三-97
	泥炭沼泽土 V₄	洼地草甸沼泽土 V₄₋₂	薄层洼地草甸沼泽土 V₄₋₂₀₁	A₁<25 厘米	分布在洼地浅水地区，生长芦苇、薹草等喜湿植物；母质为冲积或沉积物	泥炭化过程及潜育化过程	剖面无腐殖质层，表层是泥炭层（厚度在25～50厘米），下层是潜育层（C）或潜育化层（Bg）	At Bg C	青-53
			薄层平地泥炭沼泽土 V₄₋₂₀₂	A₁<25 厘米					
			中层平地泥炭沼泽土 V₄₋₂₀₃	At 25～50 厘米					向-31
泥炭土 VI	泥炭土 VI₁	埋藏型泥炭土 VI₁₋₂	薄层埋藏型泥炭土 VI₁₋₂₀₁	At 50～100 厘米	分布在低洼地浅水地带，生长喜湿性植被，有塔头、乌拉草等	泥炭化过程	剖面发生层次有二层，表层为泥炭层（At），下层为潜育层（C）	At C	金-39
水稻土	潜育水稻土 VII	黑土型水稻土 VII₁	黑土型水稻土 VII₁	同黑土	同黑土	同黑土	表层有鳝血层，其下同黑土	A P W C	同-6
		草甸土型水稻土 VII₂	草甸土型水稻土 VII₂	同草甸土	同草甸土	同草甸土	表层有鳝血层，其下同草甸土	A Cg	临-9
		白浆土型水稻土 VII₃	白浆土型水稻土 VII₃	同白浆土	同白浆土	同白浆土	表层有鳝血层，其下同白浆土	A P W C	三-115

三、耕地土壤分布概况

同江市大部分是广阔的平原，但有完达山的余脉坐落在同江市的中北部，构成同江市局部低山的地貌类型。地势较高，气候冷凉湿润，森林植被较茂密，是同江市暗棕壤分布区。暗棕壤面积 10 570.77 公顷，占总土壤面积的 7.05%，集中分布在街津口山 312 林场一带。在暗棕壤分布区内，砾石底暗棕壤占较大面积，只在山脉顶部特别是阳坡的顶部，原始成土过程较明显。土层薄，淋溶弱，发育成少部分的原始型暗棕壤。

在低山边缘缓坡台地上，成土母质质地黏重，森林草甸植被较茂盛，气候温和，岗顶地势平缓，除有少部分草甸白浆土分布外，绝大多数草甸白浆土分布在三村、乐业、向阳、同江、平原区；另外在三村、同江、乐业有少量白浆土型水稻土分布。在地势较低的低平地上，有零星潜育白浆土分布。白浆土总面积 35 283.53 公顷，占总土壤面积的 23.52%。

在平原的高地处和漫岗地上分布着黑土，总面积 20 191 公顷，占总土壤面积的 13.46%，主要分布在同江市三村、乐业、向阳等地。在岗地脚下低地处，在黑土与草甸土之间是黑土向草甸土的过渡类型，黑土化过程减弱，而草甸化过程加强，地下水位相对升高，开始干预土壤形成，发育成同江市草甸黑土。占据在该地区较高的岗地、小漫岗的地形部位，生长着杂木林及五花草植被，分布着暗棕壤型黑土，另外在同江镇分布有黑土型水稻土。

草甸土分布较广，在同江市各乡（镇）江河沿岸及平原或低平原地带均有分布。草甸土总面积 78 057.75 公顷，占总土壤面积的 52.04%，主要分布在同江市东 4 个乡（镇）及青河乡等。在银川、青河、向阳等乡（镇）低平地的低洼处，少量分布着草甸土向沼泽土过渡类型——沼泽化草甸土。松花江、黑龙江两江河漫滩洪泛地上，洪水经常泛滥，是同江市泛滥地草甸土分布区。在草甸土区也分布着白浆土，因此，在草甸土与白浆土之间，分布着草甸土向白浆土的过渡类型——白浆化草甸土。另外在临江、向阳、金川分布有 435.21 公顷水稻土。

在同江市江河沿岸的河套地与低洼地，分布着沼泽土和泥炭土，耕地面积分别为 3 837.76 公顷和 1 623.79 公顷，分别占总耕地面积的 2.56% 和 1.08%。泥炭土主要分布在金川乡、鸭绿河一带，沼泽土分布在莲花河、青龙河、拉起河沿岸低洼地一带。

同江市水稻土面积 435.21 公顷，占总耕地面积的 0.29%。主要分布在同江、临江、向阳、三村、乐业等乡（镇），该土发育程度不高，剖面分化不明显，分布在地势低平、水源充足、灌溉方便的地方。

从同江市地形横断面和土壤分布可以看出，各类土壤随自然成土条件的变化，各有其分布规律。暗棕壤分布在同江市最高地形部位；在它周围平缓的坡地上分布着白浆土，在平原高地处分布着黑土，在广阔的平原或低平原分布着草甸土、白浆土与水稻土，在低平原的低洼，分布沼泽土与泥炭土，在最低的松花江畔及江心岛分布着泛滥地草甸土。同江市土壤情况统计见表 3-2。

表3-2　同江市土壤情况统计

土纲	亚纲	土类	亚类	土属	土种	代码	原土种	原代码	土壤质地	剖面构型	有效土层厚(厘米)	障碍层类型	成土母质
淋溶土	湿温淋溶土	暗棕壤	暗棕壤	砾沙质暗棕壤	砾沙质暗棕壤	3010501	薄层砾石底暗棕壤	Ⅰ1-101	中壤土	$A_0 - A_1 - B - C$	9	沙砾层	残积物
淋溶土	湿温淋溶土	暗棕壤	暗棕壤	砾沙质暗棕壤	砾沙质暗棕壤	3010501	中层砾石底暗棕壤	Ⅰ1-102	中壤土	$A_0 - A_1 - B - C$	18	沙砾层	残积物
淋溶土	湿温淋溶土	白浆土	白浆土	黄土质白浆土	薄层黄土质白浆土	4010203	薄层平地草甸白浆土	Ⅱ2-101	重壤土	$A - A_w - B - C$	8	白浆层	沉积物
淋溶土	湿温淋溶土	白浆土	白浆土	黄土质白浆土	中层黄土质白浆土	4010202	中层平地草甸白浆土	Ⅱ2-102	重壤土	$A - A_w - B - C$	18	白浆层	沉积物
淋溶土	湿温淋溶土	白浆土	白浆土	黄土质白浆土	厚层黄土质白浆土	4010201	厚层平地草甸白浆土	Ⅱ2-103	重壤土	$A - A_w - B - C$	18	白浆层	沉积物
淋溶土	湿温淋溶土	白浆土	白浆土	黄土质白浆土	中层黄土质白浆土	4010202	中层低地白浆土	Ⅱ3-102	重壤土	$At - A_{wg} - B - C$	19	白浆层	沉积物
淋溶土	湿温淋溶土	白浆土	白浆土	黄土质白浆土	厚层黄土质白浆土	4010201	厚层低地白浆土	Ⅱ3-103	重壤土	$At - A_{wg} - B - C$	18	白浆层	沉积物
半淋溶土	半湿温半淋溶土	黑土	黑土	黄土质黑土	薄层黄土质黑土	5010303	薄层黏底黑土	Ⅲ1-201	中壤土	$A - AB - B - C$	28	黏盘层	黄土状母质
半淋溶土	半湿温半淋溶土	黑土	黑土	黄土质黑土	中层黄土质黑土	5010302	中层黏底黑土	Ⅲ1-202	中壤土	$A - AB - B - C$	45	黏盘层	黄土状母质
半淋溶土	半湿温半淋溶土	黑土	黑土	沙底黑土	薄层沙底黑土	5010203	薄层沙底黑土	Ⅲ1-301	重壤土	$A - AB - B - C$	27	黏盘层	冲积物

（续）

土纲	亚纲	土类	亚类	土属	土种	代码	原土种	原代码	土壤质地	剖面构型	有效土层厚（厘米）	障碍层类型	成土母质
半淋溶土	半湿温半淋溶土	黑土	黑土	沙底黑土	中层沙底黑土	5010202	中层沙底黑土	Ⅲ1-302	中壤土	A－AB－B－C	47	黏盘层	冲积物
半淋溶土	半湿温半淋溶土	黑土	草甸黑土	黄土质草甸黑土	薄层黄土质草甸黑土	5020303	薄层黏底草甸黑土	Ⅲ3-201	中壤土	A－AB－B－C	27	黏盘层	冲积物
半淋溶土	半湿温半淋溶土	黑土	草甸黑土	沙底草甸黑土	薄层沙底草甸黑土	5020203	薄层沙底草甸黑土	Ⅲ3-301	沙壤土	A－AB－B－C	28	黏盘层	冲积物
半水成土	暗半水成土	草甸土	草甸土	黏壤质草甸土	薄层黏壤质草甸土	8010403	薄层沙底暗棕壤型黑土	Ⅲ4-301	沙壤土	A－AB－B－C	28	黏盘层	冲积物
半水成土	暗半水成土	草甸土	草甸土	黏壤质草甸土	中层黏壤质草甸土	8010402	薄层平地草甸土	Ⅳ1-201	重壤土	$A_1 - C_w$	23	黏盘层	冲积物
半水成土	暗半水成土	草甸土	草甸土	黏壤质草甸土	厚层黏壤质草甸土	8010401	中层平地草甸土	Ⅳ1-202	中壤土	$A_1 - C_w$	38	黏盘层	冲积物
半水成土	暗半水成土	草甸土	草甸土	黏壤质潜育草甸土	薄层黏壤质潜育草甸土	8040203	厚层平地草甸土	Ⅳ1-203	中壤土	$A_1 - C_w$	36	黏盘层	冲积物
半水成土	暗半水成土	草甸土	潜育草甸土	黏壤质潜育草甸土	中层黏壤质潜育草甸土	8040202	薄层平地沼泽化草甸土	Ⅳ3-201	中壤土	$A_s - A - Ab_g - B_g - C_g$	21	潜育层	沉积物
半水成土	暗半水成土	草甸土	潜育草甸土	黏壤质潜育草甸土	中层黏壤质潜育草甸土	8040203	中层平地沼泽化草甸土	Ⅳ3-202	中壤土	$A_s - A - Ab_g - B_g - C_g$	36	潜育层	沉积物

（续）

土纲	亚纲	土类	亚类	土属	土种	代码	原土种	原代码	土壤质地	剖面构型	有效土层厚（厘米）	障碍层类型	成土母质
半水成土	暗半水成土	草甸土	白浆化草甸土	黏壤质白浆化草甸土	薄层黏壤质白浆化草甸土	8030303	薄层平地白浆化草甸土	IV2-201	重壤土	$A-A_w-C_w$	28	白浆层	沉积物
半水成土	暗半水成土	草甸土	白浆化草甸土	黏壤质白浆化草甸土	中层黏壤质白浆化草甸土	8030302	中层平地白浆化草甸土	IV2-202	重壤土	$A-A_w-C_w$	23	白浆层	沉积物
半水成土	暗半水成土	草甸土	白浆化草甸土	黏壤质白浆化草甸土	厚层黏壤质白浆化草甸土	8030301	厚层平地白浆化草甸土	IV2-203	重壤土	$A-A_w-C_w$	37	白浆层	沉积物
半水成土	暗半水成土	草甸土	潜育草甸土	黏质潜育草甸土	薄层黏质潜育草甸土	8040203	薄层平地泛滥地草甸土	IV4-101	重壤土	$A-AC-C$	24	潜育层	冲积物
水成土	矿质水成土	沼泽土	草甸沼泽土	黏质草甸沼泽土	薄层黏质草甸沼泽土	9030203	薄层洼地草甸沼泽土	V1-201	重壤土	A_s-A-C	26	潜育层	冲积淤积物
							薄层平地泥碳沼泽土	V1-202	重壤土	A_s-A-C	26	潜育层	冲积潴积物
							中层平地泥碳沼泽土	V1-203	重壤土	A_s-A-C	26	潜育层	冲积潴积物
水成土	矿质水成土	泥炭土	低位泥炭土	埋藏型低位泥炭土	浅埋藏型低位泥炭土	10030203	薄层埋藏型泥炭土	VI1-201	轻黏土	$A-B_g-G$	23	潜育层	冲积淤积物
人为土	人为水成土	水稻土	潜育水稻土	草甸土型潜育水稻土	薄层草甸土型潜育水稻土	17010201	黑土型水稻土	VII1	重壤土	$A-B_g-G$	23	潜育层	冲积潴积物
							草甸土型水稻土	VII2	重壤土	$A-C_g$	28	黏盘层	冲积物
							白浆土型水稻土	VII3	重壤土	$A-C_g$	28	黏盘层	冲积物

同江市新旧土种对照见表 3-3，新旧土属对照见表 3-4，新旧亚类对照见表 3-5，新旧土类对照见表 3-6。

表 3-3　新旧土种对照

新土种	新代码	原土种	原代码
砾沙质暗棕壤	3010501	薄层砾石底暗棕壤	Ⅰ1-101
砾沙质暗棕壤	3010501	中层砾石底暗棕壤	Ⅰ1-102
薄层黄土质白浆土	4010203	薄层平地草甸白浆土	Ⅱ2-101
中层黄土质白浆土	4010202	中层平地草甸白浆土	Ⅱ2-102
		厚层平地草甸白浆土	Ⅱ2-103
中层黄土质白浆土	4010202	中层低地白浆土	Ⅱ3-102
厚层黄土质白浆土	4010201	厚层低地白浆土	Ⅱ3-103
薄层黄土质黑土	5010303	薄层黏底黑土	Ⅲ1-201
中层黄土质黑土	5010302	中层黏底黑土	Ⅲ1-202
薄层沙底黑土	5010203	薄层沙底黑土	Ⅲ1-301
中层沙底黑土	5010202	中层沙底黑土	Ⅲ1-302
薄层黄土质草甸黑土	5020303	薄层黏底草甸黑土	Ⅲ3-201
薄层沙底草甸黑土	5020203	薄层沙底草甸黑土	Ⅲ3-301
		薄层沙底暗棕壤型黑土	Ⅲ4-301
薄层黏壤质草甸土	8010403	薄层平地草甸土	Ⅳ1-201
中层黏壤质草甸土	8010402	中层平地草甸土	Ⅳ1-202
厚层黏壤质草甸土	8010401	厚层平地草甸土	Ⅳ1-203
薄层黏壤质潜育草甸土	8040203	薄层平地沼泽化草甸土	Ⅳ3-201
中层黏壤质潜育草甸土	8040202	中层平地沼泽化草甸土	Ⅳ3-202
中层黏壤质潜育草甸土	8040203		
薄层黏壤质白浆化草甸土	8030303	薄层平地白浆化草甸土	Ⅳ2-201
中层黏壤质白浆化草甸土	8030302	中层平地白浆化草甸土	Ⅳ2-202
厚层黏壤质白浆化草甸土	8030301	厚层平地白浆化草甸土	Ⅳ2-203
薄层黏壤质潜育草甸土	8040203	薄层平地泛滥地草甸土	Ⅳ4-101
薄层黏质草甸沼泽土	9030203	薄层洼地草甸沼泽土	Ⅴ1-201
		薄层平地泥炭沼泽土	Ⅴ1-202
		中层平地泥炭沼泽土	Ⅴ1-203
浅埋藏型低位泥炭土	10030203	薄层埋藏型泥炭土	Ⅵ1-201
		黑土型水稻土	Ⅶ1
薄层草甸土型潜育水稻土	17010201	草甸土型水稻土	Ⅶ2
		白浆土型水稻土	Ⅶ3

表 3-4　　新旧土属对照

新土属	旧土属
	原始暗棕壤
砾沙质暗棕壤	砾石底暗棕壤
黄土质白浆土	平地白浆土
黄土质白浆土	低地白浆土
黄土质黑土	黏底黑土
沙底黑土	沙底黑土
黄土质草甸黑土	黏底草甸黑土
沙底草甸黑土	沙底草甸黑土
	沙底暗棕壤型黑土
黏壤质草甸土	平地草甸土
黏壤质潜育草甸土	平地沼泽化草甸土
黏壤质潜育草甸土	
黏壤质白浆化草甸土	平地白浆化草甸土
黏壤质潜育草甸土	平地泛滥地草甸土
黏质草甸沼泽土	洼地草甸沼泽土
埋藏型低位泥炭土	埋藏型泥炭土
	黑土型水稻土
草甸土型潜育水稻土	草甸土型潜育水稻土
	白浆土型水稻土

表 3-5　　新旧亚类对照

新亚类	旧亚类
暗棕壤	暗棕壤
白浆土	草甸白浆土
	潜育白浆土
黑土	黑土
草甸黑土	草甸黑土
	暗棕壤型黑土
草甸土	草甸土
	沼泽化草甸土
潜育草甸土	白浆化草甸土
	泛滥地草甸土
草甸沼泽土	草甸沼泽土
低位泥炭土	泥炭土
潜育水稻土	潜育水稻土

表 3-6　新旧土类对照

新土类	旧土类
暗棕壤	暗棕壤
白浆土	白浆土
黑土	黑土
草甸土	草甸土
沼泽土	沼泽土
泥炭土	泥炭土
水稻土	水稻土

四、耕地土壤类型

（一）暗棕壤土类

暗棕壤又称棕色森林土，是地带性土壤；自然植被以次生柞木为主，是杂木林下发育的土壤。主要分布在同江市海拔 150 米以上的低山残丘部位，呈垂直分布，分布在白浆土、黑土之上，母质为岩石风化残积物或坡积物。一般质地较粗，地形坡度较大，排水良好，土体经常处于氧化状态，三氧化二铁在剖面中相对积累，除表层腐殖质为暗黑色外，其他层次均属棕红色。暗棕壤面积为 10 570.77 公顷，占总耕地面积的 7.05%。暗棕壤进一步划分为原始暗棕壤和暗棕壤 2 个亚类，2 个土属。

1. 原始暗棕壤（I_1）　是山地土壤，耕地面积为 7.5 公顷，是同江市最少的一种土壤，占该类土壤耕地面积的 0.07%。主要集中在街津口山顶端和陡坡的上部，发育在半风化岩石残积物上，坡度陡，土层极薄，质地较轻，以原始成土过程为主。成土过程有轻度的腐殖质化过程。自然植被为次生阔叶杂木林。土体构型为 A-C，剖面主要特征为在很薄的腐殖质层下为母质层。

以街津口林场南山、街-49 号剖面为例，剖面形态特征如下：

（1）腐殖层（A_1）：0~7 厘米，暗灰色，团粒结构，疏松，植物根系多，层次过渡明显。

（2）母质层（C）：7~50 厘米，为半风化的小核状石块，再向下过渡到基岩。

2. 砾石底暗棕壤（I_{1-1}）　砾石底暗棕壤也是山地土壤，处于较缓的山坡部位。耕地面积为 10 563.27 公顷，占该类土壤耕地面积的 99.93%。主要分布在街津口山的山坡上，发育在岩石半风化的残积物上。自然植被是次生阔叶杂木林，有些自然植被遭破坏，现为秃山迹地。在枯枝落叶层下面，有一层很薄的腐殖质层；B 层有明显黏化与铁锰淀积，呈棕红色；再向下过渡到母岩。土体构型为 A-A_1-B-C。以街津口林场南山典型剖面 C-1 为例，其剖面形态特征如下：

枯枝落叶层（A）：0~5 厘米，半分解的枯枝落叶层，灰黑色，松软，多根系。

腐殖质层（A₁）：5～10 厘米，棕灰色，粒状结构，疏松，润，根系较多，层次过渡明显。

淀积层（B）：10～35 厘米，棕灰色，粒状结构，稍紧，润，根系少，无石灰反应，土层夹杂少量碎石，层次过渡明显。

母质层（C）：35～65 厘米，棕色，无根系，土层夹杂极多的、半风化的砾石，石块表面可见铁锰胶膜。

砾石底暗棕壤化学性状分析见表3-7、物理性状调查分析见表3-8、机械组成分析结果见表3-9、农化样分析结果见表3-10。

表 3-7　砾石底暗棕壤化学性状分析

剖面号	剖面地点	取土深度（厘米）	全量（克/千克）			碱解氮（毫克/千克）	有机质（克/千克）	pH
			N	P	K			
C-1	街津口林场南山	5～10	3.82	1.25	78.9	213	78.9	6.7
		15～30	1	0.8	7.6	105	7.6	6.5

表 3-8　砾石底暗棕壤物理性状调查分析

剖面号	取样地点	取土深度（厘米）	容重（克/厘米³）	总孔隙度（%）	毛管孔隙度（%）	通气孔隙度（%）	田间持水量（%）
C-1	街津口林场南山	5～10	0.78	70.6	68.5	2.1	46.8
		15～20	1.23	53.6	45.3	8.3	26.4

表 3-9　砾石底暗棕壤机械组成分析结果

剖面号	取样地点	土层深度（厘米）	土壤各粒级含量（%）							物理沙粒	物理黏粒	土壤质地
			＞1.0毫米	0.25～1.00毫米	0.05～0.25毫米	0.01～0.05毫米	0.005～0.01毫米	0.001～0.005毫米	＜0.001毫米			
C-1	街津口林场南山	5～10	0.2	3.4	30.6	46.0	8.0	8.0	4.0	20.0	80.0	轻壤土
		15～30	11.4	10.0	26.0	36.0	8.0	14.0	6.0	28.0	72.0	多砾质轻壤土

表 3-10　砾石底暗棕壤农化样分析结果

项　目	平均值	标准差	最大值	最小值	差　值
有机质（克/千克）	66.7	20.6	131.5	55.1	76.4
全氮（克/千克）	3.29	0.77	5.77	2.74	3.02
碱解氮（毫克/千克）	658.2	27.17	256	133	123
有效磷（毫克/千克）	8.2	2.76	16	5	11
速效钾（毫克/千克）	395.6	59.51	544	312	232
pH	7.2	0.195	7.9	7	0.9

综上所述，原始暗棕壤因分布地势较高，风化程度不好，仍保持原始的形态特征，是最好的林业用地，不宜垦殖，应封山育林发展林业。

砾石底暗棕壤分布在山地缓坡，从剖面养分分析看，表层养分含量比下层高，表层有机质含量在 70 克/千克以上，全氮 3.82 克/千克，全钾 78.9 克/千克，全磷中等。根据 59 个农化样分析统计看，只有 50 厘米左右的土壤养分含量正常。底层养分显著下降，一般质地较粗，颗粒组成以粗粉沙（0.01～0.05 毫米）为主。表层多为轻壤，易于耕作，呈酸性，pH 在 6.5 左右。根据土壤颗粒分析，剖面中腐殖质层的黏粒为 80%，淀积层为 72%，表明黏粒在土体中有淋溶淀积现象。因受人为因素的影响不大，土壤结构没有显著被破坏，适宜林木生长，是发展林业的重要基地。宜适当发展果树、人参、养蜂等多种经营。但保水能力低，易受干旱威胁，注意水土保持，挖截流沟，拦截山水。

（二）白浆土类

白浆土属半水成土壤，是暂时性滞水湿润的土壤，虽属非地带性土壤，但仍有地带性的烙印。同江市白浆土主要是草甸白浆土，又叫平地白浆土，主要分布在开阔的平原和低平地或台地平缓处。自然植被为疏林灌丛草甸及草甸沼泽小叶樟等喜湿性植被群落，母质多为第四纪洪积黏土沉积物。耕地面积为 35 283.53 公顷，占同江市总耕地面积的 23.52%。各乡（镇）白浆土耕地面积分布情况见表 3-11。

表 3-11　各乡（镇）白浆土耕地面积统计

乡（镇）	耕地面积 （公顷）	白浆土耕地面积 （公顷）	占该土壤面积 （%）	占乡（镇）耕地面积 （%）
乐业	15 060	9 857.8	27.93	65.46
同江镇	4 140	1 921.55	5.45	46.41
三村	20 306.7	8 014.93	22.72	39.47
向阳	15 940	4 087.0	11.58	25.64
街津口赫哲族	6 493.3	3 009.63	8.53	46.35
青河	24 873.3	8 392.62	23.79	20.2
临江	13 233.3	0	0	0
八岔赫哲族	14 066.7	0	0	0
金川	18 686.7	0	0	0
银川	17 200	0	0	0
合计	150 000	35 283.53	100.00	23.52

根据同江市白浆土类中不同附加成土过程、成土条件、形态特征、肥力状况及黑土层薄厚，白浆土又可细分为草甸白浆土、潜育白浆土 2 个亚类，2 个土属，5 个土种。分别叙述如下：

1. 薄层平地草甸白浆土土种（Ⅱ$_{2-101}$）　该土种又称薄层平地白浆土，自然植被为疏林灌丛草甸。耕地面积为 2 505 公顷，占该土类耕地面积的 7.1%，占全市总耕地面积

1.67%。主要分布在同江镇、向阳乡平原地带。剖面主要特征是：在薄的黑土层下有一个过渡明显、整齐的20厘米左右的白浆层，呈灰色或灰白色，湿时草黄色。白浆层呈片状结构，上面淀积层明显，暗棕色或棕褐色，棱状结构，有胶膜铁锰结核，再下为母质层，在BC层可见到锈斑。土体构型为 A_P-A_w-B-C，代表剖面以新发村西同-8号剖面为例，其剖面形态特征如下：

黑土层（A_P）：0～9厘米，暗灰色，团粒结构，疏松，润，少量根系，层次过渡明显。

白浆层（A_w）：9～30厘米，灰白色，片状结构，润，紧实，有少量锈斑，层次过渡明显。

淀积层（B）：30～120厘米，棕色，棱状结构，紧实，润，有二氧化硅粉末、锈斑胶膜，层次过渡明显，向下逐渐过渡到母质层。

薄层平地草甸白浆土化学性状分析结果见表3-12、物理性状调查分析见表3-13、机械组成分析结果见表3-14、农化样分析结果见表3-15。

表3-12 薄层平地草甸白浆土化学性状分析结果

剖面号	取样地点	取土深度（厘米）	全量（克/千克）			有机质（克/千克）	碱解氮（毫克/千克）	pH
			N	P	K			
同-8	新发村西	0～11	1.35	0.77	17.1	19.1	116	6.2
		20～25	0.59	0.38	17	5.1	57	6.5
		35～40	0.93	0.52	9.6	4.4	130	6.7

表3-13 薄层平地草甸白浆土物理性状调查分析

剖面号	取样地点	取土深度（厘米）	容重（克/厘米³）	总孔隙度（%）	毛管孔隙度（%）	通气孔隙度（%）	田间持水量（%）
同-8	新发村西	5～10	1.52	42.6	20	22.6	11.9
		15～20	1.5	43.4	41.5	1.9	21.8

表3-14 薄层平地草甸白浆土机械组成分析结果

剖面号	取样地点	土层深度（厘米）	土壤各粒级含量（%）							物理沙粒	物理黏粒	土壤质地
			>1.0毫米	0.25～1.00毫米	0.05～0.25毫米	0.01～0.05毫米	0.005～0.01毫米	0.001～0.005毫米	<0.001毫米			
同-8	新发村西	0～11	0.2	2.6	33.4	34.0	8.0	16.0	6.0	30.0	70.0	棕壤土
		20～25	0.6	4.8	29.2	36.0	8.0	14.0	8.0	30.0	70.0	轻壤土
		35～40	0.1	1.2	26.8	22.0	4.0	12.0	34.0	50.0	50.0	重壤土

表 3-15 薄层平地草甸白浆土农化样分析结果

项 目	平均值	标准差	最大值	最小值	差 值
有机质（克/千克）	24.35	6.10	29.40	16.30	13.00
全氮（克/千克）	1.46	0.18	1.85	1.26	0.59
碱解氮（毫克/千克）	87.00	15.06	103.00	69.00	34.00
有效磷（毫克/千克）	14.30	7.19	25.00	10.00	15.00
速效钾（毫克/千克）	81.30	28.76	122.00	61.00	61.00
pH	6.80	6.30	7.10	6.40	0.70

2. 中层平地草甸白浆土土种（II_{2-102}） 该土种耕地面积为 29 109.05 公顷，占该土类耕地面积的 82.5%；占同江市总耕地面积的 19.4%。主要分布在乐业、三村、青河、街津口等乡（镇），其次向阳乡、同江镇也有少量分部。剖面主要特征是黑土层在 10~20 厘米，其他类似薄层平地草甸白浆土。代表剖面以二屯南地三-20 剖面为例，其剖面形态特征如下：

黑土层（A）：0~17 厘米，黑灰色，团粒结构，润，植物根系中量，层次过渡明显。

白浆层（A_w）：17~58 厘米，灰白色，片状结构，紧实，润，植物根系少，有少量锈斑，层次过渡明显。

淀积层（B）：58~90 厘米，棕褐色，核块状结构，紧实，润，无植物根系，有锈斑，层次逐渐过渡到母质层。

中层平地草甸白浆土物理性状调查见表 3-16、机械组成分析结果见表 3-17。

表 3-16 中层平地草甸白浆土物理性状调查

剖面号	取样地点	取土深度（厘米）	容重（克/厘米³）	总孔隙度（%）	毛管孔隙度（%）	通气孔隙度（%）	田间持水量（%）
三-20	二屯南地	5~10	1.01	61.9	56	5.9	61.9
		35~40	1.39	48.2	48.2	0.1	48.3
		65~701	1.44	45.7	42.9	3.2	45.7

表 3-17 中层平地草甸白浆土机械组成分析结果

剖面号	取样地点	土层深度（厘米）	土壤各粒级含量（%）								土壤质地
			>1.0毫米	0.25~1.00毫米	0.05~0.25毫米	0.01~0.05毫米	0.005~0.01毫米	0.001~0.005毫米	<0.001毫米	物理沙粒	物理黏粒	
三-20	二屯南地	5~10	0	1.0	15.0	30.0	8.0	18.0	28.0	54.0	46.0	重壤土

根据西部 6 个乡（镇）的中层平地草甸白浆土农化样化学分析结果见表 3-18。

表 3-18 中层平地草甸白浆土农化样分析结果

项 目	平均值	标准差	最大值	最小值	差 值
有机质（克/千克）	43.10	12.70	67.60	16.60	51.00
全氮（克/千克）	2.52	0.88	6.23	1.34	4.89
碱解氮（毫克/千克）	140.30	41.86	293.00	73.00	220.00
有效磷（毫克/千克）	12.40	6.01	30.00	5.00	25.00
速效钾（毫克/千克）	125.00	74.99	498.00	61.00	437.00
pH	6.60	0.39	7.50	5.40	2.10

3. 厚层平地草甸白浆土土种（Ⅱ$_{2-103}$） 该土种耕地面积为 1 058.74 公顷，占本土壤耕地面积的 3.0%；占同江市总耕地面积 0.7%，主要分布在乐业、向阳、同江等乡（镇）。其剖面形态特征类似薄、中层平地草甸白浆土，由于黑土层较厚，土质较为肥沃。代表剖面以平山村前-15 剖面为例，其剖面形态特征如下：

黑土层（A$_F$）：0~27 厘米，灰黑色，团粒结构，疏松，有少量锈斑，植物根系多，湿润，层次过渡明显。

白浆层（A$_w$）：27~56 厘米，灰白色，片状结构，紧实，有锈斑，植物根系中等，湿润，层次过渡明显。

淀积层（B）：56~132 厘米，棕黄色，有大量锈斑，块状结构，紧实，湿润，层次过渡明显，向下逐渐过渡到母质层。

厚层平地草甸白浆土化学性状分析结果见表 3-19、物理性状调查见表 3-20、机械组成分析结果见表 3-21、农化样分析结果见表 3-22。

表 3-19 厚层平地草甸白浆土化学性状分析结果

剖面号	取样地点	取土深度（厘米）	全量（克/千克）			碱解氮（毫克/千克）	有机质（克/千克）	pH
			N	P	K			
前-15	平山村	0~20	1.48	3.04	19.4	45	9.6	5.8
		20~35	3.31	1.29	17.8	131	39.9	6
		45~60	0.95	0.54	19.8	40	13.8	5.8

表 3-20 厚层平地草甸白浆土物理性状调查

剖面号	取样地点	取土深度（厘米）	容重（克/厘米^3）	总孔隙度（%）	毛管孔隙度（%）	通气孔隙度（%）	田间持水量（%）
前-15	平山村	5~10	1.12	57.7	51.8	5.9	31.9
		30~35	1.27	52.1	48.3	3.8	27.3
		60~70	1.58	40.4	/	/	20.7

表3-21 厚层平地草甸白浆土机械组成分析结果

剖面号	取样地点	土层深度（厘米）	土壤各粒级含量（%）									土壤质地
			>1.0毫米	0.25～1.00毫米	0.05～0.25毫米	0.01～0.05毫米	0.005～0.01毫米	0.001～0.005毫米	<0.001毫米	物理沙粒	物理黏粒	
前-15	平山村	0～20	0.2	2.6	17.4	36.0	4.0	12.0	28.0	44.0	56.0	中壤土
		20～35	0	0.2	29.2	44.0	16.0	14.0	10.0	40.0	60.0	中壤土
		45～60	0.1	2.0	26.8	46.0	3.0	16.0	8.0	30.0	70.0	中壤土

表3-22 厚层平地草甸白浆土农化样分析结果

项 目	平均值	标准差	最大值	最小值	差 值
有机质（克/千克）	37.80	17.10	56.40	22.60	33.80
全氮（克/千克）	1.69	0.34	3.15	0.69	2.46
碱解氮（毫克/千克）	114.30	30.73	147.00	86.00	61.00
有效磷（毫克/千克）	10.70	2.12	13.00	9.00	4.00
速效钾（毫克/千克）	136.00	82.31	186.00	41.00	145.00
pH	6.60	0.36	6.90	6.20	6.70

综上所述，平地草甸白浆土，黑土层薄，质地较为黏重，多为中壤土和重壤土，颗粒组成以粗粉沙（0.01～0.05毫米）为主。因此，白浆土母质黏紧而不透水，夏秋多雨季节，往往形成上层滞水，直接影响土壤形成和作物生长。

土壤容重由表层往下逐渐加重，下层最大可达1.58克/厘米^3，通气孔隙度极低，仅0.1%～3.8%。因此、通透性较差，易滞水。该类土壤由于土体构造不良，在不太厚的黑土层下就是贫瘠、冷浆、黏板、不透水的白浆层，致使土壤养分含量低，不抗旱、不抗涝。土壤剖面化学分析结果表明，养分集中在表层，黑土层养分含量较为丰富，有机质含量高达50克/千克以上，白浆层以下养分有明显下降，有机质含量可低到5克/千克以下，特别是缺磷，全磷含量可低到0.4克/千克，全氮中等，全钾较丰富。

根据农化样分析，表层土壤有机质平均值为20～40克/千克，全氮平均值为1.5～2.5克/千克，碱解氮平均值为80～140毫克/千克，有效磷平均值为10～14毫克/千克，速效钾平均值为80～130毫克/千克，pH平均为6.2～6.9。

需增施磷肥，氮磷配合施用，而且多增施一些有机肥，增厚黑土层，改善白浆层。

4. 中层低地白浆土土种（Ⅱ$_{3-102}$） 该土种又称中层低地白浆土，耕地面积为1 199.64公顷，占该土类耕地面积3.4%，占全市总耕地面积的0.8%。主要分布在三村乡的低平地，荒地植被为沼柳、小叶樟等喜湿性植物群落。母质黏重，有季节性积水，除具有一般白浆土的特征外，剖面有明显的草甸化、潜育化现象。表层有半泥炭化的草根层或腐殖质层。亚表层有棕色锈斑和灰色潜育斑，淀积层为核状结构，结构表面有棕色胶膜。土体构型 $A_1 - A_{wg} - B_g - C$。代表剖面以三村乡丰乐村西北三 -113 剖面为例，其剖面形态特征如下：

腐殖质层（A）：0～19 厘米，暗灰色，团粒结构，较松，润，植物根系少，层次过渡明显。

潜育层（A_{wg}）：19～51 厘米，灰蓝色，片状结构，紧实，有棕色或灰蓝色锈斑，层次过渡明显。

淀积层（B_g）：50～81 厘米，棕褐色，核状结构，紧实，润，有大量胶膜和锈斑。

中层低地白浆土化学性状分析结果见表 3 -23、物理性状分析结果见表 3 -24、机械组成分析结果见表 3 -25、农化样分析见表 3 -26。

表 3 -23　中层低地白浆土化学性状分析结果

剖面号	取样地点	取土深度（厘米）	全量（克/千克）			碱解氮（毫克/千克）	有机质（克/千克）	pH
			N	P	K			
三-113	丰乐村西北	0～20	0.9	0.66	19.2	74	10.6	6.4
		25～20	1.58	1.71	16.6	231	19.7	5.5
		65～75	9.3	0.78	21.3	51	67.3	5

表 3 -24　中层低地白浆土物理性状分析结果

剖面号	取样地点	取土深度（厘米）	容重（克/厘米³）	总孔隙度（%）	毛管孔隙度（%）	通气孔隙度（%）	田间持水量（%）
三-113	丰乐村西北	5～10	1.08	59.2	54.3	4.9	33.3
		20～25	1.38	48.2	41.1	7.6	23.4
		35～40	1.43	46	—	—	25.4

表 3 -25　中层低地白浆土机械组成分析结果

剖面号	取样地点	土层深度（厘米）	土壤各粒级含量（%）									土壤质地
			>1.0毫米	0.25～1.00毫米	0.05～0.25毫米	0.01～0.05毫米	0.005～0.01毫米	0.001～0.005毫米	<0.001毫米	物理沙粒	物理黏粒	
三-113	丰乐村西北	0～20	1.0	2.6	33.4	2.0	44.0	14.0	4.0	20.0	80.0	少砾质轻壤土
		20～35	0	0.2	13.8	6.0	66.0	22.0	22.0	50.0	50.0	重壤土
		45～60	0	0.2	11.8	2.0	36.0	16.0	34.0	52.0	48.0	重壤土

表 3-26 中层低地白浆土农化样分析

项 目	平均值	标准差	最大值	最小值	差 值
有机质（克/千克）	57.70	10.95	65.40	49.90	15.50
全氮（克/千克）	3.34	0.32	3.47	3.20	0.27
碱解氮（毫克/千克）	151.00	24.74	168.00	133.00	35.00
有效磷（毫克/千克）	15.50	1.00	16.00	15.00	1.00
速效钾（毫克/千克）	123.00	57.98	164.00	82.00	82.00
pH	6.25	1.00	6.30	6.20	0.10

5. 厚层低地白浆土土种（II_{3-103}） 该土种耕地面积为 1 411.34 公顷，占该土类耕地面积的 4%，占同江市总耕地面积 0.94%，主要分布在乐业乡的低地上。剖面主要特征和中层低地白浆土相似，代表剖面以乐业曙光大坝乐-3 剖面为例，其剖面形态特征如下：

腐殖质层（A）：10～24 厘米，黑灰色，团粒结构，润，紧，植物根少量，层次过渡明显。

白浆潜育层（A_{wg}）：24～55 厘米，灰白色，有棕色和蓝色锈斑，紧实，润，层次过渡明显。

淀积层（B_g）：55～90 厘米，灰褐色，小核块状结构，紧实，润，有棕色和蓝色锈斑。

厚层低地白浆土农化样分析见表 3-27。

表 3-27 厚层低地白浆土农化样分析

项 目	平均值	标准差	最大值	最小值	差 值
有机质（克/千克）	42.50	12.60	51.40	33.60	17.80
全氮（克/千克）	2.49	1.00	3.07	1.91	1.16
碱解氮（毫克/千克）	123.00	1.41	124.00	122.00	20.00
有效磷（毫克/千克）	8.50	3.46	11.00	6.00	5.00
速效钾（毫克/千克）	165.50	1.00	166.00	165.00	1.00
pH	6.50	1.00	6.60	6.50	1.00

综上所述，中层低地白浆土由于开垦较早，养地较差，耕层肥力显著下降，有机质为 10.6 克/千克，全氮为 0.9 克/千克，全磷为 0.66 克/千克，碱解氮为 74 毫克/千克；厚层低地白浆土潜在肥力较高，有机质平均值为 42.5 克/千克，全氮为 2.49 克/千克，碱解氮为 123 毫克/千克，有效磷 8.5 毫克/千克，速效钾 165.5 毫克/千克，pH 为 6.5，耕层物理性状较好，容重为 1.08 克/厘米³ 左右，总孔隙度为 59.2%，毛管孔隙度为 54.3%，通气孔隙度为 4.9%。亚表层以下土质黏重，紧实，容重达 1.38 克/厘米³ 以上；低地白浆土黏粒有明显的淋溶下移，土质表层多为少砾质轻壤土，淀积层以下为重壤土，土质为

重壤土，因此通透性较差，又分布在低洼地，土壤过湿，土温低，有机质分解缓慢。易产生内涝，需增加排水措施。

（三）黑土土类

黑土是同江市主要土壤之一，仅次于白浆土类，居第三位。黑土耕地面积为 20 191.19 公顷，占全市总耕地面积的 13.46％。在全市 9 个乡（镇）均有分布，其中，分布面积较大的有乐业、三村、向阳、青河等乡（镇）。荒地植被为榛柴、柞木林及五花草杂草植被，母质多为第四纪黄土状黏土沉积物或冲积沙土上发育的草原土壤。同江市各乡（镇）黑土分布及耕地分布情况见表 3-28。

表 3-28　同江市各乡（镇）黑土耕地面积统计

乡（镇）	耕地面积（公顷）	黑土耕地面积（公顷）	占该土壤面积（％）	占乡（镇）耕地面积（％）
街津口赫哲族	6 493.3	288.77	1.43	4.45
乐　业	15 060.0	1 485.16	7.36	9.86
三　村	20 306.7	7 268.36	35.99	35.79
向　阳	15 940.0	4 650.86	23.03	29.17
青　河	24 873.3	4 029.57	19.96	16.20
同江镇	4 140.0	991.45	4.91	23.95
八岔赫哲族	14 066.7	17.84	0.09	0.13
金　川	18 686.7	657.42	3.26	3.51
银　川	17 200.0	0	0	0
临　江	13 233.3	801.76	3.97	6.06
合　计	150 000	20 191.19	100.00	13.46

根据同江市黑土类中不同附加成土过程、成土条件、形态特征及肥力状况，又续分为黑土、草甸黑土、暗棕壤型黑土 3 个亚类，5 个土属，7 个土种。

1. 薄层黏底黑土土种（Ⅲ₁₋₂₀₁）　该土种耕地面积为 887.85 公顷，占该土类耕地面积的 4.4％，占全市耕地面积的 0.59％。主要分布在乐业、向阳 2 个乡漫岗顶端和岗坡的上部。其剖面主要特征为全剖面分为黑土层、黑黄土层和黄土层，黑土层较薄，一般 A₁ 层为 5～20 厘米，黑土层暗灰色，团粒或粒状结构，有腐殖质舌状淋溶，在过渡层下有明显淀积层，呈黄棕色，核块或棱柱状结构，结构表面有二氧化硅粉末新生体，下部黄土母质较黏重，剖面通体无石灰反应。其农业生产特点是生产性能较好，适种性广，肥力平缓，是高产稳产的土壤。土体构型 A-AB-B-C，代表剖面以向阳村南向-10 剖面为例，其剖面形态特征如下：

腐殖质层（Aₚ）：0～14 厘米，灰黑色，团粒结构，松散，润，植物根系少，无石灰反应，层次过渡明显。

淀积层（B）：14～45 厘米，棕黄色，粒状结构，稍紧，润，无石灰反应，层次过渡明显，剖面有二氧化硅粉末。

　　母质层（C）：45～100厘米，棕褐色，块状结构，紧，无石灰反应，层次过渡明显，剖面有二氧化硅粉末。

　　薄层黏底黑土化学性状分析结果见表3－29、物理性状分析结果见表3－30、机械组成分析结果见表3－31、农化样分析结果见表3－32。

表 3-29　薄层黏底黑土化学性状分析结果

剖面号	取样地点	取土深度（厘米）	全量（克/千克）			碱解氮（毫克/千克）	有机质（克/千克）	pH
			N	P	K			
向-10	向阳村南	0～20	0.56	0.76	19.2	59	11.0	5.7
		20～50	1.97	0.8	20.8	106	28.8	6.6

表 3-30　薄层黏底黑土物理性状分析结果

剖面号	取样地点	取土深度（厘米）	容重（克/厘米³）	总孔隙度（%）	毛管孔隙度（%）	通气孔隙度（%）	田间持水量（%）
向-10	向阳村南	5～10	0.9	66.0	46.3	22.7	32.6
		40～45	0.6	77.4	16.6	60.8	22.3

表 3-31　薄层黏底黑土机械组成分析结果

剖面号	取样地点	土层深度（厘米）	土壤各粒级含量（%）							物理沙粒	物理黏粒	土壤质地
			>1.0毫米	0.25～1.00毫米	0.05～0.25毫米	0.01～0.05毫米	0.005～0.01毫米	0.001～0.005毫米	<0.001毫米			
向-10	向阳村南	0～20	0	26.4	37.6	26.0	0	6.0	4.0	10.0	90.0	沙壤土
		20～35	0.1	19.2	24.8	24.0	2.0	14.0	16.0	32.0	68.0	中壤土

表 3-32　薄层黏底黑土农化样分析结果

项　目	平均值	标准差	最大值	最小值	差　值
有机质（克/千克）	56.80	33.80	130.20	19.50	110.70
全氮（克/千克）	3.09	1.94	7.10	0.54	6.56
碱解氮（毫克/千克）	155.80	78.40	316.00	69.00	247.00
有效磷（毫克/千克）	11.50	2.88	16.00	7.00	9.00
速效钾（毫克/千克）	171.75	74.13	273.00	81.00	192.00
pH	6.90	0.46	7.40	6.00	1.40

　　2. 中层黏底黑土土种（Ⅲ$_{1-202}$）　该土种耕地面积为600.45公顷，占该土类耕地面积

的 2.97%；占全市总耕地面积 0.4%，主要分布在向阳乡。

该土种主要发育在起伏漫岗地形的坡上较平坦的地形部位上。剖面主要特征是黑土层一般在 30～50 厘米，其他同薄层黏底黑土。该土种生产性能较好，适种性较广，肥劲较大，是较肥沃的土壤。土体构型为 A_1 - AB - B - C。代表剖面以新曙光向-7 剖面为例，其剖面形态特征如下：

腐殖质层（A_P）：0～34 厘米，灰黑色，团粒结构，疏松，润，植物根系多，无石灰反应，层次过渡明显。

淀积层（B）：34～75 厘米，棕黄色，团粒结构，疏松，润，植物根系少，层次过渡明显。

母质层（C）：75～150 厘米，黄色，块状结构，疏松，无石灰反应。

根据 3 个农化样（前-35，向-5，向-7）化学性状分析见表 3-33。

表 3-33 中层黏底黑土农化样分析结果统计

项　　目	平均值	标准差	最大值	最小值	差　值
有机质（克/千克）	67.30	69.40	147.40	25.00	122.40
全氮（克/千克）	3.71	3.10	7.36	1.87	5.49
碱解氮（毫克/千克）	163.00	136.90	321.00	72.00	249.00
有效磷（毫克/千克）	15.00	4.58	19.00	10.00	9.00
速效钾（毫克/千克）	145.00	44.53	193.00	101.00	92.00
pH	7.00	0.12	7.10	6.90	0.20

综上所述，中层黏底黑土土壤比较肥沃，从 3 个农化样分析结果看，表层有机质含量极高，平均值为 67.3 克/千克，最大值可达 147.4 克/千克，最小值为 25 克/千克，差值为 122.4 克/千克；全氮、碱解氮相应也很高，全氮平均值为 3.71 克/千克，碱解氮为 163 毫克/千克，速效钾为 145 毫克/千克，而磷的含量较低，需适量的补给。薄层黏底黑土养分含量较低，最小值分别是有机质为 19.5 克/千克、全氮为 0.54 克/千克、有效磷 7 毫克/千克、速效钾 81 毫克/千克、碱解氮为 69 毫克/千克。由于开垦年限较久，只用不养需要培肥地力，大量增施粪肥，提高土壤肥力。但该土壤物理性状较好，土壤呈团粒结构，疏松，表层土壤容重在 0.90 克/厘米^3 左右，总孔隙度 66%，毛管孔隙度 46.3%，通气孔隙度 22.7%，利于作物生长。黏底黑土的黏粒在土体中有明显的下移、淀积现象，表层多为沙壤土，淀积层多为中壤土。

3. 薄层沙底黑土土种（Ⅲ$_{1-301}$） 该土种耕地面积为 9 937.64 公顷，占该土类耕地面积的 49.22%。主要分布在乐业、向阳、同江、临江、三村等乡（镇），其次青河、乐业、向阳等乡（镇）的漫岗坡地也有分布。剖面的主要特点是黑土层较薄，在 30 厘米以下，大部分为 10～25 厘米。上层有不明显沙黏相间层，底土有明显淤积沙底。农业生产特点，肥劲不足，后期脱肥。应培肥地力，多增施有机肥。

代表剖面以新光村同-4 剖面为例，其剖面形态特征如下：

枯枝落叶层（A_0）：0～9 厘米，灰黑色，团粒结构，疏松，润，植物根系多，无石灰反应，层次过渡不明显。

腐殖质层（A_1）：9～24 厘米，棕黑色，团粒结构，稍紧，植物根系少，无石灰反应，层次过渡明显。

淀积层（B）：24～47 厘米，棕黄色，无结构，紧，无石灰反应，层次过渡不明显。

母质层（C）：47～120 厘米，黄色，沙质黏状，稍松。

薄层沙底黑土各土层化学性状分析结果见表 3-34、机械组成分析结果见表 3-35、农化样分析结果见表 3-36。

表 3-34　薄层沙底黑土各土层化学性状分析结果

剖面号	取样地点	取土深度（厘米）	全量（克/千克）			碱解氮（毫克/千克）	有机质（克/千克）	pH
			N	P	K			
同-4	新光村	5～15	2.09	0.76	18.3	169	42.6	6.2
		30～35	0.68	0.47	9.7	79	6.6	6.1
		50～100	0.99	0.34	17.2	72	3.6	6.0

表 3-35　薄层沙底黑土机械组成分析结果

剖面号	取样地点	土层深度（厘米）	土壤各粒级含量（%）									土壤质地
			>1.0 毫米	0.25～1.00 毫米	0.05～0.25 毫米	0.01～0.05 毫米	0.005～0.01 毫米	0.001～0.005 毫米	<0.001 毫米	物理沙粒	物理黏粒	
同-4	新光村	5～15	0	29.4	44.6	16.0	4.0	8.0	2.0	10.0	90.0	沙壤土
		30～45	0	18.6	47.4	18.0	4.0	8.0	4.0	16.0	84.0	沙壤土
		50～100	0	29.2	30.8	24.0	4.0	8.0	4.0	16.0	84.0	沙壤土

表 3-36　薄层沙底黑土农化样分析结果

项　目	平均值	标准差	最大值	最小值	差　值
有机质（克/千克）	42.90	37.50	140.90	12.00	128.90
全氮（克/千克）	2.58	2.05	7.95	0.90	7.05
碱解氮（毫克/千克）	135.20	76.36	331.00	52.00	279.00
有效磷（毫克/千克）	14.90	8.92	56.00	6.00	50.00
速效钾（毫克/千克）	148.40	91.49	492.00	41.00	451.00
pH	6.50	0.59	7.40	3.40	4.00

4. 中层沙底黑土土种（III_{1-302}）　该土种耕地面积为 203.85 公顷，占该土类耕地面积的 1.01%，占总耕地面积的 0.13%，主要分布在三村乡河流沿岸的地势平坦地区。剖面

主要特征，黑土层深厚，一般在40厘米左右，其他同薄层沙底黑土。农业生产特点，土壤肥力不足，产量低。代表剖面以双河村东南三-48剖面为例，其剖面形态特征如下：

腐殖质层（A₁）：0～40厘米，暗灰色，团粒结构，疏松，润，植物根系多，无石灰反应，层次过渡明显。

过渡层（AB）：40～55厘米，棕灰色，团粒结构，松，润，植物根系中量，过渡不明显，呈舌状向下过渡。

淀积层（B）：55～80厘米，棕黄色，腐殖质呈舌状淋溶到此层，无石灰反应。

母质层（C）：80～100厘米，黄色，沙壤。

中层沙底黑土化学性质分析结果见表3-37、物理性状分析结果见表3-38、机械组成分析结果见表3-39。

表3-37 中层沙底黑土化学性状分析结果

剖面号	取样地点	取土深度（厘米）	全量（克/千克）			碱解氮（毫克/千克）	有机质（克/千克）	pH
			N	P	K			
三-48	双河村东南	0～20	1.25	0.87	19.3	79	16.3	5.6
		20～50	0.85	0.53	19.7	57	6.3	5.6

表3-38 中层沙底黑土物理性状分析结果

剖面号	取样地点	取土深度（厘米）	容重（克/厘米³）	总孔隙度（%）	毛管孔隙度（%）	通气孔隙度（%）	田间持水量（%）
三-48	双河村东南	5～10	1.22	54.00	28.90	25.10	19.20
		50～55	1.32	50.20	33.00	17.20	20.00

表3-39 中层沙底黑土机械组成分析结果

剖面号	取样地点	土层深度（厘米）	土壤各粒级含量（%）							物理沙粒	物理黏粒	土壤质地
			>1.0毫米	0.25～1.00毫米	0.05～0.25毫米	0.01～0.05毫米	0.005～0.01毫米	0.001～0.005毫米	<0.001毫米			
三-48	双河村东南	0～20	0.1	43.8	24.2	14.0	2.0	8.0	8.0	18.0	82.0	沙壤土
		20～50	0.1	30.8	25.2	14.0	6.0	10.0	14.0	30.0	70.0	轻壤土

综上所述，沙底黑土表层土壤肥力较好，有机质含量为16.3～42.6克/千克，碱解氮为79～169毫克/千克，全氮为1.25～2.09克/千克，全钾为18.3～19.3克/千克，全磷为0.76～0.87克/千克；而亚表层以下养分显著降低，有机质为6.3～6.6克/千克，碱解氮为57～79毫克/千克，全氮为0.68～0.85克/千克，全钾为9.7克/千克，全磷为0.34～0.53克/千克；土壤各层酸碱度变化不大，pH为5.6～6.2。

沙底黑土质地一般为沙壤土，颗粒组成以粗沙粒和沙粒（0.05～1.0 毫米）为主，其次是细沙（0.25～0.05 毫米）；土壤表层比较疏松，容重为 1.22～1.46 克/厘米^3，总孔隙度为 50.2%～54%，毛管孔隙度为 28.9%～33.0%，通气孔隙度为 17.2%～25.1%，水气配合较好，有利于作物生长。

5. 薄层沙底草甸黑土土种（Ⅲ$_{3-301}$） 该土种是黑土向草甸土过渡的土壤，自然植被为杂草群落或小叶樟等草甸植被。耕地面积为 4 163.4 公顷，占该土类耕地面积的 20.62%，占总耕地面积的 2.8%。主要分布在三村、金川、乐业、青河等乡（镇），其次分布在向阳、八岔、街津口等乡（镇）岗坡下部。该土种所处地势较低，对土壤形成影响大，潜育淋溶作用较明显，土体中氧化—还原交替作用更强烈。其成土过程在黑土成土过程基础上，又附加有草甸化过程。剖面主要特点：黑土层薄，一般在 13～25 厘米，土体中锈斑出现部位较高，一般在 B 层可见锈斑。无舌状过渡，母质层是沙壤。农业生产特点土壤水分足，排水不畅、冷凉，前期地温低，苗发锈，后期易贪青。土体构型为 A$_1$-AB-B-C，代表剖面以八屯三-68 剖面为例，其剖面形态特征如下：

腐殖质层（A$_1$）：0～19 厘米，暗灰色，团粒结构，稍紧，润，植物根系较多，层次过渡明显。

过渡层（AB）：19～55 厘米，灰褐色，团粒结构，有锈斑，润，较紧，植物根系少量，层次过渡不明显。

淀积层（B）：55～90 厘米，黄棕色，团粒结构，紧实，层次过渡明显。

母质层（C）：90～100 厘米，棕黄色，沙壤。

薄层沙底草甸黑土化学性状分析结果见表 3-40、物理性状分析结果见表 3-41、机械组成分析结果见表 3-42、农化样分析结果见表 3-43。

表 3-40 薄层沙底草甸黑土化学性状分析结果

剖面号	取样地点	取土深度（厘米）	全量（克/千克）			碱解氮（毫克/千克）	有机质（克/千克）	pH
			N	P	K			
三-68	八屯	0～20	1.7	0.94	15.8	95	23.3	6.4
		50～70	0.82	0.81	17.9	58	5	6.3

表 3-41 薄层沙底草甸黑土物理性状分析结果

剖面号	取样地点	取土深度（厘米）	容重（克/厘米^3）	总孔隙度（%）	毛管孔隙度（%）	通气孔隙度（%）	田间持水量（%）
三-68	八屯	5～10	1.53	42.3	35.6	6.7	18.9
		40～45	1.36	48.7	48.4	0.3	26.1

表 3－42　薄层沙底草甸黑土机械组成分析结果

剖面号	取样地点	土层深度（厘米）	土壤各粒级含量（%）									土壤质地
			>1.0毫米	0.25～1.00毫米	0.05～0.25毫米	0.01～0.05毫米	0.005～0.01毫米	0.001～0.005毫米	<0.001毫米	物理沙粒	物理黏粒	
三－68	八屯	0～20	0.2	22.4	29.6	30.0	4.0	10.0	4.0	18.0	82.0	沙壤土
		50～70	0.2	15.3	24.4	20.0	10.0	12.0	18.0	40.0	60.0	中壤土

表 3－43　薄层沙底草甸黑土农化样分析结果

项　目	平均值	标准差	最大值	最小值	差　值
有机质（克/千克）	58.60	66.00	448.40	15.50	432.90
全氮（克/千克）	2.93	2.05	9.16	1.12	8.04
碱解氮（毫克/千克）	143.80	53.70	587.00	66.00	521.00
有效磷（毫克/千克）	17.50	14.76	115.00	6.00	109.00
速效钾（毫克/千克）	196.10	123.90	587.00	61.00	526.00
pH	6.20	0.504	7.10	4.60	2.50

综上所述，薄层沙底草甸黑土耕层有机质含量中等，为 23.3 克/千克；氮、磷含量都较低，全氮为 1.70 克/千克，全磷为 0.94 克/千克；碱解氮也不高，为 95 毫克/千克；全钾含量较高，为 15.8 克/千克；亚表层养分含量更低。各层均呈弱酸性反应，pH 上下层变化不大，为 6.3～6.4。

根据农化样分析，有机质平均值为 58.6 克/千克，全氮为 2.93 克/千克，碱解氮为 143.8 毫克/千克，有效磷为 17.5 毫克/千克，速效钾为 196.1 毫克/千克，pH 为 6.2。底层土壤较为黏重，一般多为中壤土。

颗粒组成以细沙（0.05～0.25 毫米）为主，其次为粗粉沙（0.01～0.05 毫米）。

耕层容重在 1.53 克/厘米^3，孔隙度为 42.3%，毛管孔隙度为 35.6%，通气孔隙度为 6.7%，水气配合不好，土壤较为冷凉，需要疏松土壤，增施热性有机肥料，提高地温，培肥地力，促进作物生长、早熟。

6. 薄层黏底草甸黑土土种（Ⅲ₃₋₂₀₁）　该土种耕地面积为 1 806 公顷，占本土壤耕地面积 8.9%。主要分布在前卫的漫岗坡脚下，地下水位较高的地方，是一种过渡类型的土壤。剖面主要特征：黑土层较薄，一般 18～30 厘米，色深、无舌状过渡，干时可见二氧化硅粉末，土体中多铁锰结核、锈斑，后期劲足，易贪青。土体构型 A_1－B－C。代表剖面以向阳乡展望村前-38 剖面为例，其剖面形态特征如下：

腐殖质层（A_1）：0～18厘米，黑灰色，团粒结构，疏松，植物根系多，湿润，层次过渡明显。

淀积层（B）：18～56厘米，棕黄色，团粒结构，黏壤，紧实，湿润，植物根系多，层次过渡明显。

母质层（C）：56～125厘米，黄色，粒状结构，沙质，松，湿润，植物根系少，层次过渡明显。

根据9个农化样（前-2、3、4、8、9、10、23、25、32）的化学性状分析结果见表3-44。

表3-44 薄层黏底草甸化黑土农化样化学性状分析结果

项　目	平均值	标准差	最大值	最小值	差　值
有机质（克/千克）	38.80	7.12	57.00	29.60	27.40
全氮（克/千克）	2.29	0.66	3.27	1.71	1.56
碱解氮（毫克/千克）	120.60	27.41	165.00	89.00	76.00
有效磷（毫克/千克）	8.00	1.87	10.00	6.00	4.00
速效钾（毫克/千克）	141.10	78.11	267.00	81.00	186.00
pH	6.50	0.372	7.00	6.10	0.90

从表3-44可以看出，有机质和全氮含量较高，但速效养分较低，土质黏重，水分较多，通气性差。

7. 薄层沙底棕壤型黑土土种（Ⅲ$_{4-301}$） 该土种耕地面积为2 592公顷，占该土类耕地面积的12.84%，占总耕地面积1.73%。主要分布在青河、三村、向阳等乡（镇），其次乐业、临江等乡（镇）的岗地顶端也有分布。多为杂木林及五花草植被，母质大部为黄土状或沙壤土。成土过程同黑土，附加氧化还原过程。这类土壤剖面形态特征是在黑土层下，出现暗棕色或棕色层次，其土体构型既不同于黑土又不同于暗棕壤。土壤形成过程中腐殖质化过程较强，有轻度黏化过程。其农业生产特点，通透性好，土质热潮。易发小苗，不发老苗，后期常肥劲不足，适宜种小麦、蔬菜、瓜果、薯类等作物。土体构型为A_1-AB-B-C。代表剖面以三-3、三-9剖面为例，其剖面形态特征如下：

腐殖质层（A_1）：0～21厘米，暗灰色，团粒结构，疏松，湿润，无石灰反应，层次过渡明显。

淀积层（B）：21～21厘米，红棕色，无结构，湿润，植物根系少，稍紧，无石灰反应，层次过渡不明显。

母质层（C）：51～96厘米，棕黄色，无结构，沙质，湿润，较松，无石灰反应。

薄层沙底棕壤型黑土化学性状分析结果见表3-45、物理性状分析结果见表3-46、机械组成分析结果见表3-47、农化样分析结果见表3-48。

表 3-45　薄层沙底棕壤型黑土化学性状分析结果

剖面号	取样地点	取土深度（厘米）	全量（克/千克）			碱解氮（毫克/千克）	有机质（克/千克）	pH
			N	P	K			
三-3	头屯西路北	5～15	1.37	0.52	18.1	86	15.1	6.2
		30～40	0.8	0.65	19.0	64	2.9	6.4
三-9	边防北地	5～15	1.06	1.18	19.5	99	18.7	5.8
		35～45	0.57	0.78	18.9	71	3.8	6.4

表 3-46　薄层沙底棕壤型黑土物理性状分析结果

剖面号	取样地点	取土深度（厘米）	容重（克/厘米³）	总孔隙度（%）	毛管孔隙度（%）	通气孔隙度（%）	田间持水量（%）
三-3	头屯西路北	5～10	1.12	57.7	48.5	9.2	30.2
		25～30	1.38	47.9	46.3	1.6	25.9
三-9	边防北地	5～10	1.4	47.2	—	—	26.1
		35～45	1.36	48.7	45.5	3	25

表 3-47　薄层沙底棕壤型黑土的机械组成分析结果

剖面号	取样地点	土层深度（厘米）	土壤各粒级含量（%）									土壤质地
			>1.0毫米	0.25～1.00毫米	0.05～0.25毫米	0.01～0.05毫米	0.005～0.01毫米	0.001～0.005毫米	<0.001毫米	物理沙粒	物理黏粒	
三-3	头屯西路北	5～15	1.2	12.4	45.6	18.0	8.0	10.0	6.0	24.0	76.0	轻壤土
		30～40	0	4.2	40.0	22.0	6.0	—	10.0	26.0	74.0	少砾质轻壤土
三-9	边防北地	5～15	0	32.2	21.8	22.0	8.0	—	6.0	24.0	76.0	
		35～45	0	27.0	23.0	16.0	6.0	—	18.0	34.0	66.0	中壤土

表 3-48　薄层沙底棕壤型黑土农化样分析结果

项　目	平均值	标准差	最大值	最小值	差　值
有机质（克/千克）	43.00	95.80	96.60	15.80	88.00
全氮（克/千克）	2.60	0.91	6.38	1.09	5.29
碱解氮（毫克/千克）	131.20	43.51	245.00	41.00	204.00
有效磷（毫克/千克）	31.70	13.04	72.00	9.00	63.00
速效钾（毫克/千克）	169.00	63.78	346.00	61.00	285.00
pH	6.40	0.59	7.60	5.40	2.10

据农化样分析，表层有机质平均值为 43 克/千克，全氮为 2.6 克/千克，碱解氮为 131.2 毫克/千克，有效磷为 31.7 毫克/千克，速效钾为 169 毫克/千克，均属中等，pH 为 6.4。耕层土壤较为疏松，一般为轻壤，颗粒组成以细沙（0.05～0.25 毫米）为主，容重为 1.12～1.40 克/厘米³，总孔隙度为 47.2%～57.7%，毛管孔隙度为 48.5%左右，通气孔隙度为 9.2%左右，水气配合较好。

（四）草甸土类

草甸土类是直接受地下水浸润，在喜湿性植物小叶樟等植被下，发育而成的非地带性半水成土壤，在各乡（镇）均有分布，是同江市分布广、面积大的一种土壤。草甸土类是同江市主要的土壤，在同江市面积占首位，耕地面积为 78 057.75 公顷，占总耕地面积 52.04%。主要分布在各江河沿岸的泛滥地、沟谷水线两侧低平地、缓坡下部的低洼地和开阔的低平地上，草甸土的形成过程主要是草甸化过程。地面生长草甸植被腐殖质积累多，除了成土过程中有机质积累之外，还可能接受外面冲来的腐殖土。所以黑土层深厚、土质较肥沃，有机质含量高，因此构成了同江市最主要的农业土壤。草甸土分布情况见表 3-49。

表 3-49　各乡（镇）草甸土面积统计

乡（镇）	耕地总面积（公顷）	草甸土耕地面积（公顷）	占该土壤面积（%）	占乡（镇）耕地面积（%）
街津口赫哲族	6 493.3	3 194.9	4.09	49.20
临　江	13 233.3	12 090.3	15.49	91.36
乐　业	15 060.0	2 182.4	2.80	14.49
三　村	20 306.7	5 023.41	6.44	24.74
向　阳	15 940.0	4 779.9	6.13	29.99
青　河	24 873.3	6 835.59	8.76	27.55
同 江 镇	4 140.0	1 227.0	1.58	29.64
八岔赫哲族	14 066.7	13 646.0	17.48	97.01
金　川	18 686.7	14 821.9	18.99	79.32
银　川	17 200.0	14 238.35	18.24	82.78
合　计	150 000.0	78 057.75	100.00	52.04

根据草甸土类的附加成土过程的不同及成土条件、形态特征和肥力状况，又续分为草甸土、白浆化草甸土、泛滥地草甸土、沼泽化草甸土共 4 个亚类，4 个土属，9 个土种。详叙如下：

1. 薄层平地草甸土土种（IV_{1-201}）　该土种耕地面积为 25 847.12 公顷，占该土类耕地面积的 33.11%。占总耕地面积的 17.23%。主要分布在同江市青河、临江、银川、金川、三村、向阳、街津口、八岔 8 个乡（镇）；其次分布在同江、乐业、前卫等乡（镇）的缓坡下的低洼地和沟谷水线两侧以及开阔的低平地上。剖面特点是：层次结构由腐殖质层及锈色斑纹层组成，无明显的 B 层，有的剖面下部出现铁锰结核。上部多沙层，地下水位较高，母质为冲积物。成土过程为腐殖质化过程及草甸化过程。土体构型为 A_1 - CW - C_g，代表剖面以同江市农业科研所同-3 剖面为例，其剖面形态特征如下：

腐殖质层（A₁）：0～19厘米，灰黑色，团粒结构，稍紧，湿润，植物根系少，层次过渡明显。

淀积层（CW）：19～45厘米，暗灰色，紧实，湿润，锈斑较多，有铁锰结核，无石灰反应。

薄层平地草甸土化学性状分析结果见表3-50、物理性状分析结果见表3-51、机械组成分析结果见表3-52、农化样分析结果见表3-53。

表3-50　薄层平地草甸土化学性状分析结果

剖面号	取样地点	取土深度（厘米）	全量（克/千克）			碱解氮（毫克/千克）	有机质（克/千克）	pH
			N	P	K			
同-3	同江市农业科研所	0～10	4.43	2.13	15.6	258	71.3	6.2
		30～40	1.67	0.65	20.2	54	8.6	6.9

表3-51　薄层平地草甸土物理性状分析结果

剖面号	取样地点	取土深度（厘米）	容重（克/厘米³）	总孔隙度（%）	毛管孔隙度（%）	通气孔隙度（%）	田间持水量（%）
同-3	同江市农业科研所	5～15	1.03	61.1	56	5.1	35.2
		30～35	1.37	48.3	34	14.3	19.6

表3-52　薄层平地草甸土机械组成分析结果

剖面号	取样地点	土层深度（厘米）	土壤各粒级含量（%）							土壤质地
			>1.0毫米	0.25～1.00毫米	0.05～0.25毫米	0.01～0.05毫米	0.005～0.01毫米	0.001～0.005毫米	<0.001毫米	物理沙粒	物理黏粒	
同-3	同江市农业科研所	0～20	0.2	6.8	37.2	36.0	8.0	8.0	4.0	20.0	80.0	轻壤土
		30～40	1.5	4.6	33.4	26.0	6.0	14.0	16.0	36.0	64.0	重壤土

表3-53　薄层平地草甸土农化样分析结果

项　目	平均值	标准差	最大值	最小值	差　值
有机质（克/千克）	66.40	35.00	173.60	17.00	156.60
全氮（克/千克）	3.66	2.32	10.40	0.61	9.79
碱解氮（毫克/千克）	194.70	78.00	3.93	60.00	313.00
有效磷（毫克/千克）	16.50	17.00	68.00	5.00	63.00
速效钾（毫克/千克）	212.00	90.88	642.00	61.00	581.00
pH	6.00	0.71	8.20	3.70	4.50

2. 中层平地草甸土土种（IV$_{1-201}$） 该土种耕地面积为 23 653.74 公顷，占该土类耕地面积的 30.30%，占总耕地面积 15.8%。主要分布在东部 4 个乡（镇），其次三村、乐业、向阳、街津口等乡（镇）也有分布。该土种剖面特点、成土过程、土壤构型除黑土层比薄土层平地草甸土稍厚外，其他完全相似。代表剖面以金川五队大东地金-24 剖面为例，其剖面形态特征如下：

腐殖质层（A$_1$）：0～31 厘米，暗黑色，团粒结构，疏松，湿润，植物根系少，无石灰反应，层次过渡明显。

淀积层（CW）：31～80 厘米，棕黄色，湿润，紧实，无结构，植物根系较少，无石灰反应，有大量锈斑。

母质层（C$_g$）：80～120 厘米，褐黄色，团粒结构，湿润，有大量锈斑。

中层平地草甸土化学性状分析结果见表 3-54、物理性状分析结果见表 3-55、机械组成分析结果见表 3-56、农化样分析结果见表 3-57。

表 3-54 中层平地草甸土化学性状分析结果

剖面号	取样地点	取土深度（厘米）	全量（克/千克）			有机质（毫克/千克）	碱解氮（毫克/千克）	pH
			N	P	K			
金-24	五队大东地	5～25	4.36	2.2	13	73.4	216	5.5
		35～40	1.42	1.06	15.8	13.7	91	5.9

表 3-55 中层平地草甸土物理性状分析结果

剖面号	取样地点	取土深度（厘米）	容重（克/厘米^3）	总孔隙度（%）	毛管孔隙度（%）	通气孔隙度（%）	田间持水量（%）
金-24	五队大东地	5～10	0.75	71.7	69	2.7	48
		50～55	1.53	42.3	—	—	20

表 3-56 中层平地草甸土机械组成分析结果

剖面号	取样地点	土层深度（厘米）	土壤各粒级含量（%）									土壤质地
			>1.0 毫米	0.25～1.00 毫米	0.05～0.25 毫米	0.01～0.05 毫米	0.005～0.01 毫米	0.001～0.005 毫米	<0.001 毫米	物理沙粒	物理黏粒	
金-24	五队大东地	5～25	0.4	0.8	35.2	26.0	12.0	14.0	12.0	38.0	62.0	中壤土
		35～40	0.2	0.6	23.4	24.0	8.0	16.0	28.0	52.0	48.0	重壤土

表 3 - 57　中层平地草甸土农化样分析结果

项　目	平均值	标准差	最大值	最小值	差　值
有机质（克/千克）	63.50	36.00	191.00	3.30	187.70
全氮（克/千克）	3.55	1.48	10.54	0.63	9.91
碱解氮（毫克/千克）	165.20	61.27	378.00	35.00	343.00
有效磷（毫克/千克）	28.80	19.34	77.00	6.00	71.00
速效钾（毫克/千克）	193.60	50.91	376.00	61.00	315.00
pH	5.80	0.62	7.30	3.70	3.60

3. 厚层平地草甸土土种（IV_{1-203}）　该土种耕地面积为 2 877.54 公顷，占该土类耕地面积的 3.69%，占总耕地面积 1.92%。主要分布在临江、八岔等乡（镇）的岗坡下低平地上。黑土层深厚，一般在 40～50 厘米。其他特征与薄中层平地草甸土相似。代表剖面以牧场西北地临-10 剖面为例，剖面形态特征如下：

腐殖质层（A_1）：0～42 厘米，暗灰色，团粒结构，疏松，潮，植物根系多，层次过渡明显。

淀积层（C_w）：42～75 厘米，棕黄色，无结构，疏松，有大量锈斑，植物根系少，层次过渡明显。

厚层平地草甸土物理化学性状分析结果见表 3-58～表 3-61。

表 3 - 58　厚层平地草甸土化学性状分析结果

剖面号	取样地点	取土深度（厘米）	全量（克/千克）			碱解氮（毫克/千克）	有机质（克/千克）	pH
			N	P	K			
临-10	牧场西北	10～26	6.98	2.46	14.7	484	116.4	5.7
		38～46	1.72	1.66	15.9	109	13.8	5.6

表 3 - 59　厚层平地草甸土物理性状分析结果

剖面号	取样地点	取土深度（厘米）	容重（克/厘米³）	总孔隙度（%）	毛管孔隙度（%）	通气孔隙度（%）	田间持水量（%）
临-10	牧场西北	15～20	0.85	67.9	62.1	5.8	42
		38～46	1.34	49.4	46.6	2.8	26

表 3 - 60　厚层平地草甸土机械组成分析结果

剖面号	取样地点	土层深度（厘米）	土壤各粒级含量（%）							物理沙粒	物理黏粒	土壤质地
			>1.0毫米	0.25～1.00毫米	0.05～0.25毫米	0.01～0.05毫米	0.005～0.01毫米	0.001～0.005毫米	<0.001毫米			
临-10	牧场西北	10～26	1.2	3.8	50.2	22.0	14.0	14.0	6.0	24.0	76.0	轻壤土
		36～46	0.1	1.0	17.0	30.0	8.0	14.0	30.0	52.0	48.0	少砾质重壤土

表 3-61 厚层平地草甸土农化样分析结果

项 目	平均值	标准差	最大值	最小值	差 值
有机质（克/千克）	77.03	20.90	109.50	50.00	59.50
全氮（克/千克）	4.81	1.40	7.51	3.34	4.17
碱解氮（毫克/千克）	193.70	42.15	299.00	132.00	167.00
有效磷（毫克/千克）	16.90	8.73	34.00	8.00	26.00
速效钾（毫克/千克）	215.50	50.43	325.00	165.00	160.00
pH	5.00	0.59	5.40	3.90	1.50

综上所述，平地草甸土的黑土层深厚，最厚可达 50 厘米多，有机质、碱解氮含量极为丰富。在耕层有机质一般含量为 70～110 克/千克，最高可达 116.4 克/千克，全氮为 4～6 克/千克，全磷为 2 克/千克左右，全钾为 13～15 克/千克，碱解氮为 200～500 毫克/千克。亚表层养分含量显著减少，一般有机质只有 13 克/千克左右，全氮为 15 克/千克左右，全磷为 0.6～1.6 克/千克，全钾为 15～20 克/千克，碱解氮为 50～100 毫克/千克。各层均呈弱酸反应，pH 为 5.5～6.2，是潜在肥力很高的土壤。从薄层到厚层 3 种平地草甸土的有机质、全氮、碱解氮养分含量来看，是随着黑土层增厚而增加。

根据农化样分析，有机质平均值为 77.03 克/千克，全氮为 4.81 克/千克，碱解氮为 193.7 毫克/千克，速效钾为 215.5 毫克/千克，均较高；有效磷为 16.9 毫克/千克，较低。表层是轻壤土或中壤土，底层是壤土。颗粒组成以细沙（0.05～0.25 毫米）和粗粉沙（0.01～0.05 毫米）为主，物理性黏粒底层大于表层，表明淋溶淀积较强。因此，表层疏松，底层土壤黏重，表层容重 0.85 克/厘米³，总孔隙度为 67.9%，毛管孔隙度为 62.1%，通气孔隙度为 5.8%；亚表层容重 1.34 克/厘米³，总孔隙度为 49.4%，毛管孔隙度为 46.6%，通气孔隙度一般为 2.8% 左右，毛管孔隙度较高，通气孔隙度较低。因此，水气配合不好，水分含量较大，经常处于饱和状态，土壤冷浆，养分释放慢，不爱发小苗，易贪青晚熟。应多施些热性有机肥料，加强水利工程设施，防内涝，还是有很大开垦价值的。

4. 薄层平地白浆化草甸土土种（IV₂₋₂₀₁） 该土种耕地面积为 14 327.6 公顷，占该土类耕地面积的 18.36%，占总耕地面积的 9.55%。主要分布在金川、银川、街津口、向阳、青河、临江等乡（镇），其次三村等乡（镇）也有少量零星分布。其特征基本同平地草甸土；不同之处，因白浆化草甸土是草甸土和白浆土的过渡类型，因此在成土过程中附加白浆化过程，亚表层有不明显的白浆层。生产性能：土壤黏重，紧实，冷浆，通透性差，水分含量大，养分释放慢，潜在肥力较高，靠近江河和水源充足的地方可大力发展水稻。土体构型 A₁-A_w-C_w-C，代表剖面以金川四队北地金-4 剖面为例，其剖面形态特征如下：

腐殖质层（A₁）：0～20 厘米，暗灰色，团粒结构，有少量植物根系，疏松，湿，无石灰反应，层次渡过明显。

白浆层（A_w）：20～50 厘米，灰白色，片状结构，紧实，潮湿，有大量锈斑，层次过渡明显。

淀积层（锈斑层C_w）：50～70厘米，褐黄色，粒状结构，紧实，湿，有大量锈斑和胶膜。

薄层平地白浆化草甸土化学性状分析结果见表3-62、物理性状分析结果见表3-63、机械组成分析结果见表3-64，农化样分析结果见表3-65。

表3-62　薄层平地白浆化草甸土化学性状分析结果

剖面号	取样地点	取土深度（厘米）	全量（克/千克）			碱解氮（毫克/千克）	有机质（克/千克）	pH
			N	P	K			
金-4	金川四队北地	5～18	2.94	1.93	14.9	209	70.6	5.7
		25～55	1.18	0.77	16.4	123	8.6	5.9

表3-63　薄层平地白浆化草甸土物理性状分析结果

剖面号	取样地点	取土深度（厘米）	容重（克/厘米³）	总孔隙度（%）	毛管孔隙度（%）	通气孔隙度（%）	田间持水量（%）
金-4	金川四队北地	0～15	1.17	55.8	49.7	6.1	30
		30～35	1.37	48.3	—	—	28

表3-64　薄层平地白浆化草甸土机械组成分析结果

剖面号	取样地点	土层深度（厘米）	土壤各粒级含量（%）									土壤质地
			>1.0毫米	0.25～1.00毫米	0.05～0.25毫米	0.01～0.05毫米	0.005～0.01毫米	0.001～0.005毫米	<0.001毫米	物理沙粒	物理黏粒	
金-4	金川四队北地	5～18	0.4	2.8	41.2	24.0	8.0	16.0	8.0	32.0	68.0	中壤土
		25～55	0.4	2.8	25.2	38.0	10.0	14.0	10.0	34.0	66.0	中壤土

表3-65　薄层平地白浆化草甸土农化样分析结果

项目	平均值	标准差	最大值	最小值	差值
有机质（克/千克）	76.60	32.70	170.30	26.90	143.40
全氮（克/千克）	4.12	1.95	8.39	0.82	5.75
碱解氮（毫克/千克）	194.10	69.37	460.00	64.00	396.00
有效磷（毫克/千克）	20.60	6.37	53.00	6.00	47.00
速效钾（毫克/千克）	213.30	129.70	781.00	52.00	729.00
pH	5.90	2.40	7.20	3.50	3.70

5. 中层平地白浆化草甸土土种（IV_{2-202}）　该土种耕地面积为4 362.08公顷，占该土类耕地面积的5.59%，占总耕地面积的2.91%。主要分布在银川、乐业、八岔、金川、

临江等乡（镇），其次同江、向阳等乡（镇）的低平地和开阔的平原地上也有分布。其特征同薄层平地白浆化草甸土；不同之处，黑土层比薄层稍厚。

以乐业、银川、八岔3个乡（镇）的农化样为例，分析结果见表3-66。

表3-66 中层平地白浆化草甸土农化样化学性质分析结果

项 目	平均值	标准差	最大值	最小值	差 值
有机质（克/千克）	112.00	67.70	220.60	24.90	195.90
全氮（克/千克）	6.41	4.30	14.23	1.46	12.77
碱解氮（毫克/千克）	241.40	103.90	397.00	78.00	319.00
有效磷（毫克/千克）	15.20	7.57	30.00	5.00	25.00
速效钾（毫克/千克）	230.50	73.28	354.00	102.00	252.00
pH	5.40	0.86	6.70	4.10	2.60

中层平地白浆化草甸土物理性状和机械组成基本同薄层平地白浆化草甸土。

6. 厚层平地白浆化草甸土土种（IV_{2-203}） 该土种耕地面积为1 609.71公顷，占该土类耕地面积的2.06%，占总耕地面积的1.07%。主要分布在同江镇的岗坡下的平地上。剖面形态特征同薄中层平地白浆化草甸土；不同之处，黑土层深厚，一般在45厘米左右。代表剖面以同江市农业科研所同-1剖面为例，其剖面形态特征如下：

腐殖质层（A_1）：0～41厘米，灰黑色，团粒结构，稍紧，植物根系少，无石灰反应，层次过渡明显。

过渡层（A_w）：41～60厘米，灰棕色，团粒结构，稍紧，有锈斑，湿润，层次过渡不明显。

淀积层（C_w）：60～80厘米，棕黄色，有锈斑，湿润，层次过渡明显。

母质层（C）：80～110厘米，棕黄色，紧实，湿润，有锈斑，无石灰反应，层次过渡明显。

厚层平地白浆化草甸土化学性状分析结果见表3-67、物理性状分析结果见表3-68、机械组成分析结果见表3-69、农化样分析结果见表3-70。

表3-67 厚层平地白浆化草甸土化学性状分析结果

剖面号	取样地点	取土深度（厘米）	全量（克/千克）			碱解氮（毫克/千克）	有机质（克/千克）	pH
			N	P	K			
同-1	同江市农业科研所	10～15	2.19	0.97	17.6	374	26.7	5.7
		30～35	1.35	0.8	19.1	133	11	5.8
		50～60	1.4	0.71	20.7	130	7.7	5.7

表3-68 厚层平地白浆化草甸土物理性状分析结果

剖面号	取样地点	取土深度（厘米）	容重（克/厘米³）	总孔隙度（%）	毛管孔隙度（%）	通气孔隙度（%）	田间持水量（%）
同-1	同江市农业科研所	10～15	1.29	51.3	49	2.3	27.3
		30～35	1.34	49.4	47.5	1.9	25

表 3-69　厚层平地白浆化草甸土机械组成分析结果

剖面号	取样地点	土层深度（厘米）	土壤各粒级含量（%）									土壤质地
			>1.0毫米	0.25~1.00毫米	0.05~0.25毫米	0.01~0.05毫米	0.005~0.01毫米	0.001~0.005毫米	<0.001毫米	物理沙粒	物理黏粒	
同-1	同江市农业科研所	10~15	0.4	4.8	21.2	48.0	6.0	16.0	4.0	26.0	74.0	轻壤土
		30~35	1.6	7.4	44.6	24.0	6.0	14.0	4.0	24.0	76.0	轻壤土少砾质

表 3-70　厚层平地白浆化草甸土农化样分析结果

项　目	平均值	标准差	最大值	最小值	差　值
有机质（克/千克）	42.90	13.90	65.40	28.70	36.70
全氮（克/千克）	2.24	0.74	3.36	1.55	1.81
碱解氮（毫克/千克）	140.30	54.62	213.00	68.00	145.00
有效磷（毫克/千克）	20.15	8.60	29.00	7.00	22.00
速效钾（毫克/千克）	132.90	97.40	286.00	41.00	245.00
pH	6.30	0.24	6.50	5.90	0.60

综上所述，白浆化草甸土特性，表层有机质含量较高，为 26.7 克/千克；白浆层养分含量显著下降，有机质为 11 克/千克，再往下更低。全氮含量为 2.19 克/千克左右，全磷为 0.97 克/千克左右，全钾为 14.9 克/千克左右。

据农化样分析统计，有机质平均值为 42.9 克/千克，最高可达 65.4 克/千克，最低为 28.7 克/千克；全氮平均值为 2.24 克/千克，最高达 3.36 克/千克，最低为 1.55 克/千克；碱解氮平均值为 140.3 毫克/千克，最高达 213 克/千克，最低为 68 克/千克；有效磷平均值为 20.15 毫克/千克，最高达 29 克/千克，最低为 7 克/千克；速效钾平均值为 132.9 毫克/千克，最高达 286 克/千克，最低为 41 克/千克。潜在肥力和有效肥力均不及草甸土亚类，特别是土壤较为黏重颗粒组成以细沙和粗粉沙为主，容重为 1.29 克/厘米^3，总孔隙度为 51.3%，毛管孔隙度为 49%，通气孔隙度为 2.3%。因此，土质黏重，排水不良，透水性差、易涝、土质冷浆、养分释放得慢，前劲小、后劲大，不发小苗，发老苗，作物易贪青晚熟，易受早霜危害。

7. 薄层平地泛滥地草甸土土种（$\mathbb{IV}_{4-101}$）　该土种耕地面积为 2 659.83 公顷，占该土类耕地面积的 3.41%，占总耕地面积的 1.79%。主要分布在街津口、三村、向阳、同江、乐业等乡（镇）的松花江、黑龙江沿岸的河漫滩阶地，母质为江河泛滥沉积物，质地层次明显，由于离江道较近，有时受周期性江水泛滥的影响。流水携带的泥沙沉积在上层，出现了草甸化过程和泥沙沉积物互相交替，也出现了腐殖质层与泥沙沉积相间排列层次。代表剖面以电厂西 C-7 剖面为例，其剖面形态特征如下：

腐殖质层（A_1）：0~10 厘米，暗黑色，团粒结构，疏松，润，植物根系多，无石灰反应，层次过渡明显。

过渡层（AC）：10～58厘米，棕黑色，无结构，疏松，湿，有大量锈斑，层次过渡明显。

母质层（C）：58～85厘米，灰黄色，无结构，有大量锈斑。

薄层平地泛滥地草甸土化学性状分析结果见表3-71、物理性状分析结果见表3-72、机械组成分析结果见表3-73、农化样分析结果见表3-74。

表3-71　薄层平地泛滥地草甸土化学性状分析结果

剖面号	取样地点	取土深度（厘米）	全量（克/千克）			碱解氮（毫克/千克）	有机质（克/千克）	pH
			N	P	K			
C-7	电厂西	5～15	2.3	1.71	14.6	205	70.9	6

表3-72　薄层平地泛滥地草甸土物理性状分析结果

剖面号	取样地点	取土深度（厘米）	容重（克/厘米³）	总孔隙度（%）	毛管孔隙度（%）	通气孔隙度（%）	田间持水量（%）
C-7	电厂西	5～15	1.62	38.9	31.4	7.5	16.3

表3-73　薄层平地泛滥地草甸土机械组成分析结果

剖面号	取样地点	土层深度（厘米）	土壤各粒级含量（%）									土壤质地
			>1.0毫米	0.25～1.00毫米	0.05～0.25毫米	0.01～0.05毫米	0.005～0.01毫米	0.001～0.005毫米	<0.001毫米	物理沙粒	物理黏粒	
C-7	电厂西	5～15	0.2	54.2	29.8	6.0	2.0	2.0	6.0	10.0	90.0	沙壤土

表3-74　薄层平地泛滥地草甸土农化样分析结果

项　目	平均值	标准差	最大值	最小值	差　值
有机质（克/千克）	31.69	17.70	69.10	7.30	61.80
全氮（克/千克）	1.71	0.90	3.38	0.61	2.77
碱解氮（毫克/千克）	109.30	43.33	175.00	36.00	139.00
有效磷（毫克/千克）	15.30	14.00	24.00	6.00	18.00
速效钾（毫克/千克）	194.40	81.70	420.00	61.00	359.00
pH	6.30	0.57	8.10	5.70	2.40

综上所述，薄层泛滥地草甸土的土壤特点：腐殖质层较薄，一般在10厘米左右。根据农化样分析，有机质平均值在31.69克/千克以上，全氮为1.71克/千克，碱解氮为109.3毫克/千克，有效磷为15.3毫克/千克，均较低，速效钾为194.4毫克/千克。物理性状良好，土质疏松，质地较轻，表层是沙壤土，颗粒组成以粗沙和中沙（0.25～1.00毫米）为主，通气孔隙度为7.5%，通气状况良好，土质比较热潮，发小苗，地下水位较高，

水分充足，不怕旱，旱年高产，但易受洪涝危害。

8. 薄层平地沼泽化草甸土土种（IV_{3-201}）　该土种又称薄层平地潜育草甸土，耕地面积为 2 342.63 公顷，占该土类耕地面积的 3.0%，占总耕地面积的 1.56%。主要分布在银川乡、青河乡，其次金川、向阳等乡（镇）的低洼地也有分布。生长小叶樟、薹草等喜湿性植物，并混有菊科和豆科等杂草。该土壤属于草甸土向沼泽土过渡的类型，根据杂草混生的情况，可判断土壤的潜育化程度。杂草越少，潜育化程度就越强；如杂草消失，全被小叶樟取代，则土壤由沼泽化草甸土演变为草甸化沼泽土。沼泽化草甸土黑土层深厚，腐殖质含量高。因地下水位较高，一般在 1 米之内，地表排水不好，土壤经常处于湿润状态，腐殖质分解差。表层有半泥炭化的草根层，下部潜育化明显，形成潜育层，在剖面中有大量锈斑。其农业生产特性，土壤过湿，四性不良，耕性差，生产能力低。土体构型为 $A_S - A_1 - B_g - C_g$，代表剖面以青河乡永丰村青-36 剖面为例，其剖面形态特征如下：

生草层（A_S）：0～12 厘米，黑色，生草根系多，疏松，润。

腐殖质层（A_1）：12～20 厘米，暗灰色，稍松，团粒结构，润，层次过渡明显。

母质层（C_g）：浅黄色，紧实，有大量铁锰结核和锈斑，润，无石灰反应，层次过渡明显。

厚层平地白浆化草甸土农化样分析结果见表 3-75。

表 3-75　厚层平地白浆化草甸土农化样分析结果

项　目	平均值	标准差	最大值	最小值	差　值
有机质（克/千克）	119.9	50.9	190.2	28.0	162.0
全氮（克/千克）	7.27	5.63	12.72	0.95	11.77
碱解氮（毫克/千克）	261.0	144.19	665.0	76.0	589.0
有效磷（毫克/千克）	19.5	10.26	35.0	9.0	26.0
速效钾（毫克/千克）	225.0	79.19	405.0	144.0	261.0
pH	5.8	0.49	6.6	5.2	1.4

9. 中层平地沼泽化草甸土土种（IV_{3-202}）　该土种耕地面积为 377.5 公顷，占该土类耕地面积的 0.48%，占总耕地面积 0.25%。主要分布在银川、向阳、临江、乐业乡（镇），其次街津口等乡（镇）的低洼地也有分布。剖面形态特征和薄层平地沼泽化草甸土相似；不同之处，黑土层较厚。代表剖面以林场苗圃 C-3 剖面为例，其剖面形态特征如下：

腐殖质层（A_1）：0～28 厘米，灰黑色，团粒结构，疏松，潮，植物根系较多，分解较差，有泥炭化现象，无石灰反应，层次过渡不明显。

淀积层（B_g）：28～65 厘米，黄褐色，无结构，较疏松，湿，植物根系少，无石灰反应，层次过渡不明显。

母质层（C_g）：65～80 厘米，暗灰色，团粒结构，湿，紧实，有青蓝色锈斑。

中层平地沼泽化草甸土化学性状分析结果见表 3-76、物理性状分析结果见表 3-77、机械组成分析结果见表 3-78、农化样分析结果见表 3-79。

表 3-76 中层平地沼泽化草甸土化学性状分析结果

剖面号	取样地点	取土深度（厘米）	全量（克/千克）			碱解氮（毫克/千克）	有机质（克/千克）	pH
			N	P	K			
C-3	林场苗圃	10～20	1.03	2.46	14.1	205	68	6.2
		45～55	0.61	0.74	17.3	87	10.9	6.4

表 3-77 中层平地沼泽化草甸土物理性状分析结果

剖面号	取样地点	取土深度（厘米）	容重（克/厘米³）	总孔隙度（%）	毛管孔隙度（%）	通气孔隙度（%）	田间持水量（%）
C-3	林场苗圃	5～10	1.31	50.6	47.9	2.7	26.7
		20～25	1.46	44.9	41.8	3.1	22

表 3-78 中层平地沼泽化草甸土机械组成分析结果

剖面号	取样地点	土层深度（厘米）	>1.0毫米	0.25～1.00毫米	0.05～0.25毫米	0.01～0.05毫米	0.005～0.01毫米	0.001～0.005毫米	<0.001毫米	物理沙粒	物理黏粒	土壤质地
C-3	林场苗圃	10～20	6.6	2.2	29.4	28.0	10.0	14.0	12.0	36.0	64.0	中壤土多砾质
		45～55	3.4	4.2	43.8	10.0	8.0	10.0	24.0	42.0	58.0	中壤土少砾质

表 3-79 中层平地沼泽化草甸土农化样分析结果

项 目	平均值	标准差	最大值	最小值	差 值
有机质（克/千克）	80.33	52.80	181.20	35.60	145.60
全氮（克/千克）	3.92	4.20	11.61	1.97	9.64
碱解氮（毫克/千克）	229.90	82.17	372.00	107.00	265.00
有效磷（毫克/千克）	12.20	9.06	38.00	6.00	32.00
速效钾（毫克/千克）	215.20	85.50	406.00	102.00	304.00
pH	6.30	0.75	6.80	3.90	2.90

综上所述，平地沼泽化草甸土黑土层较厚，一般为20～40厘米，平均值为30厘米。表层有机质全量较高。据农化样分析，有机质平均值为80.33克/千克，全氮相对也较高，为3.92克/千克，全磷为2.46克/千克，全钾为14.1克/千克，碱解氮、速效钾都在200毫克/千克以上，有效磷为12.2毫克/千克，表层养分含量较高，亚表层养分含量显著下降。因土壤水分含量大，土温低，养分释放得慢，速效养分含量低，特别是有效磷更缺。土壤物理性状不良，质地较为黏重，多为砾质中壤土，颗粒组成以细沙（0.05～0.25毫米）

为主，容重为 1.3～1.4 克/厘米³，通气孔隙度小，透水性差，土壤表层滞水，湿度过大，下部又受地下水浸渍的影响，铁质还原作用明显，对作物生长不利。应采取排水措施，方能开垦利用。另外在耕作上要适时，如果湿耕则破坏土壤结构，使土壤变黏杓。

（五）沼泽土类与泥炭土类

沼泽土与泥炭土是一种非地带性的水成土壤。它是在地势低洼的三棱草、薹草、小叶樟、芦苇等沼泽植被下长期或季节性过湿或积水条件中，沉积母质上发育而成的。因此在同江市主要分布在莲花河、青龙河、拉起河、浓江河、卧牛河、鸭绿河等大小河流沿岸的汇合处、低洼积水处及沟谷低洼处。据调查，全市共有沼泽土和泥炭土的耕地面积 5 461.55 公顷，占总耕地面积的 3.64%。其中泥炭土耕地面积为 1 623.79 公顷，占总耕地面积的 1.08%；沼泽土耕地面积为 3 837.76 公顷。占总耕地面积的 2.56%。由于土壤长期过湿或积水，在目前农业生产上利用较差，但泥炭土中的泥炭是同江市很好的增肥改土原料。同江市沼泽土、泥炭土分布情况见表 3-80 和表 3-81。

表 3-80　同江市沼泽土面积分布统计

乡（镇）	耕地面积（公顷）	沼泽土耕地面积（公顷）	占该土类面积（%）	占乡（镇）耕地面积（%）
乐 业	15 060	1 385.48	36.10	9.2
向 阳	15 940	166.09	4.33	1.0
青 河	24 873.3	2 286.19	59.57	9.2
合 计	—	3 837.76	100.00	

表 3-81　同江市泥炭土面积分布统计

乡（镇）	耕地面积（公顷）	泥炭土耕地面积（公顷）	占该土类面积（%）	占乡（镇）耕地面积（%）
金 川	18 686.7	1 623.79	100	8.7
合 计	—	1 623.79	100	

根据沼泽土腐殖质或泥炭积累状况和潜育程度，将沼泽土类续分为草甸沼泽土 1 个亚类，1 个土属，3 个土种；泥炭土类续分为草类泥炭土 1 个亚类，1 个土属，1 个土种。详细叙述如下：

1. 薄层洼地草甸沼泽土土种（V_{1-201}）　该土种耕地面积为 254.69 公顷，占该土类耕地面积的 6.6%，占总耕地面积的 0.18%。主要分布在乐业、青河等乡（镇）的低湿地，生长三棱草、小叶樟、芦苇等喜湿性植物，地表常年过湿或季节性积水。其剖面形态特征是表层有 10～20 厘米的半泥炭化的草根层，上为腐殖质层，再往下可见到潜育层。土体构型为 A_s-C，代表剖面以三村乡三村村三-34 剖面为例，其剖面形态特征如下：

生草层（A_s）：0～12 厘米，黑色，团粒结构，植物根系较多，分解度低，较紧，层次过渡明显。

潜育层（C）：12～65 厘米，黄棕色，无结构，黏湿，有锈斑。

该类土壤潜在肥力较大，有机质约为 70 克/千克，全氮为 3.85 克/千克，速效钾为 143 毫克/千克，碱解氮为 188 毫克/千克，但有效磷较缺。因其分布在排水不良的低洼地，水位高，水分充足，土质黏朽、冷浆、养分转化慢，前期不发小苗，后期极易贪青晚熟。目前尚未大量开垦，植被繁茂，覆盖度大。稍加改良就可成为天然草场和发展畜牧的基地。

2. 薄层平地泥炭沼泽土土种（V_{4-201}）　该土种耕地面积 3 583.07 公顷，占该土类耕地面积的 93.4%，占总耕地面积的 2.39%。主要分布在乐业、向阳、青河等乡（镇），以薹草和三棱草群落为主的沉积母质，群众称为塔头土、塔头沟土和草筏土。剖面形态特征为无腐殖质层，表层是泥炭层，厚度小于 25 厘米，下层是潜育层或潜育化层，土体构型 $A_s - A_t - B_g - C$，代表剖面以青-53 剖面为例，其剖面形态特征如下：

生草层（A_s）：0～15 厘米，黑色，植物根系极多，分解差，湿。

泥炭层（A_t）：厚度小于 25 厘米，黑色，分解度高，湿，层次较为明显。

潜育层（B_g）：30～50 厘米，暗灰色，湿，黏而紧实，有少量锈斑。

薄层平地泥炭沼泽土农化样分析结果见表 3-82。

表 3-82　薄层平地泥炭沼泽土农化样分析结果

项　　目	平均值	标准差	最大值	最小值	差　值
有机质（克/千克）	78.70	39.80	145.60	29.80	115.60
全氮（克/千克）	4.31	2.71	9.55	1.77	7.78
碱解氮（毫克/千克）	181.00	76.67	368.00	75.00	283.00
有效磷（毫克/千克）	29.00	19.88	89.00	7.00	82.00
速效钾（毫克/千克）	207.00	85.17	415.00	81.00	334.00
pH	6.20	0.39	7.00	5.50	1.50

3. 中层平地泥炭沼泽土土种（V_{4-202}）　该土种目前尚未开垦利用。主要分布在向阳乡莲花河两岸的低湿地。其形成条件、剖面特点和薄层平地泥炭沼泽土相似，不同点为泥炭层较厚，在 25～50 厘米。代表剖面以向-31 为例，典型形态特征如下：

泥炭层（A_t）：0～45 厘米，厚度小于 50 厘米，上段 0～14 厘米草根很多，分解差；下段 14～45 厘米灰黑色，分解度高，疏松，湿，有大量锈斑，层次过渡明显。

潜育层（C）：45～65 厘米，灰白色，湿，黏而紧实，有少量锈斑。

中层平地沼泽化草甸土化学性状以农化样向-28、30、31、32、33、34 为例，其分析结果见表 3-83。

表 3-83　中层平地泥炭沼泽土农化样分析结果

项　　目	平均值	标准差	最大值	最小值	差　值
有机质（克/千克）	36.60	28.70	87.00	9.10	77.90
全氮（克/千克）	2.60	1.52	4.53	1.15	3.38
碱解氮（毫克/千克）	92.00	60.46	244.00	88.00	156.00
有效磷（毫克/千克）	23.00	15.20	49.00	10.00	39.00
速效钾（毫克/千克）	154.00	68.53	251.00	101.00	150.00
pH	6.80	0.39	7.00	6.20	0.80

综上所述，土壤表层养分含量丰富，有机质为 30～70 克/千克，全氮为 2～5 克/千克，

有效磷为 23～30 毫克/千克，速效钾为 200～250 毫克/千克，碱解氮为 90～180 毫克/千克。土壤肥沃，潜在肥力很高，可作为肥源。由于底层土壤黏重，排水不良，易产生内涝，因此目前尚未开垦。

4. 薄层埋藏型泥炭土（Ⅵ$_{1-201}$）　该土种耕地面积为 1 623.79 公顷，占该土类耕地面积的 100%，占总耕地面积的 1.08%。主要分布在金川乡的泡沼低湿地带，自然植被为薹草等喜湿性植物。主要剖面形态特征是表层泥炭层小于 50 厘米，在潜育层下面又出现泥炭层。土体构型是 A_t - C - A_t，代表剖面以金-39 剖面为例，其剖面形态特征如下：

泥炭层（A_t）：0～27 厘米，黄灰色，结构性差，疏松，湿，无石灰反应，植物根系多，层次过渡明显。

潜育层（C）：27～34 厘米，青灰色，团粒结构，较松，湿，有少量锈斑，植物根系少，无石灰反应。

泥炭层（A_t）：34～77 厘米，灰褐色，无结构，疏松，湿，有植物根系，无石灰反应。

其化学性状从金-27、28、29、38、39、44、48、49、50 共 9 个农化样分析结果来看，除有效磷养分含量中等外，其他养分含量极高，甚至比一般土壤高十几倍。物理性状好，呈酸性反应，是同江市宝贵的肥料资源。

薄层埋藏型泥炭土农化样分析结果见表 3-84。

表 3-84　薄层埋藏型泥炭土农化样分析结果

项　目	平均值	标准差	最大值	最小值	差　值
有机质（克/千克）	347.50	148.10	492.70	199.20	293.50
全氮（克/千克）	20.09	9.47	27.03	7.06	19.97
碱解氮（毫克/千克）	572.00	113.50	748.00	388.00	1.997
有效磷（毫克/千克）	21.00	17.70	68.00	11.00	57.00
速效钾（毫克/千克）	569.50	163.50	774.00	380.00	394.00
pH	5.70	0.36	6.00	5.20	0.80

（六）水稻土类

水稻土是人类创造的一种特殊土壤，是自然土壤和旱耕土壤淹水种植而成。

同江市水稻种植在最近几年才发展起来，水稻土耕地面积为 435.21 公顷，占总耕地面积的 0.29%。由于人为水耕熟化的影响，只种一季作物，淹水时间为 3～4 个月，撤水期和结冻期长，因而水稻土发育程度不高，剖面分化不明显，仍保持着前身土壤的形态特征。因此同江市水稻土的分类仍按其前身土壤划分黑土型水稻土，白浆土型水稻土、草甸土型水稻土 3 个土属。分布在靠近江河、地势低平、水源充足、灌水方便的地方，主要分布在临江、向阳、青河、乐业等乡（镇）。

主要剖面形态特征是排水落干后，表层有鳝血层，向下特征同前身土壤。原生植被生长繁茂，有机质积累得多。由于水稻土在形成过程中受干湿交替、连作轮作的影响，自然成土过程已变为次要地位，人为因素起了重要作用，改变形成方向。按土壤划分的土属进行分别叙述如下：

1. 黑土型水稻土亚类（Ⅶ₁） 该土属面积为 80.01 公顷，占水稻土面积的 18.38％，占总耕地面积 0.05％。主要分布在同江镇，是一种肥力较高的良水型水稻土，形态特征与黑土相似，只是有大量锈斑和少量潜育斑。代表剖面以新光村同-6 剖面为例，其剖面形态特征如下：

耕作层（淹水层）（A）：0～20 厘米，灰黑色，团粒结构，较松，湿，植物根系多，无石灰反应，层次过渡不明显，有少量锈斑。

犁底层（P）：20～30 厘米，黑灰色，团粒结构，稍松，湿，有少量锈斑。

潜育层（W）：30～78 厘米，灰白色，无结构，紧实，湿，有少量锈斑。

母质层（C）：80～140 厘米，灰白色，无结构，紧实，湿，有少量锈斑。

2. 草甸土型水稻土（Ⅶ₂） 该土属面积为 244.2 公顷，占水稻土面积的 56.11％，占总耕地面积的 0.16％。主要分布在临江、金川等乡（镇）低平地水源充足的地方。代表剖面以临-9 剖面为例，其剖面形态特征如下：

耕作层（淹水层）（A）：0～30 厘米，暗灰色，团粒结构，较松，湿，有少量锈斑，无石灰反应，层次过渡不明显。

母质层（C_g）：30—81 厘米，黄灰色，无结构，较松，湿，有少量锈斑。

3. 白浆土型水稻土（Ⅶ₃） 该土属面积为 111 公顷，占水稻土面积的 25.51％，占总耕地面积的 0.07％。主要分布在青河、乐业等乡（镇）沿江的低平地带。代表剖面以乐-5 剖面为例，其剖面形态特征如下：

耕作层（淹水层）（A）：0～20 厘米，黑灰，紧实，润，植物根系较多，有少量锈斑，层次较明显。

犁底层（P）：20～25 厘米，黑灰色，团粒结构，紧实，润，有少量锈斑，层次较明显。

潜育层（W）：25～32 厘米，灰色，块状结构，紧实，少量锈斑，润，层次过渡明显。

母质层（C）：褐灰色，核块状结构，紧实，润，有少量锈斑，层次过渡明显。

综上所述，稻田开发较晚，水稻土的养分含量较丰富，一般有机质在 40 克/千克以上，其中草甸土型水稻土养分含量更高，有机质为 66.2 克/千克，全氮为 4.12 克/千克，碱解氮、速效钾含量极高，磷含量普遍较低，特别是白浆土型和草甸土型水稻土磷的含量更低，见表 3-85。

表 3-85 水稻土各土属土壤表层养分统计

土　壤	有机质（克/千克）		全氮（克/千克）		碱解氮（毫克/千克）		有效磷（毫克/千克）		速效钾（毫克/千克）	
	平均值	标准差	平均值	标准差	平均值	标准差	平均值	标准差	平均值	标准差
黑土型水稻	54.8	5.7	2.45	0.55	162.5	17.69	24.5	36.06	165	0.07
草甸土型水稻土	66.2	18.3	4.12	1.18	195	22.61	15	19.41	266	81.89
白浆土型水稻土	42.8	0	2.4	0	148	0	5	0	122	0

黑土型水稻土物理性状分析结果见表3-86、机械组成分析结果见表3-87。

表3-86 黑土型水稻土物理性状分析结果

剖面号	取样地点	取土深度（厘米）	容重（克/厘米³）	总孔隙度（%）	毛管孔隙度（%）	通气孔隙度（%）	田间持水量（%）
同-6	新光村	5～10	1.14	57.0	55.5	1.5	32.9

表3-87 黑土型水稻土机械组成分析结果

剖面号	取样地点	土层深度（厘米）	土壤各粒级含量（%）									土壤质地
			>1.0毫米	0.25～1.00毫米	0.05～0.25毫米	0.01～0.05毫米	0.005～0.01毫米	0.001～0.005毫米	<0.001毫米	物理沙粒	物理黏粒	
同-6	新光村	5～15	0.2	12.6	25.4	38.0	8.0	12.0	4.0	24.0	46.0	中壤土
		20～30	0.2	4.2	19.8	30.0	18.0	12.0	16.0	76.0	54.0	重壤土

从表3-86、表3-87看出，容重1.14克/厘米³，总孔隙度为57.0%，毛管孔隙度为55.5%，通气孔隙度为1.5%。表层土壤多是中壤土，底层重壤土，颗粒组成粒粉沙（0.01～0.05毫米）为主。不透水，较为肥沃，酸度变幅不大，pH为5.1～6.1，适合种水田。因此，今后要大力发展水稻，同时要精耕细作，改变粗放管理，做到农田水利工程配套，单排、单灌，要条田化，方便管理。

五、土类构成及面积

本次耕地地力评价，同江市耕地土壤为黑土、草甸土、白浆土、泥炭土、沼泽土、水稻土、暗棕壤。耕地土壤类型面积构成见表3-88。

表3-88 同江市耕地土壤类型面积构成（本次评价）

序号	土类名称	亚类数量（个）	土属数量（个）	土种数量（个）	耕地面积（公顷）	占总耕地面积（%）
1	暗棕壤	1	1	2	10 570.77	7.05
2	白浆土	1	2	4	35 283.53	23.52
3	黑土	2	4	6	20 191.19	13.46
4	草甸土	2	5	10	78 057.75	52.04
5	沼泽土	1	1	1	3 837.76	2.56
6	泥炭土	1	1	1	1 623.79	1.08
7	水稻土	1	1	1	435.21	0.29
	合计	9	15	25	150 000	100.00

2013 年，同江市耕地面积为 150 000 公顷，其中，水田 60 002 公顷，旱田 89 184 公顷，薯类 814 公顷。根据调查结果，耕地比 1988 年增加了 104 387 公顷。耕地增加是因为家庭联产承包责任制后农民充分认识到土地是根本，再是国家对耕地的政策性保护及农业技术的进步，使草原、荒地和其他宜耕地均有效地开发利用，增加了耕地面积。

第二节　土壤养分状况评价

一、土壤化学性状评价

土壤有机质和各种养分的含量，主要决定于生物物质积累、分解作用和化学淋溶作用的强弱，特别是水热条件，开垦时间长短，农艺、工艺和管理水平以及归还补给农田营养物质的多少，从而形成不同土壤养分含量水平及其潜在肥力和供肥能力。

为了合理地利用、培肥和改良土壤，因此要按一定的标准，进行土壤养分含量分级。

1. 土壤养分含量分级标准　同江市土壤养分分级，是按照黑龙江省土壤养分分级标准进行分级的。见表 3-89。

表 3-89　黑龙江省土壤养分含量分级

级别	有机质（克/千克）	全氮（克/千克）	碱解氮（毫克/千克）	有效磷（毫克/千克）	速效钾（毫克/千克）
一	>60	>4	>200	>100	>200
二	40~60	2~4	150~200	40~100	150~200
三	30~40	1.5~2	120~150	20~40	100~150
四	20~30	1~1.5	90~120	10~20	50~100
五	10~20	<10	60~90	5~10	30~50
六	<10		30~60	3~5	<30
七	—		<30	<3	—

2. 土壤养分基本情况　本次调查结果表明，同江市耕地土壤有机质平均值为 39.7 克/千克，变化幅度为 3.9~99.4 克/千克，在黑龙江省土壤养分含量分级基础上，将同江市耕地土壤有机质分为 6 级，其中含量大于>60 克/千克的为 12.23%，含量为 40~60 克/千克的占 27.91%，含量为 30~40 克/千克的占 27.88%，含量为 20~30 克/千克的占 23.18%，含量为 10~20 克/千克的占 7.83%，含量≤10 克/千克占 0.98%。

同江市耕地土壤中氮平均值为 2.11 克/千克，变化幅度为 0.19~7.4 克/千克。在全市各主要类型的土壤中，草甸土、水稻土全氮含量最高，分别为 2.60 克/千克和 2.45 克/千克；泥炭土最低，平均值为 1.89 克/千克。按照面积分级统计分析，全市耕地全氮含量>2.5 克/千克的占 29.46%，含量为 2.0~2.5 克/千克的占 19.53%，含量为 1.5~2 克/千克的占 25.26%，含量为 1.0~1.5 克/千克的占 16.77%，含量为 0.5~1.0 克/千的占 8.97%。

同江市耕地土壤碱解氮平均值为 327.99 毫克/千克，变化幅度为 57.46～873.94 毫克/千克。其中水稻土最高，平均达到 394.11 毫克/千克；最低为白浆土，平均值为 276.92 毫克/千克。

同江市耕地土壤有效磷平均值为 15.12 毫克/千克，变化幅度为 20.1～114.4 毫克/千克。其中，白浆土平均值最高，为 60.32 毫克/千克；黑钙土含量其次，平均值为 57.81 毫克/千克；泥炭土最低，平均值为 51.13 毫克/千克。

同江市速效钾平均值为 114.88 毫克/千克，变化幅度为 34～545 毫克/千克。其中，泥炭土最高，平均值为 141.72 毫克/千克；其次为沼泽土、水稻土，平均值为 128.25 和 123.79 毫克/千克；最低为白浆土，平均值为 99 毫克/千克。

3. 不同垦区土壤养分状况 根据土地开垦年限，将土壤分为老垦区、中垦区、新垦区，分别叙述不同垦区土壤养分状况。

(1) 老垦区为开发 50 年以上乐业、三村、同江镇、向阳等乡（镇）。

(2) 中垦区为开发 10 年以上的乐业镇东南部村屯。

(3) 新垦区为金川、银川、八岔、临江等乡（镇）。

不同垦区对比有机质、全氮、碱解氮、有效磷、速效钾，含量随土地开发年限增加而降低。化验分析结果表明，老垦区有机质为 43.8 克/千克，属二级水平的下限，近于三级水平；全氮 2.46 克/千克，属二级水平；有效磷 17.3 毫克/千克，属四级水平；速效钾 147 毫克/千克，属三级水平；碱解氮 124 毫克/千克，属三级下限接近四级。中垦区有机质含量在 57 克/千克，属二级水平下限；全氮 2.74 克/千克，属二级水平；速效钾 180 毫克/千克，属二级水平；有效磷 15.7 毫克/千克，属四级水平；碱解氮 167 毫克/千克，属二级水平。新垦区有机质含量在 102.8 克/千克；全氮 5.77 克/千克；碱解氮 219 毫克/千克，速效钾 229 毫克/千克，有效磷 17.3 毫克/千克，除磷属四级外，均属一级水平（表 3-90）。

表 3-90 不同垦区土壤养分含量统计

垦 区	有机质（克/千克）	全氮（克/千克）	碱解氮（毫克/千克）	有效磷（毫克/千克）	速效钾（毫克/千克）
老垦区	43.8	2.46	124	17.3	147
中垦区	57	2.74	167	15.7	180
新垦区	102.8	5.77	219	17.3	229

综上所述，新垦区除磷以外，其他均较为丰富，但养分有下降的趋势，需用养结合。老垦区由于耕种历史悠久，有的近百年，养分含量低，土壤现有基础肥力满足不了作物生长发育的需要，需增施粪肥补充养分的不足。使土壤养分向良性循环的方向发展。

不同地形土壤养分含量比较，以三村乡不同地势的岗地、洼地黑土类型进行采样化验，结果表明岗地养分含量偏低，洼地养分含量偏高。岗地有机质为 33.1 克/千克，全氮 1.55 克/千克，碱解氮 53 毫克/千克，有效磷 23.3 毫克/千克，速效钾 102.3 毫克/千克；洼地的有机质为 51.2 克/千克，全氮 2.46 克/千克，碱解氮 127 毫克/千克，有效磷

12.69毫克/千克，速效钾143毫克/千克。但洼地的磷低于岗地。分析岗地和洼地养分不同的原因，地势越低，腐殖化过程占优势，有机质积累多，全氮量高；反之，地势越高，矿质化过程占优势，因而有机质含量低，全氮也少。另外水热条件也有一定的影响，岗地因水少气多，温度升得快，养分易转化分解和释放；洼地因气少水多，温度低，养分转化释放慢，与岗地相比，养分易于积累，所以养分偏高。

从同江市土壤养分状况看：氮肥微缺，磷肥极缺，钾肥微缺或不缺，今后应重施磷肥、氮磷配合施用，少施或不放钾肥。

二、土壤物理性状评价

土壤物理性状的好坏是受容重、孔隙度、质地、土壤结构等诸因素的影响。各项指标直接关系到土壤水、肥、气、热状况，决定土壤是板结还是疏松，通透性好还是差，是沙还是黏，是冷浆还是热潮，是瘠薄还是肥沃。从而影响作物生长，最后影响产量，因此土壤容重、孔隙度、质地等要素和农业生产有着密切的关系。

1. 土壤质地 土壤质地就是土壤的沙黏程度，主要由成土母质决定的。同江的土壤质地大概分为5种类型：

（1）山地发育在残积与坡积物上的土壤质地表层为轻壤到中壤，砾石成分往下增多，逐渐过渡到母岩。属于这一类的土壤质地计有13 087.1公顷，占总面积的6.3%。

（2）广大平原的河流沉积物形成的草甸土、白浆土、沼泽土、泥炭土等土壤质地，表层多呈轻壤土或中壤土，底层多为重壤土。特别黏重，透水性极差，所占面积约为140 718.1公顷，占土壤总面积的67.25%。

（3）第四纪沉积物，多为轻黏土或中壤土，主要分布在向阳、乐业等乡（镇）。岗坡发育成黏底黑土，岗下部发育成草甸化黑土。面积约为25 052.0公顷，占总面积的12%。

（4）发育在冲积沙上的沙底黑土和暗棕壤型黑土，一般表层含沙，下部可见到沙层，总面积为19 155.8公顷，占总面积的9.2%。这类土壤质地耕性好，土温高，但土壤较瘠薄，易遭风、水侵蚀。

（5）江河沿岸泛滥地的土壤质地，由于受河流泛滥影响，往往沙黏相间，质地较为复杂，但仍以黏土为主，沙黏程度受河流特性支配，如泛滥地草甸土，总面积约10 928.7公顷，占总面积的5.2%。

由此可知，同江市土壤质地多较黏重，特别是草甸土和白浆土的亚表层更为黏重，根据对现有土壤机械分析资料的统计表明：<0.001毫米粒径的黏粒含量，底土高于表土，白浆土最为突出，底土黏粒平均比表土高3~4倍，草甸土高两倍。黑土和暗棕壤变化较小。由于土质黏朽，渗透不良，容水量小，易旱易涝，土壤阻力大、土温低等，致使土壤潜在肥力高，而有效肥力较低。

2. 土壤容重 容重是自然结构状态（包括孔隙）下，单位体积干燥土壤的重量，单位为克/厘米^3。土壤容重的大小受质地结构性和松紧度等影响而变化。一般来讲，土壤容重小，表明孔隙多，土粒少且土壤疏松；反之土壤容重大，表明土体紧实，结构性差，孔隙少。土壤容重的大小可以反映土壤的孔隙状况和松紧程度，也是肥力指标之一。

据《东北土壤》记载：土壤容重在 1.0～1.2 克/厘米³ 时，表示耕层具有良好的通气状况和较好的耕作特性；1.3 克/厘米³ 时，紧密的土壤几乎不透水，根系很难扎入，严重影响作物的生长发育。

同江市主要的农业土壤，表层容重为 0.75～1.52 克/厘米³，平均值为 1.08 克/厘米³。其中，小于 1.2 克/厘米³ 的土壤有草甸土（除中层平地沼泽化草甸土外）、白浆土（除薄层草甸化白浆土外）、黑土型水稻土、薄层黏底黑土、暗棕壤型黑土、暗棕壤，以上均为疏松的土壤。容重大于 1.2 克/厘米³ 的有薄层草甸化白浆土，薄、中层沙底黑土，薄、中层沙底草甸化黑土，中层沼泽化草甸土，均为板结的土壤。亚表层普遍比表层紧实，容重为 0.60～1.62 克/厘米³，平均值为 1.39 克/厘米³，容重大多数在 1.30 克/厘米³ 以上，特别是白浆土和草甸土，大多数为 1.50 克/厘米³ 以上。由于容重增高伴随着土壤结构和通气状况变差，土壤黏重紧实、坚硬、冷浆，亚表层以上易滞水，物理性状很差，是提高单产的障碍因素。需要进行改良，否则难以获得高产。

3. 土壤孔隙　土粒与土粒间存在的间隙称为土壤孔隙，土壤孔隙是水分、空气的通道和贮存场所。因此，土壤孔隙的数量和质量在农业生产中是极为重要的。

土壤中孔隙的总量用土壤孔隙的体积占整个土壤体积的百分数表示，称为土壤孔隙度或总孔隙度。同江市土壤表层孔隙度大于 60% 的有砾石底暗棕壤、中层平地草甸土、中层平地草甸化白浆土；土壤孔隙度小于 50% 的有薄层沙底黑土、薄层平地草甸化白浆土、薄层沙底草甸化黑土、中层沙底草甸化黑土、薄层沙底暗棕壤型黑土；其他土壤在 50.0%～60.0%。亚表层除沙底黑土孔隙度在 38.5% 外，一般是 42.3%～57.1%。因此，同江市总孔隙度比较适宜，对作物生长来说尚属良好。土壤总孔隙度见表 3-91。

表 3-91　土壤总孔隙度

总孔隙度（%）	等级
＞60	过松
50～60	合适
40～50	较紧
＜40	过紧

毛管孔隙度的孔直径在 0.001～0.1 毫米、具有毛管作用的孔隙称为毛管孔隙或小孔隙。通气孔隙又称为非毛管孔隙，它的直径大于 0.1 毫米，不能保持水分，为通气透水的走廊，经常为空气所占据。毛管孔隙所保持的水分对作物是有效的，非毛管孔隙状况反映了通气性和透水性。从农业生产的需要出发，通气孔隙保持在 10%～20% 为合适，通气孔隙与毛管孔隙之比在 1∶（2～4）为适宜，这样水、气配合，利于作物生长，土壤大小孔隙度比例状况见表 3-92。

表 3-92　土壤大小孔隙度比例状况

大小孔隙之比（以大孔隙为1）	孔隙状况
1∶4以上	大孔隙少、小孔隙多
1∶（2～4）	大小孔隙比例适宜
1∶2以下	大孔隙过多、小孔隙过少

同江市主要耕地土壤耕层毛管孔隙度为 44.9%～69.0%，通气孔隙度多数不到 10%，较少。中层平地草甸白浆土通气孔隙度亚表层只有 0.1%，土壤通气孔隙度与毛管孔隙度的比例为 1：（0.9～37），差值很大，一般比值为 5～11。水、气配比不合理，证明多数土壤通气不良，土温低，有机质矿化慢，肥力不易发挥，需采取相应的改良措施加以提高。

4. 田间持水量　田间持水量是指土壤排除重力水后，本身所保持最大数量的毛管悬着水。田间持水量受土壤质地、有机质含量、结构状况等因素的影响而有很大差异，质地越细越黏重，有机质含量越高、结构越好，具有团粒结构的土壤田间持水量越大。同江市耕层土壤田间最大持水量为 20%～41.7%，平均为 29.38%；亚表层为 19%～27.6%，平均为 21.11%。耕层田间持水量最大的土壤是平地草甸土，为 41.7%；田间持水量最小的土壤是沙底黑土，为 20%。田间持水量较高的土壤还有砾石底暗棕壤、低地白浆土、平地沼泽化草甸土，黑土型水稻土，但上述土壤剖面间田间持水量变化较大。其他土壤变化不大，可能与土体体上下质地差异有关。同江市土壤田间持水量见表 3 - 93。

表 3 - 93　同江市土壤田间持水量

土壤名称	第一层（%）			第二层（%）		
	平均值	最大值	最小值	平均值	最大值	最小值
砾石底暗棕壤	37	46.8	27.2	23.3	26.4	20.2
平地白浆土	26.5	35.7	11.9	25.1	27.3	21.8
低地白浆土	33.6	33.8	33.3	25.05	26.7	23.4
沙底黑土	20	20.7	19.2	19.0	20.0	17.9
黏底草甸黑土	21.75	24.6	18.9	22.15	26.1	18.2
沙底暗棕壤型黑土	22	26.1	17.9	27.6	30.2	25.0
平地草甸土	41.7	48	35.2	21.9	26.0	19.8
平地白浆化草甸土	28.65	30	27.3	26.95	25.0	28.9
平地沼泽化草甸土	29.7	32.7	26.7	20.1	22.0	18.2
黑土型水稻土	32.6	—	—	—	—	—

同江市土壤田间最大持水量比较高，具有一定的保水能力，抗旱能力比较强，但对于地势低平的草甸土和沼泽土，由于地下水位较高，土质黏重，透水性差，在集中降水的季节易发生涝灾。因此，需要通过水利工程措施或农业措施进行排水，降低地下水位，排除地表水，确保高产稳产。同江市土壤物理性状见表 3 - 94。

表 3 - 94　同江市土壤物理性状

土壤名称	采样层次	总孔隙度（%）	毛管孔隙度（%）	通气孔隙度（%）	容重（克/厘米³）	通气孔隙度与毛管孔隙度比
砾石底暗棕壤	1	70.6	63.5	17	0.78	4.0
	2	53.2	45.3	8.7	1.23	55
薄层平地草甸白浆土	1	42.6	20.0	22.6	1.52	0.9
	2	43.4	41.5	1.9	1.50	2.18

（续）

土壤名称	采样层次	总孔隙度（%）	毛管孔隙度（%）	通气孔隙度（%）	容重（克/厘米³）	通气孔隙度与毛管孔隙度比
中层平地草甸白浆土	1	61.9	56.0	5.9	1.01	9.5
	2	48.3	48.2	0.1	1.37	48.2
厚层平地草甸白浆土	1	57.7	51.8	5.7	1.08	1.27
	2	52.1	48.3	3.8	1.58	12.7
中层低地白浆土	1	59.2	54.3	4.8	1.08	11.1
	2	48.7	41.1	7.6	1.36	5.4
厚层低地化白浆土	1	58.9	55.3	3.6	1.09	15.4
	2	50.6	48.0	2.6	1.31	18.4
薄层沙底黑土	1	54.9	39.0	5.5	1.46	37.0
	2	38.5	36.0	2.5	1.63	14.4
中层沙底黑土	1	54.0	28.5	25.1	1.32	1.2
	2	50.1	33.0	17.2	1.53	1.9
薄层沙底草甸黑土	1	42.3	35.6	6.7	1.53	5.3
	2	48.7	48.4	0.3	1.36	161.3
中层沙底草甸黑土	1	48.7	44.9	3.8	1.36	11.8
	2	43.0	34.1	8.9	1.51	3.8
薄层沙底暗棕壤型黑土	1	38.1	48.5	—	1.12	—
	2	57.1	46.3	11.4	1.38	4.06
薄层平地草甸土	1	61.7	56.0	5.1	1.03	11.0
	2	48.3	34.0	14.3	1.37	2.4
中层平地草甸土	1	71.7	69.0	2.7	0.75	25.6
	2	42.3	—	—	1.53	—
薄层平地白浆化草甸土	1	67.9	62.1	5.8	0.85	10.7
	2	49.4	46.6	2.8	1.34	16.6
厚层平地白浆化草甸土	1	55.8	49.7	6.1	0.96	8.2
	2	48.2	—	—	1.62	—
厚层平地草甸土	1	51.3	49.0	2.3	1.29	21.3
	2	49.4	47.5	1.9	1.34	25.5
中层沼泽化草甸土	1	50.0	47.9	2.7	1.31	17.7
	2	44.9	41.9	3.1	1.46	13.5
黑土型水稻土	1	57.0	55.5	1.5	1.14	37

第四章 耕地地力评价技术路线

第一节 耕地地力评价主要技术流程及重点技术内容

一、耕地地力评价主要技术流程

根据耕地地力有许多不同的内涵和外延，耕地地力评价也有不同的方法。立足于同江市目前的资料数据现状，同江市采用的评价流程是国内外相关项目和研究中应用较多、相对比较成熟的方法，充分利用现有先进的计算机软硬件技术和工具，经过近年来耕地地力调查与质量评价项目检验过的一套可行的技术手段和工作方法。其简要技术流程如下：

1. 建立市级耕地资源基础数据库 利用 3S 技术，收集整理所有相关历史数据资料和测土配方施肥数据资料，采用多种方法和技术手段，以市为单位建立耕地资源基础数据库。

2. 选择市级耕地地力评价指标 在省级专家技术组的支持下，吸收市级专家参加，结合同江市实际，从国家和省级耕地地力评价指标体系中，选择同江市的耕地地力评价指标。同江市确定了 5 个决策层、10 个评价指标。

3. 确定基本评价单元 利用数字化标准的市级土壤图和土地利用现状图，确定评价单元。同江市在这次耕地地力评价中，进行综合取舍和其他技术处理后划分了 5 042 个评价单元。

4. 建立市域耕地资源管理信息系统 全国将统一提供系统平台软件，各地只需按照统一要求，将第二次土壤普查及相关的图件资料和数据资料数字化，建立规范的数据库，并将空间数据库和属性数据库建立连接，用统一提供的平台软件进行管理。

5. 对评价单元进行赋值、标准化和权重计算 这一步实际上有 3 个方面的内容，即对每个评价单元进行赋值、标准化和计算每个因素的权重。不同性质的数据，赋值的方法不同，书中根据实际应用均进行了介绍。本次地力评价使用的是利用隶属函数法，并采用层次分析法确定每个因素的权重。

6. 进行综合评价 根据综合评价结果提出建议，并纳入国家耕地地力等级体系中去。

二、耕地地力评价重点技术内容

在耕地地力评价流程中确定了丰富的内容、操作的具体要求与注意事项。后期在评价工作中参照标准进行分析。主要技术内容简要说明如下：

（一）耕地地力评价的数据基础

耕地地力评价数据来源有两个方面：一方面是第二次土壤普查历史数据，另一方面是近年来各种土壤监测、肥效试验等数据。并参照测土配方施肥野外调查、农户调查、土样样品测试和田间试验数据。测土配方施肥属性数据有专门的录入、分析和管理软件，历史数据也有专门的收集整理规范或数据字典，依据这些规范和软件建立相应的空间数据库的管理工具。

市域耕地资源管理信息系统集成各种本地化的知识库和模型库，可以依据这一系统平台，开展数据的各种应用，耕地地力评价就是这些利用之一。所以，数据的收集、整理、建库和市域耕地资源管理信息系统的建立是耕地地力评价必不可少的基础工作。

本次评价数据库或市域耕地资源管理信息系统中的数据并没有全部用于耕地地力评价。因为，耕地地力评价是一种应用性评价，必须与各地的气候、土壤、种植制度和管理水平相结合，评价指标的选择必须结合当地的实际情况，合理地选择相关数据。因此，数据的利用也是本地化的，具有较强的实用性。

（二）数据标准化

本次耕地地力评价对土壤调查技术、测土配方施肥技术和分析测试技术的分析整理，都采用了计算机技术，根据数据的规范化、标准化，工作人员对数据库的建立、数据的有效管理、数据的利用和数据成果进行系统表述。根据科学性、系统性、包容性和可扩充性的原则，对历史数据的整理、数字化与建库、测土配方施肥数据的录入与建库管理等所有环节的数据都做了标准化的规定。对耕地资源数据库系统提出了统一的标准，基础属性数据和调查数据由国家制订统一的数据采集模板，制订统一的基础数据编码规则，包括行业体系编码、行政区划编码、空间数据库图层编码、土壤分类编码和调查表分类编码等，这些数据标准尽可能地应用了国家标准或行业标准。

（三）确定评价单元的办法

耕地地力评价单元是由耕地构成因素组成的综合体。确定评价单元的方法有几种，一是以土壤图为基础，这是源于土地生产潜力分类体系，将农业生产影响一致的土壤类型归并在一起成为一个评价单元；二是以土地利用现状图为基础确定评价单元；三是采用网格法确定评价单元。上述方法各有利弊。无论室内规划还是实地工作，需要评价的地块都能够落实到实际的位置，因此同江市使用了土壤图、土地利用现状图和行政区划图叠加的方法来确定。同一评价单元内的土壤类型相同、土地利用类型相同，使评价结果容易落实到田间，便于对耕地地力做出评价，便于耕地利用与管理。通过土壤图、土地利用现状图叠加，同江市耕地地力评价中共确定了 5 042 个评价单元。

（四）耕地地力评价因素和评价指标

耕地地力评价实质是对地形、土壤等自然要素对当地主要农作物生长限制程度的强弱的评价。耕地地力评价因素包括气候、地形、土壤、植被、水文及水文地质和社会经济因素，每一因素又可划分为不同的因子。耕地地力指标可以归类为物理性指标、化学性指标和生物性指标。本次评价主要针对土壤质地、有机质和各种营养元素含量、pH、耕层厚度、地形部位、排涝能力等因素进行综合评价。

同江市在选择评价因素时，因地制宜地依据以下原则进行：选取的因子对耕地地力有较大影响；选取的因子在评价区域内的变异较大，便于划分等级。同时，同江市是典型的三江平原地貌，雨热同季、春旱秋涝，必须注意各因子的稳定性和对当前生产密切相关等因素。例如，抗旱能力、质地对产量影响比较大，水田的坡度、灌溉保证率都是影响比较大的因素，这些因素都选择为评价指标，以期评价指标更加符合实际情况。

（五）耕地地力等级与评价

耕地地力评价方法由于学科和研究目的不同，各种评价系统的评价目的、评价方法、工作程序和表达方式也不相同。归纳起来，耕地地力评价的方法主要有两种，一种是国际上普遍采用的综合地力指数评价法，其主要技术路线是：评价因素确定之后，应用层次分析法或专家经验法确定各评价因素的权重。单因素评价模型的建立采用模糊评价法，单因素评价模型分为数值型和概念型两类。数值型的评价因素模拟经验公式，概念型因素给出经验指数。然后，采用累加法、累乘法或加法与乘法的结合建立综合评价模型，对耕地地力进行分级。另一种是用耕地潜在生产能力描述耕地地力等级。这种潜在的生产能力直接关系到农业发展的决策和宏观规划的编制。在应用综合指数法进行了耕地等级的划定之后，由于它只是一个指数，没有确切的生产能力或产量含义。为了能够计算我国耕地潜在生产能力，为人口增长和农业承载力分析、农业结构调整服务，需要对每一地块的潜在生产能力指标化。

在对第二次土壤普查成果综合分析以及大量实地调查之后，有关专家提出了我国耕地潜在生产能力的划分标准，这个标准通过地力要素与我国现在生产条件和现有耕作制度相结合，分析我国耕地的最高生产能力和最低生产能力之间的差距，大致从小于100千克/亩、大于900千克/亩的幅度，中间按100千克/亩的级差切割成10个地力等级作为全国耕地地力等级的最终指标化标准。这样，在全国、全省都不会由于评价因素不同及同一等级名称但含义不同而难以进行耕地地力等级汇总。因此，在对耕地地力进行完全指数评价之后，要对耕地的生产能力进行等级划分，形成全国统一标准的地力等级成果。

（六）耕地地力评价结果汇总

评价结果汇总是一个逐步的过程，全国耕地地力评价结果汇总有3个方面的内容。一是耕地地力等级汇总，由于综合指数法评价的耕地地力分级在不同区域表示的含义不同，并且不具有可比性，无法进行汇总，因此，耕地地力评价结果汇总应依据《全国耕地类型区、耕地地力等级划分》（NY/T 309—1996）的10个等级，以区域或省为单位，将评价结果进行等级归类和面积汇总；二是中低产田类型汇总，依据《全国中低产田类型划分与改良技术规范》（NY/T 310—1996）规定的8个中低产田类型，以区域或省为单位，将中低产田进行归类和面积汇总；三是土壤养分状况汇总，目前，全国没有统一的土壤养分状况分级标准，第二次土壤普查确定的养分分级标准已经不能满足现实的土壤养分特征的描述需要，因此，土壤养分分级和归类汇总指标应以省为单位制订，以区域或省为单位，对土壤养分进行归类汇总。今后，应利用测土配方施肥的大量数据逐步建立全国统一的养分分级指标体系。

第二节　调查方法、内容与步骤

一、调查方法

（一）布点原则

在进行耕地地力样点布设时，应遵循以下几条原则：

（1）要有广泛的代表性。采样点的土壤类型能反应同江市主要耕地地力情况，同时各种土壤类型尽可能兼顾。

（2）要兼顾均匀性，考虑采样点的位置分布，土种类型的面积大小等。

（3）尽可能在第二次土壤普查的采样点上进行耕地地力调查点布设。

（4）耕地地力调查样点要与全市行政区域分布相兼顾。

（5）采样点布设要具有典型性，尽量避免非调查因素影响。

（二）布点方法

本次调查设耕地样点 1 957 个，采样点密度为每个样点代表面积 100 公顷。在布设采样点时，首先利用计算机，将土壤图、基本农田保护图、土地利用现状图进行数字化录入，叠加生成评价单元图；然后根据评价单元的个数以及面积和总采样点数量、土壤类型等确定采样点点位，并在图上标注采样点编号。

（三）采样方法

大田土壤样品采集是在秋收后进行，首先根据样点分布图的位置，确定具有代表性的地块，田块面积要求在 100 公顷以上，用 GPS 定位仪进行定位；其次向农民了解有关农业生产情况，按调查表格的内容逐项进行调查填写；最后在该田块中采集土壤样品，样品采集深度为旱田 0～20 厘米、水田 0～20 厘米，长方形地块多采用 S 法，矩形田块多采用 X 法或棋盘采样法，每个地块一般取 7～21 个小样点土样，并且每个小样点的采土部位、深度、数量力求一致，经充分混合后，四分法留取 1 千克装入袋中。土袋附带标签，内外各具 1 张，在标签上填写样品类型、野外编号、采样地点、深度、时间、采样人等。野外编号由乡（镇）序号、样点类型、样点序号、土种号组成。

二、调查内容

（一）图件收集

用于耕地地力评价的图件是数据库建立的重要数据资源。同江市图件资料收集如下：

1. 同江市土地利用现状图　由同江市农业技术推广中心收集。比例尺 1∶100 000，要求对该图纸通过扫描、校正、配准处理后，矢量化，保证图上的斑块信息不丢失，符合检验标准。该图矢量化由黑龙江极象动漫影视技术有限公司负责。

2. 同江市行政区划图　由同江市农业技术推广中心收集。比例尺 1∶100 000，要求该图纸通过扫描、校正、配准处理后，矢量化，保证图上的村界正确，符合检验标准。该图矢量化由黑龙江极象动漫影视技术有限公司负责。

3. 同江市土壤图　数据来源于第二次土壤普查数据，比例尺 1∶100 000（历史数据），由同江市农业技术推广中心收集。要求对该图纸通过扫描、校正、配准处理后，矢量化，保证图上的斑块信息不丢失，符合检验标准。该图矢量化由中国科学院东北地理与农业生态研究所负责。

4. 地形图　采用中国人民解放军原总参谋部测绘局测绘的地形图，比例尺 1∶50 000。由中国科学院东北地理与农业生态研究所收集整理、校正、配准后处理，保证图上的斑块信息不丢失，符合检验标准。

5. 土壤采样点位图　通过田间采样化验分析并进行空间处理得到。数据由同江市农业技术推广中心土肥站负责采集和化验分析，由中国科学院东北地理与农业生态研究所负责成图。

为了准确地划分耕地等级，真实地反映耕地地力质量状况，达到客观评价耕地地力目的，需要对影响耕地地力的诸项属性、自然条件、管理水平等要素。对同江市境内的耕地及农业生产管理等进行了全面调查，其主要内容分为采样点农业生产情况调查和采样点基本情况调查两个方面。

（二）采样点农业生产情况调查

采样点农业生产情况调查内容包括：

（1）基本项目：家庭住址、户主姓名、家庭人口、耕地面积、采样地块面积等。

（2）土壤管理：种植制度、保护设施、耕翻情况、灌溉情况、秸秆还田情况等。

（3）肥料投入情况：肥料品种、含量、施用量、费用等。

（4）农药投入情况：农药种类、用量、施用时间、费用等。

（5）种子投入情况：作物品种、名称、来源、用量、费用等。

（6）机械投入情况：耕翻、播种、收获、其他、费用等。

（7）产销情况：作物产量、销售价格、销售量、销售收入等。

（三）采样点基本情况调查

采样点基本情况调查内容包括：

（1）基本项目：采样地块俗称、经纬度、海拔高度、土壤类型、采样深度等。

（2）立地条件：地形部位、坡度、坡向、成土母质、盐碱类型、土壤侵蚀情况等。

（3）剖面性状：质地构型、耕层质地、障碍层次情况等。

（4）土地整理：地面平整度、灌溉水源类型、田间输水方式等。

三、调查步骤

耕地地力评价工作大体分为 4 个阶段，一是准备阶段，二是调查分析阶段，三是评价阶段，四是汇总阶段。其具体步骤见图 4-1。

（一）准备阶段

　　物资准备
　　　　计算机软硬件配置
　　　　野外调查物资准备
　　　　分析化验仪器准备

　　技术准备
　　　　制订实施方案
　　　　确定耕地地力评价因子
　　　　建立 GPS 支持下的耕地资源数据系统
　　　　确定评价单元
　　　　确定调查原则

　　资料准备
　　　　准备野外调查表格
　　　　参加、组织技术培训

（二）调查分析阶段

　　建立基础数据库
　　　　相关图件资料（比例尺 1∶100 000）
　　　　相关数据文本资料

　　确定取样点位
　　　　建立空间数据库
　　　　建立属性数据库

　　调查与取样
　　　　GPS 定位
　　　　填写野外调查表
　　　　土样采集

　　分析化验
　　　　确定分析测定项目
　　　　确定项目测定化验室

（三）评价阶段

　　建立评价体系
　　　　确定评价方法
　　　　确定评价指标

　　调查与数据分析
　　　　确定组合权重
　　　　确定隶属函数

　　耕地质量评价
　　　　划分耕地地力等级
　　　　评价耕地环境质量

（四）成果形成阶段

　　编写工作报告
　　编写技术报告
　　建立耕地资源管理信息系统
　　编制调查图集

图 4-1　耕地地力评价工作调查步骤

第三节　样品分析及质量控制

一、分析项目与方法确定

　　分析项目与方法是根据《全国耕地地力调查质量评价技术规程》中所规定的必测项目和方法要求确定的。

（一）分析项目

（1）物理性状：土壤质地。

（2）化学性状：土壤样品分析项目包括：pH、有机质、全氮、全磷、全钾、有效磷、速效钾、水溶态硼、有效铜、有效铁、有效锰、有效锌等。

（二）分析方法

（1）物理性状：土壤容重测定采用环刀法。

（2）化学性状：样品分析方法具体见表4-1。

表4-1　土壤样品分析项目和方法

分析项目	分析方法
pH	电位法
有机质	油浴加热重铬酸钾氧化——滴定法
全氮	凯氏蒸馏法
有效磷	碳酸氢钠提取——钼锑抗比色法
全磷	氢氧化钠熔融——钼锑抗比色法
速效钾	乙酸铵提取——火焰光度法
全钾	氢氧化钠熔融——火焰光度法
有效铜、有效锌、有效铁、有效锰、有效硼	DTPA 浸提——原子吸收光度法

二、分析测试质量

实验室的检测分析数据质量客观地反映出了人员素质水平、分析方法的科学性、实验室质量体系的有效性和符合性及实验室管理水平。在检测过程中由于受被检样品、测量方法、测量仪器、测量环境、测量人员和检测等因素的影响，总存在一定的测量误差，影响结果的精密度和准确性。只有在了解产生误差的原因，采取适当的措施加以控制，才能获得满意的效果。

（一）检测前

（1）样品确认。

（2）检验方法确认。

（3）检测环境确认。

（4）检测用仪器设备的状况确认。

（二）检测中

（1）严格执行标准或规程、规范。

（2）坚持重复试验，控制精密度；通过增加测定次数可减少随机误差，提高平均值的精密度。

（3）带标准样或参比样，判断检验结果是否存在系统误差。

（4）注重空白试验：可消除试剂、蒸馏水中杂质带来的系统误差。

（5）做好校准曲线：每批样品均做校准曲线，消除温度或其他因素影响。

（6）用标准物质校核实验室的标准溶液、标准滴定溶液。

（7）检测中对仪器设备状况进行确认（稳定性）。

（8）详细、如实、清晰、完整记录检测过程，使检测条件可再现、检测数据可追溯。

（三）检测后

（1）加强原始记录校核、审核，确保数据准确无误。

（2）异常值的处理：对检测数据中的异常值，按 GB 4883 标准规定采用 Grubbs 法或 Dixon 法进行判定和处理。

（3）复检：当数据被认为不符合常规时或被认为可疑，但检验人员无法解释时，须进行复验或不予采用。

（4）使用计算机采集、处理、运算、记录、报告、存储检测数据，保证数据安全。

第五章 耕地土壤属性

本次调查采集土壤耕层样点（0～20厘米）1 957个。分析了土壤pH、有机质、全氮、全磷、全钾、碱解氮、有效磷、速效钾、中微量元素等土壤理化属性项目，分析数据19 570个。

第一节 有机质及大量元素

一、土壤有机质

土壤有机质是耕地地力的重要标志。它可以为植物生长提供必要的氮、磷、钾等营养元素；可以改善耕地土壤的结构性能以及生物学和物理、化学性状。通常在其立地条件相似的情况下及有机质含量的多少，可以反映出耕地地力水平的高低。

本次调查结果表明，同江市耕地土壤有机质含量平均值为39.7克/千克，变化幅度为10.74～84.19克/千克，在《黑龙江省第二次土壤普查技术规程》分级基础上，将同江市耕地土壤有机质分为6级。其中，含量大于60克/千克的占总耕地面积的12.69％，含量为40～60克/千克的占总耕地面积的29.17％，含量为30～40克/千克的占总耕地面积的25.61％，含量为20～30克/千克的占总耕地面积的22.12％，含量为10～20克/千克的占总耕地面积的8.67％，含量≤10克/千克的占总耕地面积的1.74％。见表5-1。

表5-1 同江市耕地土种有机质分级面积统计

单位：公顷

土 种	面积	一级	二级	三级	四级	五级	六级
薄层砾石底暗棕壤	10 563.27	0	2 807.07	5 139.49	2 138.73	477.98	0
中层砾石底暗棕壤	7.50	0.18	1.90	3.00	2.06	0.32	0.04
薄层沙底草甸黑土	4 163.40	550.93	1 096.92	1 064.90	842.50	496.41	111.74
薄层黏底草甸黑土	1 806.00	125.65	465.99	506.14	548.77	148.97	10.48
薄层沙底棕壤型黑土	2 592.00	300.91	688.60	628.15	680.62	260.87	32.85
薄层黏底黑土	887.85	0	87.87	157.94	352.48	289.56	0
中层黏底黑土	600.45	16.89	107.40	198.09	260.13	8.80	9.14
薄层沙底黑土	9 937.64	1 297.89	2 028.13	2 788.56	3 578.70	244.36	0
中层沙底黑土	203.85	0	131.71	56.41	15.73	0	0
薄层平地草甸白浆土	2 505.00	87.33	497.71	1 009.18	645.23	265.55	0
中层平地草甸白浆土	29 109.05	786.54	7 221.50	7 191.32	9 186.93	3 474.57	1 248.19
厚层平地草甸白浆土	1 058.50	17.64	197.74	333.34	358.15	138.61	13.02

（续）

土　种	面积	一级	二级	三级	四级	五级	六级
中层低地白浆土	1 199.64	23.50	230.50	321.09	301.07	222.63	100.85
厚层低地白浆土	1 411.34	357.32	224.33	560.08	269.61	0	0
薄层平地泛滥地草甸土	2 659.83	0	92.48	296.75	260.81	1 410.14	599.65
薄层平地草甸土	25 847.12	3 000.67	6 866.59	6 263.81	6 787.08	2 601.46	327.51
中层平地草甸土	23 653.74	7 864.07	8 530.92	4 344.50	2 112.26	801.99	0
厚层平地草甸土	2 877.54	7.76	1 787.62	597.69	342.54	141.93	0
薄层平地沼泽化草甸土	2 342.63	637.42	604.94	910.27	190.00	0	0
中层平地沼泽化草甸土	377.50	82.45	134.22	76.10	58.70	26.03	0
薄层平地白浆化草甸土	14 327.60	1 928.53	5 491.34	3 165.62	2 326.94	1 301.62	113.55
中层平地白浆化草甸土	4 362.08	483.90	1 675.21	1 124.02	858.51	220.44	0
厚层平地白浆化草甸土	1 609.71	597.00	644.72	367.99	0	0	0
薄层洼地草甸沼泽土	254.69	6.72	49.10	119.31	66.82	11.75	0.99
薄层平地泥炭沼泽土	3 583.07	782.62	1 273.95	722.34	557.13	247.03	0
中层平地泥炭沼泽土	0	0	0	0	0	0	0
薄层埋藏型泥炭土	1 623.79	21.57	595.91	329.54	431.86	209.71	35.20
草甸土型水稻土	244.20	0	160.40	83.80	0	0	0
黑土型水稻土	80.01	20.26	12.70	31.76	15.29	0	0
白浆土型水稻土	111.00	41.17	44.45	25.38	0	0	0
全市	150 000.00	19 038.92	43 751.92	38 416.57	33 188.65	13 000.73	2 603.21

与 20 世纪 80 年代开展的第二次土壤普查调查结果比较，土壤有机质平均下降了 36 个百分点（第二次土壤普查调查数为 60.3 克/千克）。而且土壤有机质的分布也发生了相应的变化，第二次土壤普查时耕地土壤有机质主要集中在 40 克/千克以上的一级、二级，占总耕地面积的 74.6%；而本次调查表明，有机质主要集中在 20~60 克/千克的二级、三级和四级，面积占总耕地面积的 76.9%。见图 5-1。

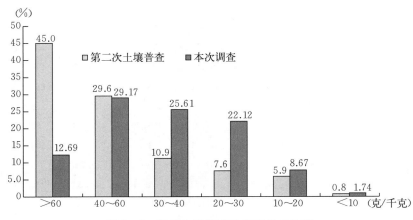

图 5-1　耕层土壤有机质频率分布比较

从土壤类型看，同江市各土类有机质分为6级。其中，草甸土有机质一级地最多，为14 601.80公顷；其次是黑土，为1 584.93公顷；最少是暗棕壤为0.18公顷。在各乡（镇）耕地有机质分级面积统计中八岔赫哲族乡和银川乡有机质含量一级地最多，分别为6 622.65公顷和6 930.14公顷。各土类有机质分级面积统计见表5-2，各乡（镇）耕地有机质分级面积统计见表5-3。

表5-2　各土壤类型有机质分级面积统计

单位：公顷

土　类	面积	一级	二级	三级	四级	五级	六级
黑土	20 191.19	1 584.93	4 873.89	5 806.40	6 402.99	1 271.24	251.74
白浆土	35 283.53	1 272.33	8 371.78	9 415.01	10 760.99	4 101.36	1 362.06
暗棕壤	10 570.77	0.18	2 808.97	5 142.49	2 140.79	478.30	0.04
草甸土	78 057.75	14 601.80	25 828.04	17 146.75	12 936.84	6 503.61	1 040.71
沼泽土	3 837.76	789.34	1 323.05	841.65	623.95	258.78	0.99
泥炭土	1 623.79	21.57	595.91	329.54	431.86	209.71	35.20
水稻土	435.21	61.43	217.55	140.94	15.29	0	0
全市	150 000.00	19 038.92	43 751.92	38 416.57	33 188.65	13 000.73	2 603.21

表5-3　各乡（镇）耕地有机质分级面积统计

单位：公顷

乡（镇）	面积	一级	二级	三级	四级	五级	六级
八岔赫哲族	14 066.70	6 622.65	5 390.20	1 423.30	630.55	0	0
街津口赫哲族	6 493.30	548.16	1 743.84	1 985.51	1 233.16	567.98	414.65
金川乡	18 686.70	1 793.54	6 869.43	4 552.02	3 257.44	1 997.31	216.96
乐业镇	15 060.00	423.00	2 757.76	4 126.07	4 514.81	2 475.60	762.76
临江镇	13 233.30	785.08	5 858.70	4 180.46	1 783.36	725.70	0
青河乡	24 873.30	962.74	6 606.64	9 796.36	5 047.14	1 939.68	520.74
三村镇	20 306.70	0	4 258.55	6 135.48	7 967.55	1 883.32	61.80
同江镇	4 140.00	367.93	1 800.14	1 526.61	387.59	57.73	0
向阳乡	15 940.00	605.68	2 806.49	2 632.48	7 285.72	2 438.77	170.86
银川乡	17 200.00	6 930.14	5 660.17	2 058.28	1 081.33	914.64	455.44
全市	150 000.00	19 038.92	43 751.92	38 416.57	33 188.65	13 000.73	2 603.21

从行政区域看，八岔赫哲族乡、银川乡有机质含量较高，平均值在50克/千克以上。土壤类型主要为白浆土，其平均值为32.76克/千克，暗棕壤平均值为34.81克/千克，黑土平均值为36.36克/千克，沼泽土平均值为35.56克/千克，草甸土平均值为45.24克/千克，泥炭土平均值为34.42克/千克，水稻土平均值为44.59克/千克。见表5-4、表5-5。

表 5-4　各乡（镇）耕地土壤有机质含量统计

单位：克/千克

乡（镇）	平均值	最大值	最小值	个数
八岔赫哲族乡	58.98	98.90	26.60	331
街津口赫哲族乡	35.76	88.00	5.80	398
金川乡	37.73	84.60	3.90	464
乐业镇	30.36	88.80	6.80	579
临江镇	40.05	77.70	14.50	384
青河乡	35.72	87.10	4.30	767
三村镇	31.40	52.10	8.80	623
同江镇	41.17	71.10	18.60	248
向阳乡	30.70	94.20	6.20	642
银川乡	55.07	99.40	11.90	606
全市	39.70	84.19	10.74	5 042

表 5-5　各土壤类型耕地有机质含量统计

单位：克/千克

乡（镇）	平均值	最大值	最小值	个数
白浆土	32.76	94.20	4.30	1 421
暗棕壤	34.81	87.10	9.70	438
黑土	36.36	88.80	6.30	924
沼泽土	35.56	88.00	9.70	204
草甸土	45.24	99.40	6.20	1 931
泥炭土	34.42	84.60	3.90	105
水稻土	44.59	59.20	35.30	19

同江市土种耕地有机质含量统计见表 5-6。

表 5-6　同江市土种耕地有机质含量统计

单位：克/千克

土　种	平均值	最大值	最小值	个数
薄层砾石底暗棕壤	34.99	87.10	9.70	310
中层砾石底暗棕壤	34.37	51.70	13.10	128
薄层沙底草甸黑土	36.11	88.10	6.30	196
薄层黏底草甸黑土	38.81	88.80	9.70	257

（续）

土 种	平均值	最大值	最小值	个数
薄层黏底黑土	28.01	52.70	19.10	8
中层黏底黑土	33.64	71.10	6.80	317
薄层沙底黑土	37.71	69.20	19.30	114
中层沙底黑土	42.33	54.80	25.60	32
中层低地白浆土	31.97	67.20	7.30	135
中层平地白浆土	33.66	79.80	4.30	169
厚层低地白浆土	32.50	88.00	7.30	951
薄层平地白浆土	33.99	94.20	13.30	166
薄层平地泛滥地草甸土	19.71	44.60	6.30	25
薄层平地草甸土	38.76	99.40	6.20	455
中层平地草甸土	51.04	98.90	10.60	764
厚层平地草甸土	43.00	70.70	17.40	72
厚层白浆化潜育草甸土	48.55	97.80	22.60	76
中层平地白浆化草甸土	42.50	95.10	14.00	104
薄层平地沼泽化草甸土	44.37	85.40	24.50	100
中层平地沼泽化草甸土	44.21	92.40	14.10	104
薄层平地白浆化草甸土	40.93	98.90	8.20	200
厚层平地白浆化草甸土	58.43	94.60	35.70	31
薄层埋藏型泥炭土	34.42	84.60	3.90	105
薄层洼地草甸沼泽土	35.56	88.00	9.70	204
草甸土型水稻土	44.59	59.20	35.30	19

二、土壤全氮

土壤中的氮素仍然是我国农业生产中最重要的养分限制因子。土壤全氮是土壤供氮能力的重要指标，在实际生产中有着重要的意义。

同江市耕地土壤中氮素含量平均为 2.21 克/千克，变化幅度为 0.57～5.16 克/千克。在全市各主要类型的土壤中，草甸土、水稻土全氮最高，分别为 2.60 克/千克和 2.45 克/千克；泥炭土最低，平均值为 1.89 克/千克。按照面积分级统计分析，全市耕地全氮含量＞2.5 克/千克的占 29.05％，含量为 2.0～2.5 克/千克的占 21.93％，含量为 1.5～2 克/千克的占 21.29％，含量为 1.0～1.5 克/千克的占 19.88％，含量为 0.5～1.0 克/千克的占 7.85％。见表 5-7。

表 5－7 同江市耕地土种全氮分级面积统计

单位：公顷

土 种	面积	一级	二级	三级	四级	五级	六级
砾石底暗棕壤	10 563.27	593.25	3 999.53	3 998.97	1 528.25	443.27	0
原始暗棕壤	7.50	1.17	1.81	2.75	1.27	0.50	0
薄层沙底草甸黑土	4 163.40	1 143.90	1 122.13	750.91	534.88	611.58	0
薄层黏底草甸黑土	1 806.00	468.60	295.55	569.24	369.31	103.30	0
薄层沙底棕壤型黑土	2 592.00	750.27	339.34	699.79	755.80	46.80	0
薄层黏底黑土	887.85	87.87	152.21	5.73	642.04	0	0
中层黏底黑土	600.45	47.92	59.19	129.42	148.02	215.90	0
薄层沙底黑土	9 937.64	2 876.49	1 301.01	2 682.97	2 897.71	179.46	0
中层沙底黑土	203.85	52.60	112.91	22.61	15.73	0	0
中层潜育白浆土	1 199.64	125.32	150.54	342.43	220.36	360.99	0
中层平地草甸白浆土	29 109.05	1 525.40	9 516.68	4 938.61	10 156.30	2 972.06	0
薄层平地草甸白浆土	2 505.00	361.72	580.29	991.79	373.38	197.82	0
厚层平地草甸白浆土	1 058.50	113.69	177.71	365.87	253.98	147.25	0
厚层潜育白浆土	1 411.34	485.98	113.52	556.18	255.66	0	0
薄层平地草甸土	25 847.12	7 595.53	3 880.45	6 103.40	6 068.34	2 199.40	0
中层平地草甸土	23 653.74	13 333.18	5 065.57	3 228.89	1 391.01	635.09	0
薄层平地泛滥地草甸土	2 659.83	0	193.01	163.14	228.69	2 074.99	0
中层平地白浆化草甸土	4 362.08	2 054.26	840.43	964.90	345.97	156.52	0
厚层平地草甸土	2 877.54	1 306.87	631.13	710.72	197.85	30.97	0
薄层平地沼泽化草甸土	2 342.63	1 272.39	546.28	399.47	124.49	0	0
中层平地沼泽化草甸土	377.50	139.88	119.18	49.86	60.75	7.83	0
薄层平地白浆化草甸土	14 327.60	6 496.32	2 279.35	2 699.97	1 834.59	1 017.37	0
厚层平地白浆化草甸土	1 609.71	1 087.36	318.25	204.10	0	0	0
薄层平地泥炭沼泽土	3 583.07	1 052.93	537.93	846.09	841.23	304.89	0
薄层洼地草甸化沼泽土	254.69	25.07	41.63	127.96	43.67	16.36	0
薄层埋藏型泥炭土	1 623.79	386.79	306.17	358.60	522.15	50.08	0
草甸土型水稻土	244.20	103.24	135.77	5.19	0	0	0
黑土型水稻土	80.01	43.46	18.66	13.64	4.25	0	0
白浆土型水稻土	111.00	46.93	61.71	2.36	0	0	0
全市	150 000.00	43 578.39	32 897.94	31 935.56	29 815.68	11 772.43	0

　　与第二次土壤普查的调查结果进行比较，全市全氮含量下降了 61.6 个百分点（原来平均值为 5.34 克/千克）。第二次土壤普查全氮含量＞2.0 克/千克的占 74.6%，含量为 1.5～2 克/千克的占 10.9%。见图 5-2。调查结果还表明，全市八岔赫哲族乡和银川乡含量最高，平均值分别为 3.34 和 3.42 克/千克，最低为乐业镇，平均值为 1.55 克/千克，其分布与有机质的变化情况相似。

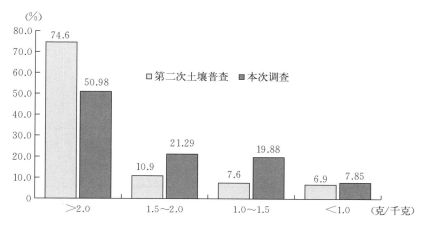

图 5-2　耕层土壤全氮频率分布比较

　　同江市各土类全氮分级面积频率统计见表 5-8，各乡（镇）耕地全氮分级面积统计见表 5-9，各乡（镇）耕地土壤全氮含量统计见表 5-10，各土壤类型全氮含量统计见表 5-11，各土种耕地全氮含量统计见表 5-12。

表 5-8　各土壤类型全氮分级面积频率统计

单位：公顷

土　类	面积	一级	二级	三级	四级	五级	六级
白浆土	35 283.53	2 612.11	10 538.74	7 194.88	11 259.68	3 678.12	0
暗棕壤	10 570.77	594.42	4 001.34	4 001.72	1 529.52	443.77	0
黑　土	20 191.19	5 427.65	3 382.34	4 860.67	5 363.49	1 157.04	0
沼泽土	3 837.76	1 078.00	579.56	974.05	884.90	321.25	0
草甸土	78 057.75	33 285.79	13 873.65	14 524.45	10 251.69	6 122.17	0
泥炭土	1 623.79	386.79	306.17	358.60	522.15	50.08	0
水稻土	435.21	193.63	216.14	21.19	4.25	0	0
全市	150 000.00	43 578.39	32 897.94	31 935.56	29 815.68	11 772.43	0

表 5-9　各乡（镇）全氮分级面积统计

单位：公顷

乡（镇）	面积	一级	二级	三级	四级	五级	六级
八岔赫哲族乡	14 066.7	10 447.6	2 133.34	1 366.61	119.15	0	0
街津口赫哲族乡	6 493.3	1 524.79	1 683.77	1 006.77	904.63	1 373.34	0

（续）

乡（镇）	面积	一级	二级	三级	四级	五级	六级
金川乡	18 686.7	5 644.51	4 606.87	4 076.59	3 123.45	1 235.28	0
乐业镇	15 060	1 278.94	1 645.61	4 057.93	4 792.08	3 285.44	0
临江镇	13 233.3	4 356.27	3 398.83	3 820.1	1 275.61	382.49	0
青河乡	24 873.3	4 188.64	6 013.44	5 955.72	7 228.81	1 486.69	0
三村镇	20 306.7	1 161.85	7 688.72	4 067.25	5 913.41	1 475.47	0
同江镇	4 140	1 115.69	1 461.24	1 137.75	425.32	0	0
向阳乡	15 940	1 908.68	1 812.92	4 801.41	5 546.24	1 870.75	0
银川乡	17 200	11 951.42	2 453.2	1 645.43	486.98	662.97	0
全市	150 000	43 578.39	32 897.94	31 935.56	29 815.68	11 772.43	0

表 5-10 各乡（镇）耕地土壤全氮含量统计

单位：克/千克

乡（镇）	平均值	最大值	最小值	个数
八岔赫哲族乡	3.34	7.40	1.46	331
街津口赫哲族乡	1.93	4.84	0.19	398
金川乡	2.08	4.65	0.21	464
乐业镇	1.55	6.58	0.29	579
临江镇	2.20	4.27	0.80	384
青河乡	1.96	4.79	0.23	767
三村镇	1.72	2.86	0.48	623
同江镇	2.26	3.91	1.02	248
向阳乡	1.65	5.18	0.34	642
银川乡	3.42	7.10	0.65	606
全市	2.21	5.16	0.57	5 042

表 5-11 各土壤类型耕地全氮含量统计

单位：克/千克

土 类	平均值	最大值	最小值	个数
白浆土	1.78	5.18	0.23	1 421
暗棕壤	1.90	4.79	0.53	438
黑 土	1.97	6.58	0.19	924
沼泽土	1.95	4.84	0.32	204
草甸土	2.60	7.40	0.29	1 931
泥炭土	1.89	4.65	0.21	105
水稻土	2.45	3.26	1.94	19

表 5-12　各土种耕地全氮含量统计

单位：克/千克

土　　种	平均值	最大值	最小值	个数
薄层砾石底暗棕壤	1.91	4.79	0.53	310
中层砾石底暗棕壤	1.89	2.84	0.72	128
薄层沙底草甸黑土	2.17	6.48	0.19	196
薄层黏底草甸黑土	2.24	6.58	0.53	257
薄层黏底黑土	1.54	2.90	1.05	8
中层黏底黑土	1.58	3.91	0.29	317
薄层沙底黑土	2.04	3.81	0.94	114
中层沙底黑土	2.33	3.01	1.41	32
中层低地白浆土	1.69	3.70	0.40	135
厚层低地白浆土	1.76	4.84	0.29	951
中层平地白浆土	1.85	4.39	0.23	169
薄层平地白浆土	1.90	5.18	0.73	166
薄层平地草甸土	2.17	6.87	0.29	455
薄层平地泛滥地草甸土	0.98	2.26	0.35	25
中层平地草甸土	2.94	7.40	0.59	764
厚层平地草甸土	2.37	3.89	0.96	72
厚层白浆化潜育草甸土	2.81	6.48	1.24	76
中层平地白浆化草甸土	2.76	5.70	0.36	104
厚层平地白浆化草甸土	3.44	7.40	1.96	31
薄层平地沼泽化草甸土	2.57	5.52	1.35	100
中层平地沼泽化草甸土	2.49	5.08	0.77	104
薄层平地白浆化草甸土	2.36	6.60	0.45	200
薄层洼地草甸沼泽土	1.95	4.84	0.32	204
薄层埋藏型泥炭土	1.89	4.65	0.21	105
草甸土型水稻土	2.45	3.26	1.94	19

三、土壤碱解氮

　　土壤碱解氮是土壤当季供氮能力重要指标，在测土施肥指导实践中有着重要的意义。按照《黑龙江省第二次土壤普查技术规程》要求，本次调查作为评价指标，因此选择了全部样本，进行统计分析。

　　调查表明，同江市耕地白浆土、草甸土、水稻土、暗棕壤等几个主要耕地土壤碱解氮，平均值为 327.99 毫克/千克，变化幅度为 57.46～873.94 毫克/千克。其中水稻土最高，平均值达到 394.11 毫克/千克；最低为白浆土，平均值为 276.92 毫克/千克。见表 5-13。

表 5-13　各土壤类型耕地碱解氮含量统计

单位：毫克/千克

乡（镇）	平均值	最大值	最小值	个数
白浆土	276.92	707.62	57.46	1 421
暗棕壤	300.45	873.94	117.94	438
黑　土	303.68	737.86	102.82	924
沼泽土	289.85	465.70	148.18	204
草甸土	368.54	677.38	80.14	1 931
泥炭土	369.90	616.90	163.30	105
水稻土	394.11	632.02	284.26	19

同江市耕地土种碱解氮分级面积统计见表 5-14，各土壤类型碱解氮分级面积统计见表 5-15，各乡（镇）碱解氮分级面积统计见表 5-16。各乡（镇）耕地土壤碱解氮含量统计见表 5-17，各土种耕地碱解氮含量统计见表 5-18。

表 5-14　同江市耕地土种碱解氮分级面积统计

单位：公顷

土　种	面积	一级	二级	三级	四级	五级	六级
砾石底暗棕壤	10 563.27	8 240.01	2 132.82	0	190.44	0	0
原始暗棕壤	7.50	4.51	2.01	0.56	0.30	0.12	0
薄层沙底草甸黑土	4 163.40	3 128.86	886.28	148.26	0	0	0
薄层沙底棕壤型黑土	2 592.00	736.69	1 426.44	403.45	25.42	0	0
薄层黏底草甸黑土	1 806.00	877.66	756.40	111.87	31.84	28.23	0
薄层黏底黑土	887.85	87.87	157.94	175.16	230.26	236.62	0
中层黏底黑土	600.45	258.72	314.96	26.69	0.08	0	0
薄层沙底黑土	9 937.64	7 628.19	1 669.26	466.08	174.11	0	0
中层沙底黑土	203.85	169.59	34.26	0	0	0	0
薄层平地草甸白浆土	2 505.00	711.96	1 378.57	389.91	24.56	0	0
中层平地草甸白浆土	29 109.05	23 160.33	5 692.25	256.47	0	0	0
厚层平地草甸白浆土	1 058.50	530.64	355.94	98.07	40.35	31.03	2.47
中层潜育白浆土	1 199.64	642.40	436.45	88.79	32.00	0	0
厚层潜育白浆土	1 411.34	1 031.90	256.68	81.32	0	41.44	0
厚层平地草甸土	2 877.54	2 806.77	70.77	0	0	0	0
薄层平地草甸土	25 847.12	18 200.43	4 270.14	2 551.65	588.32	236.58	0
中层平地草甸土	23 653.74	22 258.70	1 328.81	64.75	1.48	0	0
薄层平地泛滥地草甸土	2 659.83	2 508.73	151.10	0	0	0	0
薄层平地沼泽化草甸土	2 342.63	1 896.51	436.84	9.28	0	0	0
中层平地沼泽化草甸土	377.50	243.91	98.34	9.84	13.47	11.94	0
薄层平地白浆化草甸土	14 327.60	12 586.76	1 661.41	79.43	0	0	0

（续）

土 种	面积	一级	二级	三级	四级	五级	六级
中层平地白浆化草甸土	4 362.08	3 802.94	324.55	102.49	63.93	68.17	0
厚层平地白浆化草甸土	1 609.71	1 551.58	43.97	14.16	0	0	0
薄层洼地草甸化沼泽土	254.69	161.51	75.29	13.86	4.04	0	0
薄层平地泥炭沼泽土	3 583.07	2 750.39	601.86	168.05	62.77	0	0
薄层埋藏型泥炭土	1 623.79	1 544.39	77.52	1.88	0	0	0
草甸土型水稻土	244.20	244.20	0	0	0	0	0
黑土型水稻土	80.01	60.13	17.03	2.85	0	0	0
白浆土型水稻土	111.00	88.32	21.71	0.97	0	0	0
全市	150 000.00	117 914.60	24 679.60	5 265.84	1 483.36	654.13	2.47

表 5-15 各土壤类型碱解氮分级面积统计

单位：公顷

土 类	面积	一级	二级	三级	四级	五级	六级
白浆土	35 283.53	26 077.23	8 119.89	914.56	96.91	72.47	2.47
暗棕壤	10 570.77	8 244.52	2 134.83	0.56	190.74	0.12	0
黑 土	20 191.19	12 887.58	5 245.54	1 331.51	461.71	264.85	0
沼泽土	3 837.76	2 911.9	677.15	181.91	66.8	0	0
草甸土	78 057.75	65 856.33	8 385.93	2 831.6	667.2	316.69	0
泥炭土	1 623.79	1 544.39	77.52	1.88	0	0	0
水稻土	435.21	392.65	38.74	3.82	0	0	0
全市	150 000.00	117 914.6	24 679.6	5 265.84	1 483.36	654.13	2.47

表 5-16 各乡（镇）碱解氮分级面积统计

单位：公顷

乡（镇）	面积	一级	二级	三级	三级	五级	六级
八岔赫哲族乡	14 066.7	13 197.75	716.68	73.14	79.13	0	0
街津口赫哲族乡	6 493.3	5 895.14	471.92	126.24	0	0	0
金川乡	18 686.7	16 366.92	2 261.27	58.51	0	0	0
乐业镇	15 060	7 769.08	5 333.94	1 313.32	530.82	112.84	0
临江镇	13 233.3	12 587.41	586.86	59.03	0	0	0
青河乡	24 873.3	19 981.6	3 818.19	967.12	58.64	47.75	0
三村镇	20 306.7	15 690.75	2 721.23	1 185.17	389.69	317.39	2.47
同江镇	4 140	2 476.93	1 566.94	58.06	38.07	0	0
向阳乡	15 940	7 254.71	6 837.52	1 345.86	325.76	176.15	0
银川乡	17 200	16 694.31	365.05	79.39	61.25	0	0
全市	150 000.00	117 914.6	24 679.6	5 265.84	1 483.36	654.13	2.47

表 5-17　各乡（镇）耕地土壤碱解氮含量统计

单位：毫克/千克

乡（镇）	平均值	最大值	最小值	个数
八岔赫哲族乡	404.99	647.14	133.06	331
街津口赫哲族乡	339.63	532.06	163.30	398
金川乡	368.33	632.02	163.30	464
乐业镇	239.40	495.94	95.30	579
临江镇	371.49	632.02	178.42	384
青河乡	304.48	873.94	117.94	767
三村镇	277.59	707.62	57.46	623
同江镇	290.66	465.70	133.06	248
向阳乡	242.88	495.94	117.94	642
银川乡	440.47	662.26	148.18	606
全市	327.99	614.46	130.8	5 042

表 5-18　各土种耕地碱解氮含量统计

单位：毫克/千克

土　种	平均值	最大值	最小值	个数
薄层砾石底暗棕壤	290.71	873.94	117.94	310
中层沙石底暗棕壤	324.03	526.18	133.06	128
薄层黏底黑土	179.71	254.02	117.94	8
中层黏底黑土	271.22	495.94	148.18	317
薄层沙底草甸黑土	350.09	662.26	178.42	196
薄层黏底草甸黑土	286.93	737.86	102.82	257
薄层沙底黑土	349.20	632.02	133.06	114
中层沙底黑土	344.23	556.42	201.10	32
薄层平地白浆土	250.95	563.98	133.06	166
中层平地白浆土	324.65	571.54	178.42	169
中层低地白浆土	277.98	571.54	140.60	135
厚层低地白浆土	272.82	707.62	57.46	951
薄层平地泛滥地草甸土	347.32	435.46	238.90	25
薄层平地草甸土	311.55	677.38	117.94	455
中层平地草甸土	406.97	662.26	133.06	764
厚层平地草甸土	378.83	601.78	193.54	72

（续）

土 种	平均值	最大值	最小值	个数
厚层白浆化潜育草甸土	358.79	586.66	117.94	76
薄层平地白浆化草甸土	368.16	639.58	163.30	200
中层平地白浆化草甸土	406.48	616.90	80.14	104
厚层平地白浆化草甸土	359.54	616.90	178.42	31
薄层平地沼泽化草甸土	328.80	632.02	163.30	100
中层平地沼泽化草甸土	344.36	647.14	92.74	104
薄层洼地草甸沼泽土	289.85	465.70	148.18	204
埋藏型泥炭土	369.90	616.90	163.30	105
草甸土型水稻土	394.11	632.02	284.26	19

四、土壤有效磷

磷是构成植物体的重要组成元素之一。土壤有效磷中易被植物吸收利用的部分称之为速效磷，它是土壤磷供应水平的重要指标。

本次调查表明，同江市耕地有效磷平均值为 55.12 毫克/千克，变化幅度为 20.1～114.4 毫克/千克。其中白浆土含量最高，平均为 60.32 毫克/千克；沼泽土含量其次，平均值为 57.81 毫克/千克；泥炭土最低，平均值为 51.13 毫克/千克。见表5-19。

表5-19 各土壤类型耕地有效磷含量统计

单位：毫克/千克

土 类	平均值	最大值	最小值	个数
白浆土	60.32	103.60	20.70	1 421
暗棕壤	55.92	103.30	22.80	438
黑 土	54.89	94.40	20.10	924
沼泽土	57.81	105.00	30.80	204
草甸土	53.74	114.40	20.10	1 931
泥炭土	51.13	92.90	25.70	105
水稻土	52.57	81.90	28.30	19

与第二次土壤普查的调查结果进行比较，同江市耕地磷素状况大幅度上升，第二次土壤普查前同江市耕地土壤有效磷多在 10～20 毫克/千克，占耕地面积的 57%。本次调查，按照含量分级数字出现频率分析，土壤有效磷多在 40～60 毫克/千克，大于 40 毫升/千克的占耕地面积的 84.33%。见图5-3。

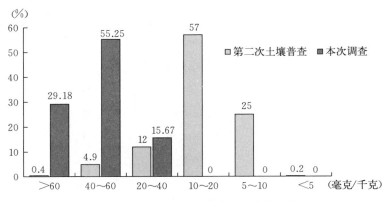

图 5-3　耕层土壤有效磷频率分布比较

　　从行政区域看，乐业镇和三村镇最高，分别为 61.54 毫克/千克和 67.16 毫克/千克；最低是金川乡，平均值为 50.65 毫克/千克。见表 5-20。

表 5-20　各乡（镇）耕地土壤有效磷含量统计

单位：毫克/千克

乡（镇）	平均值	最大值	最小值	个数
八岔赫哲族乡	51.74	101.50	24.00	331
街津口赫哲族乡	51.51	85.40	23.40	398
金川乡	50.65	93.50	23.40	464
乐业镇	61.54	99.70	23.40	579
临江镇	51.26	94.10	21.90	384
青河乡	56.63	94.10	22.50	767
三村镇	67.16	103.60	25.60	623
同江镇	50.71	94.10	20.10	248
向阳乡	53.92	114.40	23.40	642
银川乡	56.02	92.30	25.60	606
全市	55.12	97.27	23.33	5 042

　　同江市耕地土种有效磷分级面积统计见表 5-21，各土类有效磷分级面积统计见表 5-22，各土种有效磷含量统计见表 5-23。

表 5-21　同江市耕地土种有效磷分级面积统计

单位：公顷

土　种	面积	一级	二级	三级	四级	五级	六级
砾石底暗棕壤	10 563.27	3 065.38	6 278.00	1 219.89	0	0	0
原始暗棕壤	7.50	3.56	2.62	1.33	0	0	0
薄层沙底棕壤型黑土	2 592.00	950.57	1 052.45	588.98	0	0	0
薄层沙底草甸黑土	4 163.40	1 283.10	2 650.15	230.15	0	0	0

（续）

土　种	面积	一级	二级	三级	四级	五级	六级
薄层黏底草甸黑土	1 806.00	642.30	932.01	231.69	0	0	0
薄层黏底黑土	887.85	420.97	466.88	0	0	0	0
中层黏底黑土	600.45	281.15	222.47	96.83	0	0	0
薄层沙底黑土	9 937.64	3 644.46	4 035.07	2 258.11	0	0	0
中层沙底黑土	203.85	75.03	82.82	46.00	0	0	0
中层潜育白浆土	1 199.64	744.24	284.51	170.89	0	0	0
厚层潜育白浆土	1 411.34	633.66	718.97	58.71	0	0	0
薄层平地草甸白浆土	2 505.00	810.60	1 364.37	330.03	0	0	0
中层平地草甸白浆土	29 109.05	4 184.36	19 624.79	5 299.90	0	0	0
厚层平地草甸白浆土	1 058.50	652.78	336.80	68.92	0	0	0
薄层平地泛滥地草甸土	2 659.83	755.77	1 904.06	0	0	0	0
薄层平地草甸土	25 847.12	8 035.95	13 408.31	4 402.86	0	0	0
中层平地草甸土	23 653.74	5 956.84	12 796.57	4 900.33	0	0	0
厚层平地草甸土	2 877.54	277.63	1 604.64	995.27	0	0	0
薄层平地白浆化草甸土	14 327.60	5 250.18	8 302.68	774.74	0	0	0
中层平地白浆化草甸土	4 362.08	1 706.83	2 108.07	547.18	0	0	0
厚层平地白浆化草甸土	1 609.71	789.57	820.14	0	0	0	0
薄层平地沼泽化草甸土	2 342.63	892.86	1 091.56	358.21	0	0	0
中层平地沼泽化草甸土	377.50	159.86	162.35	55.29	0	0	0
薄层埋藏型泥炭土	1 623.79	513.11	966.47	144.21	0	0	0
薄层洼地草甸化沼泽土	254.69	90.37	141.07	23.25	0	0	0
薄层平地泥炭沼泽土	3 583.07	1 677.73	1 327.53	577.81	0	0	0
草甸土型水稻土	244.20	45.13	72.51	126.56	0	0	0
黑土型水稻土	80.01	22.73	57.28	0	0	0	0
白浆土型水稻土	111.00	54.45	56.55	0	0	0	0
全市	150 000.00	43 621.17	82 871.71	23 507.12	0	0	0

表 5 - 22　各土类有效磷分级面积统计

单位：公顷

土　类	面积	一级	二级	三级	四级	五级	六级
白浆土	35 283.53	7 025.64	22 329.44	5 928.45	0	0	0
暗棕壤	10 570.77	3 068.93	6 280.62	1 221.22	0	0	0
黑　土	20 191.19	7 297.58	9 441.85	3 451.76	0	0	0
沼泽土	3 837.76	1 768.1	1 468.6	601.06	0	0	0
草甸土	78 057.75	23 825.49	42 198.38	12 033.88	0	0	0
泥炭土	1 623.79	513.11	966.47	144.21	0	0	0
水稻土	435.21	122.32	186.35	126.54	0	0	0
全市	150 000	43 621.17	82 871.71	23 507.12	0	0	0

表 5-23 各土种耕地有效磷含量统计

单位：毫克/千克

土　种	平均值	最大值	最小值	个数
薄层砾石底暗棕壤	57.79	90.20	22.80	310
中层砾石底暗棕壤	51.38	103.30	26.80	128
薄层沙底草甸黑土	54.08	87.40	24.00	196
薄层黏底草甸黑土	54.95	93.80	22.50	257
薄层黏底黑土	61.56	69.40	47.20	8
中层黏底黑土	55.50	94.40	20.10	317
薄层沙底黑土	55.03	91.70	23.40	114
中层沙底黑土	51.27	86.80	30.60	32
薄层平地白浆土	57.21	96.60	27.10	166
中层平地白浆土	47.18	82.90	23.40	169
中层低地白浆土	64.58	89.60	31.40	135
厚层低地白浆土	62.59	103.60	20.70	951
薄层平地草甸土	53.14	114.40	23.40	455
中层平地草甸土	52.46	91.40	23.40	764
厚层平地草甸土	47.07	83.00	21.90	72
薄层平地白浆化草甸土	56.57	93.50	24.00	200
中层平地白浆化草甸土	60.29	101.50	33.80	104
厚层平地白浆化草甸土	61.92	89.00	43.90	31
薄层平地沼泽化草甸土	50.21	92.30	20.10	100
中层平地沼泽化草甸土	53.93	91.40	29.50	104
薄层平地泛滥地草甸土	57.17	71.00	46.10	25
厚层白浆化潜育草甸土	59.92	85.30	36.20	76
薄层埋藏型泥炭土	51.13	92.90	25.70	105
薄层洼地草甸沼泽土	57.81	105.00	30.80	204
草甸土型水稻土	52.57	81.90	28.30	19

五、土壤速效钾

土壤速效钾是指水溶性钾和黏土矿物质晶体外表面吸持的交换性钾，这一部分钾素植物可以直接吸收利用，对植物生长及其品质起着重要作用。其含量水平的高低反映了土壤的供钾能力，是土壤质量的主要指标。

同江市耕地土壤多发育在黄土母质上，垦殖初期土壤速效钾是比较丰富。调查表明，同江市速效钾平均在 114.88 毫克/千克,变化幅度为 34～545 毫克/千克。其中泥炭土最高,平均值为 141.72 毫克/千克;其次为沼泽土和水稻土,平均值为 128.25 和 123.79 毫克/千克;最低为白浆土,平均值为 99 毫克/千克。见表 5 - 24。

表 5 - 24 各土类耕地速效钾含量统计

单位:毫克/千克

土 类	平均值	最大值	最小值	个数
白浆土	99.00	545.00	33.00	1 421
暗棕壤	105.73	312.00	34.00	438
黑土	101.80	396.00	35.00	924
沼泽土	128.25	288.00	46.00	204
草甸土	123.28	361.00	34.00	1 931
泥炭土	141.72	256.00	64.00	105
水稻土	123.79	247.00	68.00	19

按照含量分级数字出现频率分析,全市土壤速效钾含量大于 200 毫克/千克的占 4.34%,含量为 150～200 毫克/千克的占 13.34%,含量为 100～150 毫克/千克的占 39.54%,含量为 50～100 毫克/千克的占 40.72%,含量为 30～50 毫克/千克的占 2.06%。第二次土壤普查时,全市土壤速效钾含量大于 200 毫克/千克的面积大约占 44.2%;本次调查的样本中含量在 50～150 毫克/千克的占 80.26%,与第二次土壤普查相比,下降幅度较大(图 5 - 4)。这说明 1985 年以来,由于连年施肥的不合理和有机肥施用量减少,再加上喜钾作物的大面积种植和磷肥、氮肥的重施,使土壤速效钾含量大幅度下降。近几年随着粮食产量的大幅度的提高,同江市耕地土壤施用钾肥有效面积逐步扩大,应增加钾肥施用量。

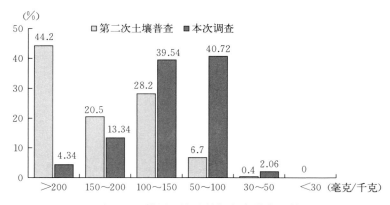

图 5 - 4 耕层土壤速效钾频率分布比较

从各乡(镇)分析看,同江镇和三村镇较高,分别 144.88 毫克/千克和 135.44 毫克/千克;最低是金川乡,速效钾含量 87.35 毫克/千克。见表 5 - 25。

表 5 - 25 同江市耕层土壤速效钾分析统计

乡（镇）	平均值（毫克/千克）	最大值（毫克/千克）	最小值（毫克/千克）	一级（%）	二级（%）	三级（%）	四级（%）	五级（%）
八岔赫哲族乡	132.22	288.00	56.00	5.135	15.836	64.167	13.681	1.181
街津口赫哲族乡	109.28	545.00	34.00	4.796	30.250	46.136	18.818	0
金川乡	87.35	396.00	37.00	9.547	27.128	48.942	14.383	0
乐业镇	90.33	267.00	45.00	2.049	2.646	16.062	76.078	3.166
临江镇	133.46	328.00	65.00	8.975	18.521	49.641	22.863	0
青河乡	118.19	258.00	45.00	5.896	5.098	27.466	50.238	11.302
三村镇	135.44	361.00	46.00	2.685	9.597	42.549	42.231	2.939
同江镇	144.88	270.00	63.00	0.050	6.219	41.498	52.232	0
向阳乡	94.97	345.00	33.00	0.964	5.737	20.412	71.754	1.132
银川乡	102.65	206.00	64.00	3.287	12.325	38.505	44.973	0.911
全市	114.88	326.4	48.8	4.34	13.34	39.54	40.72	2.06

六、土壤全钾

土壤全钾是土壤中各种形态钾的总量，缓效钾的不断释放可以使有效钾维持在适当的水平。当评价土壤的长期供钾能力时，应主要考虑土壤全钾的含量。调查表明，全市耕地土壤全钾平均为 17.8 克/千克，变化幅度在 12.7～22.4 克/千克。比第二次土壤普查有所下降，幅度不大。其中暗棕壤含量最高，平均值为 18.16 克/千克；其次为黑土和白浆土，平均值为 18.05 克/千克；最低为水稻土，平均值为 16.23 克/千克。各乡（镇）耕地土壤全钾含量统计见表 5 - 26，各土类耕地全钾统计见表 5 - 27。

表 5 - 26 各乡（镇）耕地土壤全钾含量统计

单位：克/千克

乡（镇）	平均值	最大值	最小值	个数
八岔赫哲族乡	17.67	21.70	12.70	331
街津口赫哲族乡	17.77	21.70	14.40	398
金川乡	17.34	21.90	14.20	464
乐业镇	18.52	21.90	13.10	579
临江镇	17.87	22.40	12.80	384
青河乡	18.14	22.20	12.90	767
三村镇	18.58	22.10	13.10	623
同江镇	17.36	21.40	12.90	248
向阳乡	16.55	21.90	12.80	642
银川乡	18.18	21.80	13.40	606
全市	17.8	21.9	13.23	5 042

表 5 - 27　各类土壤耕地全钾统计

单位：克/千克

土　类	平均值	最大值	最小值	个数
白浆土	18.05	22.10	12.90	1 421
暗棕壤	18.16	22.10	12.90	438
黑　土	18.05	21.90	13.10	924
沼泽土	17.03	21.70	13.10	204
草甸土	17.67	22.40	12.70	1 931
泥炭土	17.19	21.60	14.20	105
水稻土	16.23	21.40	12.80	19

第二节　土壤微量元素

土壤微量元素是人们依据各种化学元素在土壤中存在的数量划分的一部分含量很低的元素。微量元素与其他大量元素一样，在植物生理功能上是同等重要的，并且是不可相互替代的。土壤养分库中微量元素的不足也会影响作物的生长、产量和品质。因此土壤中微量元素的多少也是耕地地力的重要指标。

一、有　效　锌

锌是农作物生长发育不可缺少的微量营养元素，在缺锌土壤上容易发生玉米花白苗和水稻赤枯病，因此土壤有效锌是影响作物产量和质量的重要因素。

调查表明，同江市耕地土壤有效锌含量平均值为 1.65 毫克/千克，变化幅度为 0.07~3.81 毫克/千克（表 5 - 28）。同江市 80% 耕地土壤有效锌含量为中等以上水平。

表 5 - 28　各乡（镇）耕地土壤有效锌含量统计

单位：毫克/千克

乡（镇）	平均值	最大值	最小值	个数
八岔赫哲族乡	2.35	3.73	1.43	331
街津口赫哲族乡	2.03	3.12	0.99	398
金川乡	2.01	3.81	1.45	464
乐业镇	1.00	3.69	0.26	579
临江镇	1.90	3.37	1.38	384
青河乡	1.44	3.29	0.57	767
三村镇	1.18	2.44	0.36	623
同江镇	1.09	2.41	0.07	248
向阳乡	1.31	3.76	0.15	642
银川乡	2.18	3.37	1.45	606
全市	1.65	3.3	0.81	5 042

根据本次土壤普查分级标准，并按照调查样本有效锌含量分级数字出现频率分析，在 5 042 个土样中八岔赫哲族乡、街津口赫哲族乡、金川乡、临江镇、银川乡有效锌含量大于1.9毫克/千克；严重缺锌地块有乐业镇、向阳乡、同江镇、三村镇的个别地块，其他乡（镇）含锌量较高。各土壤类耕地有效锌含量统计见表5-29。

表 5-29　各土类耕地有效锌含量统计

单位：毫克/千克

土　类	平均值	最大值	最小值	个数
白浆土	1.28	3.69	0.07	1 421
暗棕壤	1.42	3.05	0.46	438
黑　土	1.46	3.62	0.36	924
沼泽土	1.88	3.76	0.15	204
草甸土	1.91	3.81	0.07	1 931
泥炭土	1.92	3.00	1.47	105
水稻土	1.73	2.18	1.54	19

二、有　效　铁

铁参与植物体呼吸作用和代谢活动，又是合成叶绿体所必需的元素。因此，作物缺铁会导致叶片失绿，严重地甚至枯萎死亡。

调查表明，同江市耕地有效铁平均值为27.9毫克/千克，变化幅度为10.7～65.3毫克/千克。根据土壤有效铁的分级标准，土壤有效铁含量小于2.5毫克/千克，为严重缺铁（很低）；含量在2.5～4.5毫克/千克，为轻度缺铁（低）；含量在4.5～10毫克/千克，为基本不缺铁（中等）；含量在10～20毫克/千克，为丰铁（高）；含量大于20毫克/千克，为极丰（很高）。在5 042个调查样本中，所有地块土壤都在丰铁范围，为10毫克/千克以上，说明同江市耕地土壤有效铁较丰富。其中向阳乡和同江镇含量最高，分别为3 153和31.31毫克/千克。同江市各乡（镇）耕层土壤有效铁分析统计见表5-30，各土类耕地有效铁含量统计见表5-31。

表 5-30　同江市各乡（镇）耕地土壤有效铁分析统计

单位：毫克/千克

乡（镇）	平均值	最大值	最小值	个数
八岔赫哲族乡	27.47	65.30	10.90	331
街津口赫哲族乡	25.14	57.40	12.10	398
金川乡	27.37	57.40	10.90	464
乐业镇	31.12	65.30	12.10	579
临江镇	24.18	48.60	11.50	384
青河乡	30.46	58.10	10.70	767

（续）

乡（镇）	平均值	最大值	最小值	个数
三村镇	26.68	56.80	11.20	623
同江镇	31.31	56.30	12.20	248
向阳乡	31.53	65.30	12.20	642
银川乡	23.75	65.30	10.90	606
全市	27.90	59.58	11.47	5 042

表 5-31 各土类耕地有效铁含量统计

单位：毫克/千克

土 类	平均值	最大值	最小值	个数
白浆土	28.11	65.30	11.20	1 421
暗棕壤	30.72	56.30	10.70	438
黑 土	28.36	65.30	10.90	924
沼泽土	29.81	65.30	11.80	204
草甸土	27.01	65.30	10.90	1 931
泥炭土	29.19	48.00	11.80	105
水稻土	30.77	48.60	19.50	19

三、有 效 锰

锰是植物生长和发育的必需营养元素之一。锰在植物体内直接参与光合作用，还是植物许多酶的重要组成部分，影响植物组织中生长素的水平，参与硝酸还原成氨的作用等。调查结果表明：全市耕地有效锰平均值为 19.93 毫克/千克，变化幅度为 4.1～59.6 毫克/千克。根据土壤有效锰的分级标准，土壤有效锰的临界值为 5.0 毫克/千克（严重缺锰，很低），大于 15 毫克/千克为丰富。从调查样本可知，除街津口赫哲族乡、临江镇、同江镇个别地块严重缺锰以外，同江市耕地有效锰属于中等偏上水平。同江市各乡（镇）耕地土壤有效锰分析统计见表 5-32，各土壤类型耕地有效锰含量统计见表 5-33。

表 5-32 同江市各乡（镇）耕地土壤有效锰分析统计

单位：毫克/千克

乡（镇）	平均值	最大值	最小值	个数
八岔赫哲族乡	22.60	51.60	4.70	331
街津口赫哲族乡	20.32	59.60	5.20	398
金川乡	21.03	52.10	4.70	464
乐业镇	19.60	59.60	4.70	579

（续）

乡（镇）	平均值	最大值	最小值	个数
临江镇	19.94	59.60	5.20	384
青河乡	18.91	59.60	4.10	767
三村镇	16.72	51.60	4.10	623
同江镇	24.45	40.70	6.30	248
向阳乡	17.14	50.80	4.40	642
银川乡	18.53	59.60	4.40	606
全市	19.93	54.48	4.78	5 042

表 5-33　各土类耕地有效锰含量统计

单位：毫克/千克

土　类	平均值	最大值	最小值	个数
白浆土	18.31	59.60	4.10	1 421
暗棕壤	18.64	59.60	4.10	438
黑　土	18.75	52.10	4.60	924
沼泽土	19.91	40.70	5.50	204
草甸土	20.45	59.60	4.40	1 931
泥炭土	21.16	34.80	6.80	105
水稻土	14.27	31.50	5.20	19

第三节　土壤 pH

　　同江市土壤以草甸土、白浆土、黑土为主，因此耕地土壤的 pH 应以偏酸性为主。调查表明，全市耕地 pH 平均为 5.03，变化幅度在 4～6.3。其中（按数字出现的频率计）pH 小于 5.5 占 88.7%，5.5～6.5 占 11.3%，土壤 pH 多集中在 4～5.5（表 5-34）。按照水平分布和土壤类型分析看，白浆土、黑土的 pH 平均为 5.17，变化幅度在 4.1～6.3；水稻土的 pH 平均为 4.81，变化幅度为 4.6～5.5。同江市各乡（镇）土壤 pH 统计见表 5-34，同江市各土类土壤 pH 统计见表 5-35。

表 5-34　同江市各乡（镇）土壤 pH 统计

乡（镇）	平均值	最大值	最小值	一级（%）>8.5	二级（%）7.51～8.5	三级（%）6.51～7.5	四级（%）5.51～6.5	五级（%）≤5.5
八岔赫哲族乡	4.80	5.80	4.00	0	0	0	6.00	94.00
街津口赫哲族乡	4.97	5.60	4.30	0	0	0	0.32	99.68
金川乡	4.86	5.30	4.20	0	0	0	0	100.00

（续）

乡（镇）	平均值	最大值	最小值	一级（%）>8.5	二级（%）7.51~8.5	三级（%）6.51~7.5	四级（%）5.51~6.5	五级（%）≤5.5
乐业镇	5.51	6.30	5.00	0	0	0	44.44	55.56
临江镇	4.74	5.60	4.10	0	0	0	0.12	99.88
青河乡	5.10	6.10	4.20	0	0	0	6.38	93.62
三村镇	4.97	5.90	4.10	0	0	0	1.62	98.38
同江镇	5.14	5.60	4.40	0	0	0	0.70	99.30
向阳乡	5.48	6.30	4.00	0	0	0	41.82	58.18
银川乡	4.68	5.50	4.00	0	0	0	0	100.00
全市	5.03	5.8	4.2	0	0	0	11.30	88.70

表 5-35 同江市各土类土壤 pH 统计

土 类	平均值	最大值	最小值
白浆土	5.17	6.00	4.10
暗棕壤	5.11	6.30	4.20
黑 土	5.17	6.30	4.00
沼泽土	5.16	6.10	4.00
草甸土	4.89	6.30	4.00
泥炭土	4.90	5.30	4.50
水稻土	4.81	5.50	4.60

第六章　耕地地力评价

第一节　耕地地力评价依据及方法

一、评价依据

近年来，研究者们把模糊数学方法、多元统计方法以及计算机信息处理等方法引入到评价之中，这是因为耕地地力评价是一种综合的多因素评价，难以用单一因素的方法进行划定。目前评价方法很多，所选择的评价指标也不一致。以往的评价方法大多人为划定评价指标的数量、级别以及各指标的权重系数，然后利用简单的加法、乘法进行合成，这些方法简单明确，直观性强，但其准确性在很大程度上取决于评价者的专业水平。而本次评价采用的方法是通过对大量信息的处理得出较真实的综合性指标，这在较大程度上避免了评价者自身主观因素的影响。

同江市耕地地力评价采用《耕地地力调查与质量评价技术规程》中推荐的评价方法，即通过 3S 技术建立 GIS 支持下的耕地基础信息系统，对收集的资料进行系统的分析和研究，结合专家经验，综合应用相关分析法、因子分析法、模糊评价法、层次分析法等数学原理，用计算机拟合、插值分析等方法来构建一种定性与定量相结合的耕地生产潜力评价方法。

二、评价指标

为了做好同江市耕地地力调查工作，同江市农业技术推广中心召开了耕地地力评价指标体系研讨会。在全国共用的指标体系框架内，针对同江市耕地资源特点，选择了五大类、10 个要素作为同江市耕地地力评价的指标。

三、评价方法

本次耕地地力评价通过 3S 技术建立 GPS 支持下的耕地基础信息系统，对收集的资料进行系统的分析和研究，并综合运用相关分析、因子分析、模糊评价、层次分析等数学原理，结合专家经验、计算机拟合、插值分析等方法，确定地力综合指数分级方案，最终实现同江市耕地土壤的等级划分，具体评价方法及流程见图 6-1。

（一）确定评价单元

根据调查评价的目的，利用土壤图、基本农田保护区图和土地利用现状图进行叠加，产生的图斑作为耕地地力等级评价底图，底图的每一个图斑即作为一个评价单元。通过图形叠加处理产生图斑共 5 042 个，作为本次耕地地力评价的基本单元。

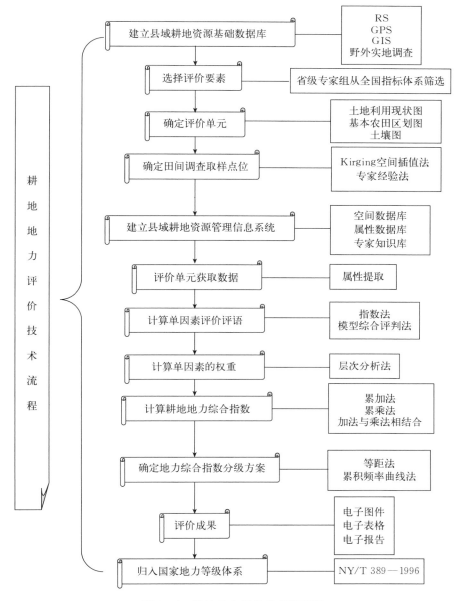

耕地地力评价技术流程

建立县域耕地资源基础数据库	RS GPS GIS 野外实地调查
选择评价要素	省级专家组从全国指标体系筛选
确定评价单元	土地利用现状图 基本农田区划图 土壤图
确定田间调查取样点位	Kirging空间插值法 专家经验法
建立县域耕地资源管理信息系统	空间数据库 属性数据库 专家知识库
评价单元获取数据	属性提取
计算单因素评价评语	指数法 模型综合评判法
计算单因素的权重	层次分析法
计算耕地地力综合指数	累加法 累乘法 加法与乘法相结合
确定地力综合指数分级方案	等距法 累积频率曲线法
评价成果	电子图件 电子表格 电子报告
归入国家地力等级体系	NY/T 389—1996

图 6-1 耕地地力评价技术流程图

(二)选择评价指标

根据《耕地地力调查与质量评价技术规程》，在全国评价指标体系的基础上，经专家技术组讨论，确立了由立地条件、耕层理化性状、土壤管理、耕层养分状况、剖面性状五大类，10个指标作为同江市耕地地力评价指标体系。另外，由于同江市紧靠着松花江、黑龙江，水田灌溉条件能基本满足评价指标；而旱田目前基本上都没有灌溉条件，属于雨养农业。春旱严重，旱田的蓄水保水能力对产量影响非常大，所以旱田的抗旱能力作为评价指标很重要。

（三）单因素评估及其隶属关系

单因素评估运用模糊数学评价法进行。按照选定的 10 个评价指标与耕地生产能力的关系分为戒上型函数、戒下型函数、峰型函数等模型，并对评价指标进行评估，确定各因素的隶属关系。

1. 隶属函数模型　分为戒上型、戒下型和峰型函数，分别论述。

（1）戒上型函数模型

$$y_i = \begin{cases} 0 & u_i \leqslant u_t \\ 1/[1+a_i(u_i-c_i)] & u_t < u_i < c_i \\ 1 & c_i \leqslant u_i \end{cases}$$

式中：y_i——t 第 i 因素评语；

　　　u_i——样品观测值；

　　　c_i——标准指标；

　　　a_i——系数；

　　　u_t——指标下限值。

（2）戒下型函数模型

$$y = \begin{cases} 0 & u_t \leqslant u_i \\ 1/[1+a_i(u_i-c_i)^2] & c_i < u_i < u_t \\ 1 & u_i \leqslant c_i \end{cases}$$

式中：u_t——指标上限值。

（3）峰型函数模型

$$y = \begin{cases} 0 & u_i > u_{t_1} \text{ 或 } u < u_{t_2} \\ 1/[1+a_i(u_i-c_i)^2] & u_{t_1} < u_i < u_{t_2} \\ 1 & u_i = c_i \end{cases}$$

式中：u_{t1} 和 u_{t2}——指标上、下限值。

（4）概论型函数模型（散点型）

2. 评价指标隶属函数的建立和标准化结果　所谓评价指标标准化就是要对每一个评价单元不同数量级、不同量纲的评价指标数据进行 0→1 化。数值型指标的标准化，采用数学方法进行处理；概念型指标标准化先采用专家经验法，对定性指标进行数值化描述，然后进行标准化处理。

模糊评价法是数值标准化最通用的方法。它是采用模糊数学的原理，建立起评价指标值与耕地生产能力的隶属函数关系，其数学表达式 $\mu = f(x)$，μ 是隶属度，这里代表生产能力；x 代表评价指标值。根据隶属函数关系，可以对于每个 x 算出其对应的隶属度 μ，是 0→1 中间的数值。在本次评价中，将选定的评价指标与耕地生产能力的关系分为戒上型函数、戒下型函数、峰型函数、直线型函数和概念型函数 5 种类型的隶属函数。前 4 种类型可以先通过专家打分的办法对一组评价单元值评估出相应的一组隶属度，根据这两组数据拟合隶属函数，计算所有评价单元的隶属度；后一种是采用专家直接打分评估法，确定每一种概念型的评价单元的隶属度。以下是各个评价指标隶属函数的建立和标准化结果。

（1）有机质（戒上型）：有机质隶属函数评估见图 6－2，有机质隶属函数拟合曲线见图 6－3。

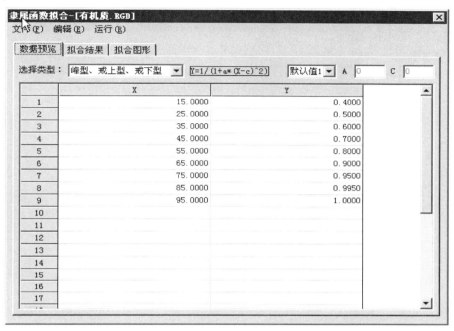

图 6－2　有机质隶属函数评估图

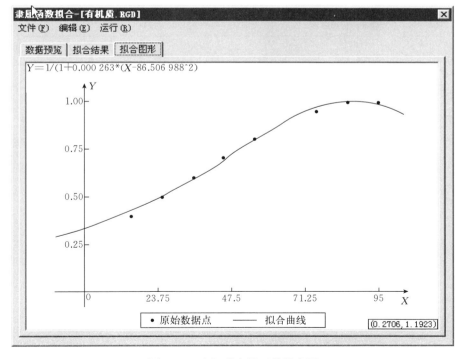

图 6－3　有机质隶属函数拟合图

（2）有效磷（戒上型）：有效磷隶属函数专家评估见图6-4，有效磷隶属函数拟合曲线见图6-5。

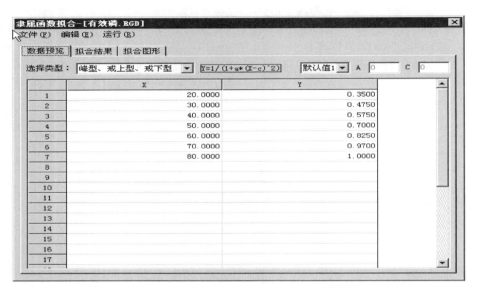

图6-4　有效磷隶属函数专家评估图

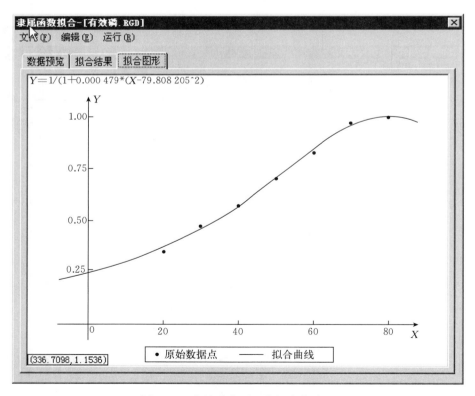

图6-5　有效磷隶属函数拟合曲线图

（3）速效钾（戒上型）：速效钾隶属函数专家评估见图6-6，速效钾隶属函数拟合曲线见图6-7。

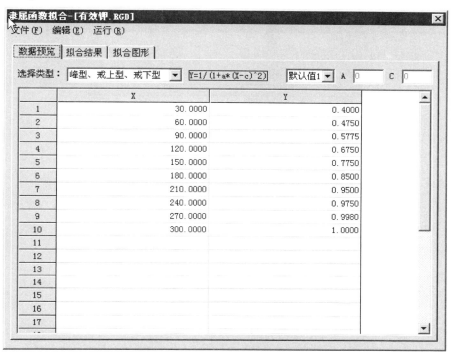

图6-6　速效钾隶属函数专家评估图

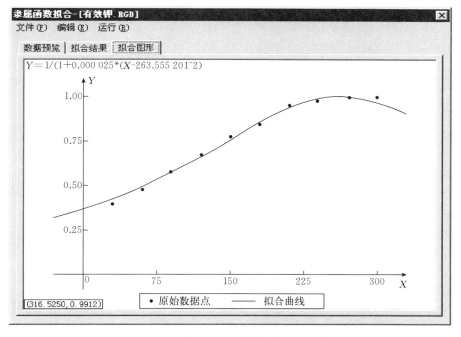

图6-7　速效钾隶属函数拟合曲线图

（4）pH（峰型函数）：pH 隶属函数专家评估见图 6－8，pH 隶属函数拟合曲线见图6－9。

	X	Y
1	4.0000	0.4300
2	4.3000	0.5200
3	4.6000	0.6000
4	4.9000	0.7000
5	5.2000	0.7600
6	5.5000	0.8500
7	5.8000	0.9000
8	6.1000	0.9500
9	6.4000	0.9800
10	6.7000	1.0000
11	7.0000	0.9800
12		
13		
14		
15		
16		
17		

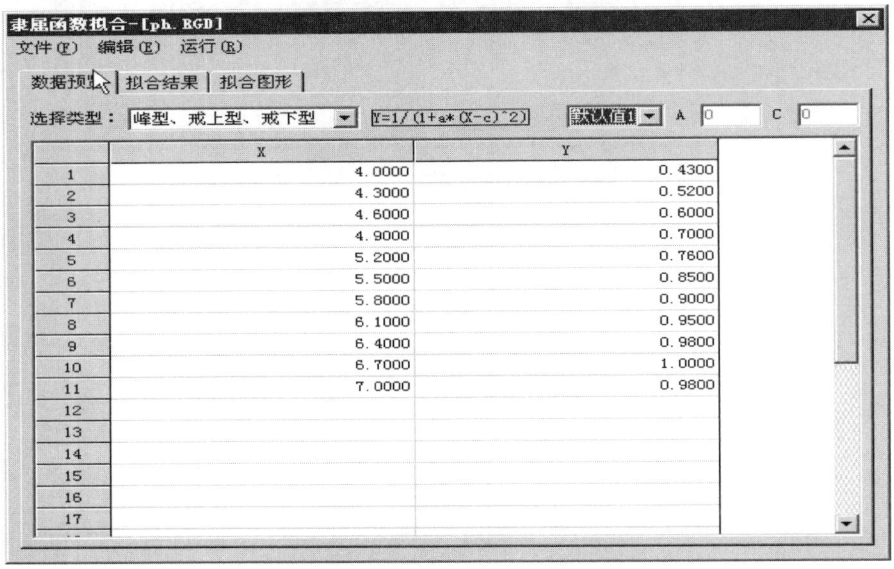

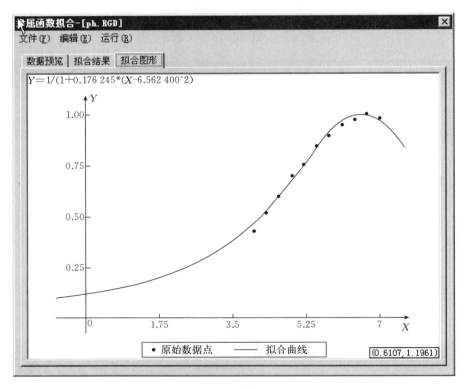

图 6－8　pH 隶属函数专家评估图

图 6－9　pH 隶属函数拟合曲线图

（5）耕层厚度：耕层厚度隶属函数专家评估见图 6-10，耕层厚度隶属函数拟合曲线见图 6-11。

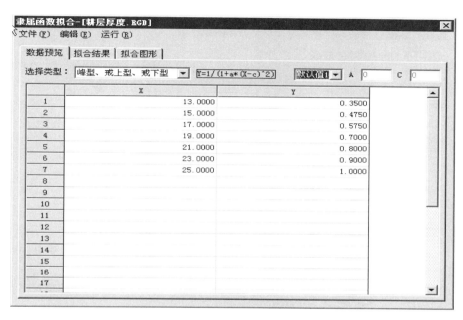

图 6-10　耕层厚度隶属函数专家评估图

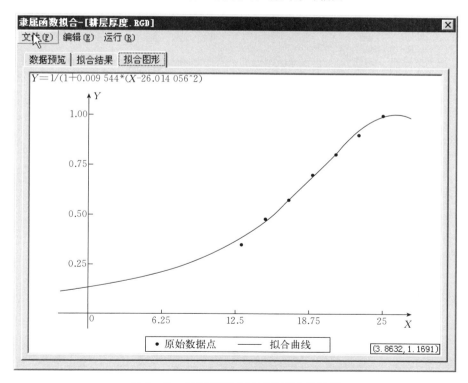

图 6-11　耕层厚度隶属函数拟合曲线图

（6）有效锌：有效锌隶属函数专家评估见图 6 - 12，有效锌隶属函数拟合曲线见图6 - 13。

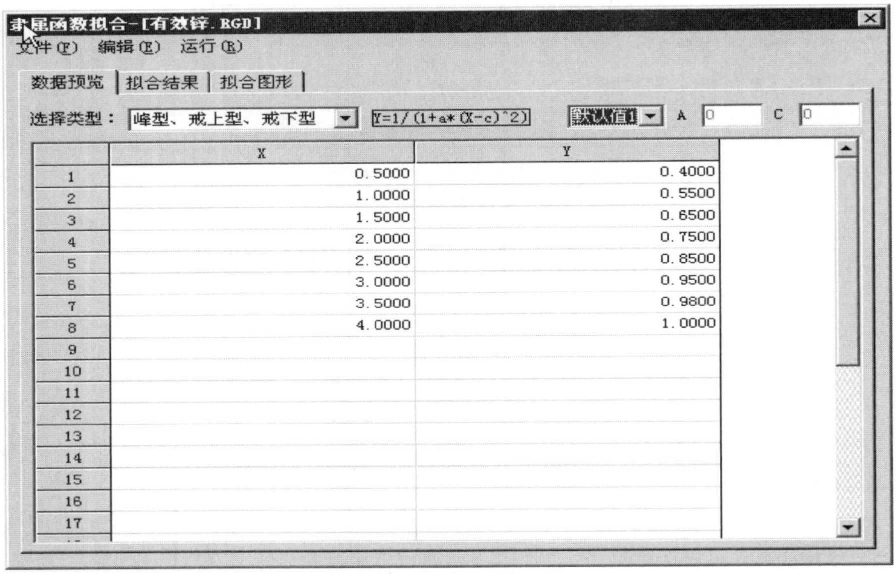

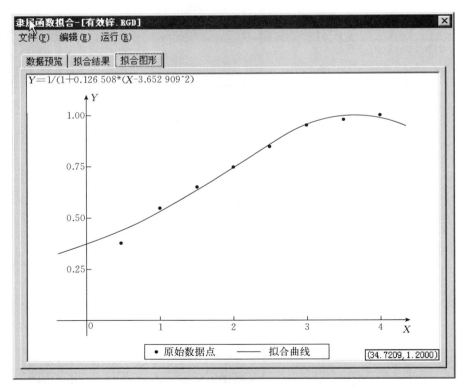

图 6 - 12　有效锌隶属函数专家评估图

图 6 - 13　有效锌隶属函数拟合曲线图

（7）质地：同江市土壤质地及其隶属度见表 6 - 1。

表 6 - 1　土壤质地及其隶属度

质　地	隶属度
重壤土	1.0
中壤土	0.8
沙壤土	0.3
轻黏土	0.7

（四）各因素权重的确定

单因素权重应用层次分析法进行确定，即按照因素之间的隶属关系排出一定的层次，对每一层次进行相对重要性比较，得出它们之间的关系，从而确定各因素的权重。

1. 构造评价指标层次结构图　根据各评价因素间的关系，构造了层次结构图（图 6 - 14）。

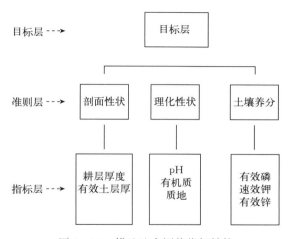

图 6 - 14　耕地地力评价指标结构

2. 建立层次判断矩阵　采用专家评估法，比较同一层次各因素对上一层次的相对重要性，给出数量化的评估。专家评估的初步结果经合适的数学处理后（包括实际计算的最终结果—组合权重）反馈给专家，请专家重新修改或确认。经多轮反复评估形成最终的判断矩阵。

3. 确定各评价因素的组合权重　利用层次分析计算方法确定每一个评价因素的综合评价权重，结果见表 6 - 2。

表 6 - 2　层次分析结果

层次 A	层次 C			
	剖面性状	理化性状	土壤养分	组合权重
	0.478 6	0.374 7	0.146 7	$\sum C_i A_i$
耕层厚度	0.333 3			0.159 5
有效土层厚度	0.666 7			0.319 0
pH		0.163 8		0.061 4

（续）

层次 A	层次 C			
	剖面性状	理化性状	土壤养分	组合权重
	0.478 6	0.374 7	0.146 7	$\sum C_i A_i$
有机质		0.297 3		0.111 4
质地		0.539 0		0.202 0
有效磷			0.566 5	0.083 1
速效钾			0.358 0	0.052 5
有效锌			0.075 4	0.011 1

（五）耕地地力综合指数计算

根据加法、乘法法则，在相互交叉的同类采用加法模型进行综合性指数计算：

$$IFI = \sum Fi \times Ci(i=1,2,3\cdots)$$

式中：IFI——耕地地力综合指数（Integrated Fertility Index）；

Fi——第 i 个因素评语；

Ci——第 i 个因素的组合权重。

（六）确定综合指数分级方案，划分评价等级

采取累积曲线分级法划分耕地地力等级，用加法模型计算耕地生产性能综合指数（IFI），将同江市耕地地力划分为 4 级（表 6-3）。

表 6-3　同江市耕地地力指数分级

地力分级	耕地地力综合指数分级（IFI）	面积（公顷）	占总耕地（%）
一级	＞0.77	35 996.41	24.00
二级	0.71～0.77	59 024.58	39.35
三级	0.65～0.71	43 711.02	29.14
四级	＜0.65	11 267.99	7.51

（七）归并农业部地力等级指标划分标准

耕地地力的另一种表达方式，即以产量表达耕地地力水平。农业部于 1997 年颁布了《全国耕地类型区耕地地力等级划分》农业行业标准，将全国耕地地力根据粮食单产水平划分为 10 个等级。在对同江市 5 042 个评价单元上的 3 年实际年平均产量调查数据分析的基础上，筛选了 200 个点的产量与地力综合指数值（IFI）进行了相关分析，建立直线回归方程：

$$y=672.67x+86.996(R^2=0.787\ 2^{**}，达到极显著水平)$$

式中：Y——自然产量；

X——综合地力指数。

根据其对应的相关关系，将用自然要素评价的耕地地力等级分别归入相应的概念型产量表示的地力等级体系。

参照农业部关于本次耕地地力评价规程中所规定的分级标准，并根据该书第二章、第三节所述的评价结果，将同江市基本农田划分为 4 个等级。其中一级、二级地属于高产农田，三级属于中产农田，四级属于低产农田，可将同江市耕地划分到国家级地力六级、七级、八级体系。

同江市耕地总面积为 150 000 公顷，一级地面积为 35 996.41 公顷，占耕地总面积的 24.0%；二级地面积为 59 024.58 公顷，占耕地总面积的 39.35%；三级地面积为 43 711.02 公顷，占耕地总面积的 29.14%；四级地面积为 11 267.99，占耕地总面积的 7.51%。

（八）归并农业部地力等级指标划分标准

耕地地力的另一种表达方式，即以产量表达耕地地力水平。农业部于 1997 年颁布了《全国耕地类型区耕地地力等级划分》农业行业标准，将全国耕地地力根据粮食单产水平划分为 10 个等级。在对同江市 1 957 个耕地地力调查点的 3 年实际年平均产量调查数据分析，根据其对应的相关关系，将用自然要素评价的耕地地力等级分别归入相应的概念型产量表示的地力等级体系，见表 6-4。

表 6-4 耕地地力（国家级）分级统计

国家级	产量（千克/公顷）
五级	7 500～9 000
六级	6 000～7 500
七级	4 500～6 000

评价结果表明，同江市耕地主要以国家五级地、六级地为主，各占 63.35% 和 29.14%；局部有少量七级地，占 7.51%。

第二节 耕地地力等级划分

一、一级地

同江市一级地总面积 35 996.41 公顷，占全市农田面积的 24.0%，分布在八岔、金川、乐业、临江、向阳等乡（镇）。同江市各乡（镇）一级地分布面积统计见表 6-5。

表 6-5 同江市各乡（镇）一级地分布面积统计

乡（镇）	总面积（公顷）	一级地面积（公顷）	占一级地面积（%）	占乡（镇）面积（%）
八岔赫哲族乡	14 066.70	5 345.35	14.85	38.00
街津口赫哲族乡	6 493.30	2 603.81	7.23	40.10
金川乡	18 686.70	5 363.08	14.90	28.70
乐业镇	15 060.00	4 864.38	13.51	32.30
临江镇	13 233.30	3 652.39	10.15	27.60
青河乡	24 873.30	2 089.36	5.80	8.40
三村镇	20 306.70	1 827.60	5.08	9.00
同江镇	4 140.00	720.36	2.00	17.40
向阳乡	15 940.00	4 335.68	12.05	27.20
银川乡	17 200.00	5 194.40	14.43	30.20
合计	150 000.00	35 996.41	100.00	24.00

从土壤组成情况看，同江市一级地分布于黑土、草甸土、白浆土、暗棕壤、沼泽土和水稻土6个土类。见表6-6、图6-15。一级地面积为35 996.41公顷，占全市耕地面积的24.0%。

表6-6　同江市各土类一级地土壤分布面积统计

土　类	总面积（公顷）	一级地面积（公顷）	占该土类面积（%）	占一级地面积（%）
黑　土	20 191.19	2 068.16	10.20	5.8
暗棕壤	10 570.77	187.24	1.80	0.52
草甸土	78 057.75	21 830.81	28.00	60.68
沼泽土	3 837.76	1 943.84	50.70	5.40
泥炭土	1 623.79	0	0	0
水稻土	435.21	212.68	48.90	0.59
白浆土	35 283.53	9 753.68	27.60	27.10
合计	150 000.00	35 996.41	24.00	100.00

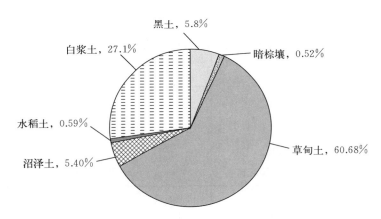

图6-15　同江市各土类一级地面积分布图

根据土壤养分测定结果，各评价指标总结如下：

1. 有机质　同江市一级地土壤有机质含量平均值为39.69克/千克，变化幅度为30.36~58.98克/千克。含量大于50克/千克，出现频率为30%；含量为30~50克/千克，出现频率是70%；含量为25~35克/千克，出现频率为0%；含量为15~25克/千克，出现频率为0%。

2. pH　同江市一级地土壤pH平均为5.0，变化幅度为4.68~5.51。pH大于7.5，出现频率为0%；pH在6.5~7.5，出现频率是0%；pH在5.5~6.5，出现频率为10%；pH在4.5~5.5，出现的频率为90%。

3. 有效磷　同江市一级地土壤有效磷平均值为55.11毫克/千克，变化幅度为

50.65～61.54毫克/千克。含量大于 100 毫克/千克，出现频率为 0%；含量为 40～100 毫克/千克，出现频率为 100%；含量为 20～40 毫克/千克，出现频率为 0%；含量为 10～20 毫克/千克，出现频率为 0%。

4. 速效钾　同江市一级地土壤速效钾平均值为 125.1 毫克/千克，变化幅度为 98.22～142.09毫克/千克。含量大于 100 毫克/千克，出现频率为 83.3%；含量为 90～100 毫克/千克，出现频率为 16.7%。

5. 全氮　同江市一级地土壤全氮平均值为 2.21 克/千克，变化幅度为 1.55～3.42 克/千克。含量大于 2.5 克/千克，出现频率为 50%；含量为 2.1～2.5 克/千克，出现频率为 30%；含量为 1.5～2.0 克/千克，出现频率为 20%；含量为 1～1.5 克/千克，出现频率为 0%。

6. 全磷　同江市一级地土壤全磷平均值为 1.53 克/千克，变化幅度为 1.17～2.06 克/千克。含量在 0.06 克/千克以下，出现频率为 0%；含量为 0.06～0.07 克/千克，出现频率为 0%；含量为 0.07～0.08 克/千克，出现频率为 0%；含量在 0.08 克/千克以上，出现频率为 100.0%。

7. 全钾　同江市一级地土壤全钾平均值为 17.8 克/千克，变化幅度为 16.55～18.58 克/千克。含量在 2.0 克/千克以下，出现频率为 0%；含量在 2.0～3.0 克/千克，出现频率为 0%；含量在 3.0～4.0 克/千克，出现频率为 0%；含量在 4.0 克/千克以上，出现频率为 100.0%。

8. 有效锌　一级地土壤有效锌平均值为 1.65 毫克/千克，最小值为 1.0 毫克/千克，最大值为 2.35 毫克/千克。

9. 有效铁　一级地土壤有效铁平均值为 27.90 毫克/千克，最小值为 24.18 毫克/千克，最大值为 31.53 毫克/千克。

10. 有效铜　一级地土壤有效铜平均值为 0.83 毫克/千克，最小值为 0.43 毫克/千克，最大值为 1.25 毫克/千克。

11. 有效锰　一级地土壤有效锰平均值为 19.92 毫克/千克，最小值为 16.72 毫克/千克，最大值为 24.45 毫克/千克。

12. 土壤腐殖质厚度　一级地土壤腐殖质厚度在 10～20 厘米以上出现频率为 65%；在 8～10 厘米出现频率为 17.5%；在 6～8 厘米出现频率为 10%；小于 6 厘米出现频率为 7.5%。

13. 成土母质　一级地土壤成土母质由黄土母质和冲积母质组成，其中黄土母质出现频率为 33.5%；冲积母质出现频率为 66.5%。

14. 土壤质地　一级地土壤质地由壤土、轻壤土、黏壤土和壤质黏土组成。

15. 土壤侵蚀程度　一级地土壤无侵蚀。

16. 年降水量　年降水量在 364～786 毫米，平均值为 575 毫米。

17. 高程　一级地海拔为 42～52 米，海拔小于 42 米的占 17.5%；海拔为 42～52 米的占 82.5%。

18. 地貌构成　一级地位于中东部松花江平原，一马平川，视野宽阔，耕地集中连片，地面比降 1/8 000～1/10 000。水利资源丰富，土层深厚，土质肥沃，适合各种作物生长。

二、二 级 地

同江市二级地总面积为 59 024.58 公顷，占全市农田面积的 39.35％。分布在八岔、街津口、金川、乐业、临江、青河、三村、同江镇、向阳、银川 10 个乡（镇）。见表 6 - 7，图 6 - 16。

表 6 - 7　同江市各乡（镇）二级地分布面积统计

乡（镇）	总面积 （公顷）	二级地面积 （公顷）	占二级地面积 （％）	占乡（镇）面积 （％）
八岔赫哲族乡	14 066.70	6 435.14	10.90	45.75
街津口赫哲族乡	6 493.30	2 402.11	4.07	37.00
金川乡	18 686.70	5 995.39	10.16	32.08
乐业镇	15 060.00	5 783.25	9.80	38.40
临江镇	13 233.30	5 918.07	10.03	44.72
青河乡	24 873.30	8 165.42	13.83	32.83
三村镇	20 306.70	9 915.75	16.80	48.83
同江镇	4 140.00	815.79	1.38	19.70
向阳乡	15 940.00	6 085.55	10.31	38.18
银川乡	17 200.00	7 508.11	12.72	43.65
合计	150 000.00	59 024.58	100.00	39.35

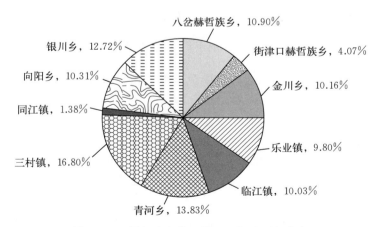

图 6 - 16　同江市各乡（镇）二级地面积分布

从土壤组成看，同江市二级地分布于黑土、草甸土、白浆土、暗棕壤、泥炭土、沼泽土和水稻土 7 个土类。见表 6 - 8。

表 6 - 8 同江市各土类二级地土壤分布面积统计

土 类	总面积 （公顷）	二级地面积 （公顷）	占该土类面积 （%）	占二级地面积 （%）
黑 土	20 191.19	4 371.71	21.65	7.41
暗棕壤	10 570.77	1 793.07	16.96	3.04
草甸土	78 057.75	32 571.65	41.73	55.18
沼泽土	3 837.76	1 386.44	36.13	2.35
泥炭土	1 623.79	320.53	19.74	0.54
水稻土	435.21	222.53	51.13	0.38
白浆土	35 283.53	18 358.65	52.03	31.10
合 计	150 000.00	59 024.58	39.35	100.00

根据土壤养分测定结果，各评价指标总结如下：

1. 有机质 同江市二级地土壤有机质含量平均为 39.47 克/千克，变化幅度为 27.91～58.38克/千克。含量大于 50 克/千克，出现频率为 20%；含量为 35～50 克/千克，出现频率是 40%；含量为 25～35 克/千克，出现频率为 40%；含量为 15～25 克/千克，出现频率为 0%。

2. pH 同江市二级地土壤 pH 平均为 5.03，变化幅度为 4.67～5.49。pH 大于 7.5，出现频率为 0%；pH 为 6.5～7.5，出现频率是 0%；pH 为 5.5～6.5，出现频率为 0%；pH 在 4.5～5.5，频率为 100%。

3. 有效磷 同江市二级地土壤有效磷平均值为 55.93 毫克/千克，变化幅度为 50.05～69.13 毫克/千克。含量大于 100 毫克/千克，出现频率为 0%；含量为 40～100 毫克/千克，出现频率为 100%；含量为 20～40 毫克/千克，出现频率为 0%；含量为 10～20 毫克/千克，出现频率为 0%。

4. 速效钾 同江市二级地土壤速效钾平均值为 116.5 毫克/千克，变化幅度为 95.02～133.22 毫克/千克。含量大于 100 毫克/千克，出现频率为 85.7%；含量为 90～100 毫克/千克，出现频率为 14.3%。

5. 全氮 同江市二级地土壤全氮平均值为 2.19 克/千克，变化幅度为 1.34～3.71 克/千克。含量大于 2.5 克/千克，出现频率为 20%；含量为 2～2.5 克/千克，出现频率为 40%；含量为 1.5～2 克/千克，出现频率为 30%；含量为 1～1.5 克/千克，出现频率为 10%。

6. 全磷 同江市二级地土壤全磷平均值为 1.52 克/千克，变化幅度为 1.17～1.90 克/千克。

7. 全钾 同江市二级地土壤全钾平均值为 17.72 克/千克，变化幅度为 16.64～18.32 克/千克。

8. 有效锌 二级地土壤有效锌平均值为 1.62 毫克/千克，最小值为 1.20 毫克/千克，最大值为 2.28 毫克/千克。

9. 有效铁 二级地土壤有效铁平均值为 27.21 毫克/千克，最小值为 22.84 毫克/千克，最大值为 32.25 毫克/千克。

10. 有效铜 二级地土壤有效铜平均值为 0.83 毫克/千克，最小值为 0.48 毫克/千克，最大值为 1.24 毫克/千克。

11. 有效锰 二级地土壤有效锰平均值为 19.65 克/千克，最小值为 16.86 克/千克，最大值为 24.21 克/千克。

12. 土壤腐殖质厚度 二级地土壤腐殖质厚度为 10 厘米以上出现频率为 23.9%；厚度在 8～10 厘米，出现频率为 22.5%；厚度为 6～8 厘米，出现频率为 31.1%；厚度为 10～20 厘米，出现频率为 22.5%。

13. 成土母质 二级地土壤成土母质为沉积、冲积母质和坡积母质组成，其中沉积母质出现频率为 40.6%；冲积母质出现频率为 52.9%；黄土状沉积物出现频率为 6.5%。

14. 土壤质地 二级地土壤质地由壤土和黏土组成，其中壤土占 11.1%；壤土占 14%；壤土占 4.3%；黏壤土占 52.7%；壤质黏土占 17.9%。

15. 土壤侵蚀程度 二级地土壤无明显侵蚀。

16. 年降水量 年降水量在 364～786 毫米，平均为 507.7 毫米。

17. 海拔 海拔为 45～80 米，海拔小于等于 47 米的占 47.1%；海拔为 45～55 米的占 52.9%。

18. 地貌构成 东西部平原，海拔高程 45～55 米，地面比降 1/8 000，地势平坦。土壤主要类型有白浆土、水稻土。白浆土以平地白浆土为主，水稻土以黑土型水稻土为主，土壤耕层浅。该区自然条件较好，水资源潜力大，有利于农业生产。

三、三 级 地

同江市三级地面积为 43 711.02 公顷，占全市总耕地面积的 29.14%。各乡（镇）三级地分布面积及占比见表 6-9，图 6-17。

表 6-9 同江市各乡（镇）三级地分布面积统计

乡（镇）	总面积 （公顷）	三级地面积 （公顷）	占三级地面积 （%）	占乡（镇）面积 （%）
八岔赫哲族乡	14 066.70	2 066.91	4.73	14.09
街津口赫哲族乡	6 493.30	931.08	2.13	14.34
金川乡	18 686.70	3 695.70	8.45	19.78
乐业镇	15 060.00	3 939.57	9.01	26.16
临江镇	13 233.30	3 408.64	7.80	25.76
青河乡	24 873.30	12 456.50	28.50	50.08

（续）

乡（镇）	总面积 （公顷）	三级地面积 （公顷）	占三级地面积 （%）	占乡（镇）面积 （%）
三村镇	20 306.70	7 340.19	16.79	36.15
同江镇	4 140.00	2 126.74	4.87	51.37
向阳乡	15 940.00	4 326.41	9.90	27.14
银川乡	17 200.00	3 419.28	7.82	19.89
合计	150 000.00	43 711.02	100.00	29.14

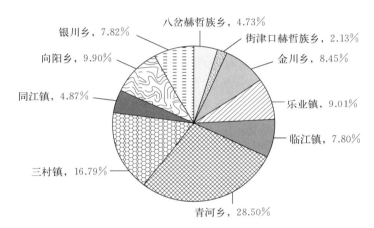

图 6-17 同江市各乡（镇）三级地面积分布

从土壤组成看，同江市三级地分布于黑土、草甸土、白浆土、暗棕壤、沼泽土、泥炭土6个土类。各土壤类型分布面积统计见表6-10，图6-18。

表 6-10 同江市各土类三级地土壤分布面积统计

土 类	总面积 （公顷）	三级地面积 （公顷）	占该土类面积 （%）	占三级地面积 （%）
黑 土	20 191.19	7 363.24	36.48	16.85
暗棕壤	10 570.77	7 155.92	67.70	16.37
草甸土	78 057.75	20 876.65	26.75	47.75
沼泽土	3 837.76	396.20	10.32	0.91
泥炭土	1 623.79	777.06	47.85	1.78
水稻土	435.21	0	0	0
白浆土	35 283.53	7 141.95	20.24	16.34
合计	150 000.00	43 711.02	29.14	100.00

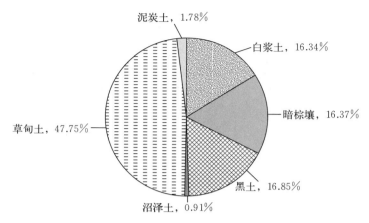

图 6-18 同江市三级地各土类分布图

根据土壤养分测定结果，各评价指标总结如下：

1. 有机质 同江市三级地土壤有机质含量平均值为 34.49 克/千克，变化幅度为 26.61～43.53 克/千克。含量在大于 50 克/千克，出现频率为 0；含量在 35～50 克/千克，出现频率是 30%；含量在 25～35 克/千克，出现频率为 70%；含量在 15～25 克/千克，出现的频率为 0。

2. pH 同江市三级地土壤 pH 平均值为 5.01，变化幅度为 4.68～5.50。pH 大于 7.5，出现频率为 0；pH 为 6.5～7.5，出现频率是 0；pH 为 5.5～6.5，出现频率为 0；pH 为 4.5～5.5，出现的频率为 100%。

3. 有效磷 同江市三级地土壤有效磷平均值为 51.77 毫克/千克，变化幅度为 41.97～59.64 毫克/千克。含量大于 100 毫克/千克，出现频率为 0；含量为 40～100 毫克/千克，出现频率为 100%；含量为 20～40 毫克/千克，出现频率为 0；含量为 10～20 毫克/千克，出现频率为 0。

4. 速效钾 同江市三级地土壤速效钾平均值为 107.2 毫克/千克，变化幅度为 85.67～151.5 毫克/千克。含量大于 100 毫克/千克，出现频率为 66.7%；含量为 80～100 毫克/千克，出现频率为 33.3%。

5. 全氮 同江市三级地土壤全氮平均值为 1.91 克/千克，变化幅度为 1.39～2.60 克/千克。含量大于 2.5 克/千克，出现频率为 2%；含量为 2～2.5 克/千克，出现频率为 2%；含量在 1.5～2 克/千克，出现频率为 54%；含量在 1～1.5 克/千克，出现频率为 42%。

6. 全磷 同江市三级地土壤全磷平均值为 1.54 克/千克，变化幅度为 1.16～2.19 克/千克。

7. 全钾 同江市三级地土壤全钾平均值为 17.94 克/千克，变化幅度为 16.89～18.71 克/千克。

8. 有效锌 三级地土壤有效锌平均值为 1.62 毫克/千克，最小值为 0.92 毫克/千克，最大值为 2.28 毫克/千克。

9. 有效铁 三级地土壤有效铁平均值为 28.83 毫克/千克，最小值为 24.55 毫克/千克，最大值为 31.15 毫克/千克。

10. 有效铜 三级地土壤有效铜平均值为 0.81 毫克/千克，最小值为 0.40 毫克/千克，最大值为1.24毫克/千克。

11. 有效锰　三级地土壤有效锰平均值为19.53毫克/千克，最小值为16.31毫克/千克，最大值为21.56毫克/千克。

12. 土壤腐殖质厚度　三级地土壤腐殖质厚度在15～20厘米，出现频率为11.3%；厚度在10～15厘米，出现频率为14.4%；厚度在8～10厘米，出现频率为48.2%；厚度在6～8厘米，出现频率为25.0%；厚度小于6厘米，出现频率为1.1%。

13. 成土母质　三级地土壤成土母质由洪积、沉积或其他沉积物组成。其中洪积出现频率为32.2%。

14. 土壤质地　三级地土壤质地由黑土、草甸土和白浆土组成，其中黑土占81.9%，草甸土占15.9%，白浆土占2.2%；

15. 土壤侵蚀程度　三级地土壤侵蚀程度由微度、轻度组成，其中微度侵蚀占65.5%；轻度侵蚀占34.5%。

16. 年降水量　年降水量为364～786毫米，平均值为575毫米。

17. 海拔　海拔为48～58米，海拔小于等于50米的占38.1%。

18. 地貌构成　地势盆状、不平，地形细碎，漫川漫岗，气候温凉，水土流失严重，岗地耕层薄、肥力差，风蚀面积大，地下水位低，水贫乏等。

四、四 级 地

同江市四级地面积为11 267.69公顷，占全市总耕地面积的7.51%。同江市四级地各乡（镇）分布面积统计见表6-11、图6-19，同江市四级地各土壤类型分布面积统计见表6-12、图6-20。

表6-11　同江市四级地各乡（镇）分布面积统计

乡（镇）	总面积 （公顷）	四级地面积 （公顷）	占四级地面积 （%）	占乡（镇）面积 （%）
八岔赫哲族乡	14 066.70	219.30	1.95	1.56
街津口赫哲族乡	6 493.30	556.30	4.94	8.57
金川乡	18 686.70	3 632.53	32.24	19.44
乐业镇	15 060.00	472.80	4.20	3.14
临江镇	13 233.30	254.20	2.26	1.92
青河乡	24 873.30	2 162.02	19.18	8.69
三村镇	20 306.70	1 223.16	10.85	6.02
同江镇	4 140.00	477.11	4.23	11.52
向阳乡	15 940.00	1 192.36	10.58	7.48
银川乡	17 200.00	1 078.21	9.57	6.27
合　计	150 000.00	11 267.99	100.00	7.51

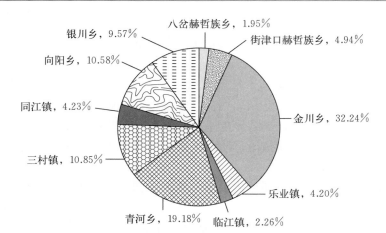

图 6-19 同江市各乡（镇）四级地面积分布

表 6-12 同江市四级地各土壤类型分布面积统计

土 类	总面积 （公顷）	四级地面积 （公顷）	占该土类面积 （%）	占四级地面积 （%）
黑 土	20 191.19	6 388.08	31.64	56.69
暗棕壤	10 570.77	1 434.54	13.57	12.73
草甸土	78 057.75	2 778.64	3.60	24.66
沼泽土	3 837.76	111.28	2.90	0.99
泥炭土	1 623.79	526.20	32.41	4.67
水稻土	435.21	0	0	0
白浆土	35 283.53	29.25	0.08	0.26
合计	150 000.00	11 267.99	7.51	100.00

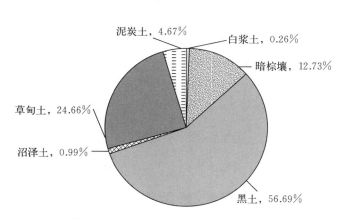

图 6-20 四级地各土壤类型面积分布

从土壤组成看，同江市四级地分布于暗棕壤、黑土、草甸土、白浆土、沼泽土和泥浆土 6 个土类。

根据土壤养分测定结果，各评价指标总结如下：

1. 有机质　同江市四级地土壤有机质平均值为 29.16 克/千克，变化幅度为 19.7～41.34 克/千克。含量大于 50 克/千克，出现频率为 0%；含量为 35～50 克/千克，出现频率是 30%；含量为 25～35 克/千克，出现频率 40%；含量为 15～25 克/千克，出现的频率为 30%。

2. pH　同江市四级地土壤 pH 平均为 5.03，变化幅度为 4.79～5.50。pH 大于 7.5，出现频率为 0%；pH 为 6.5～7.5，出现频率是 0%；pH 为 5.5～6.5，出现频率为 0%；pH 为 4.5～5.5，出现的频率为 100%。

3. 有效磷　同江市四级地土壤有效磷平均值为 52.61 毫克/千克，变化幅度为 42.51～57.94 毫克/千克。含量大于 100 毫克/千克，出现频率为 0%；含量为 40～100 毫克/千克，出现频率 100%；含量为 20～40 毫克/千克，出现频率为 0%；含量为 10～20 毫克/千克，出现频率为 0%。

4. 速效钾　同江市四级地速效钾平均值为 90.9 毫克/千克，变化幅度为 64.0～122.77 毫克/千克。含量大于 100 毫克/千克，出现频率为 33.3%；含量为 60～100 毫克/千克，出现频率为 66.7%。

5. 全氮　同江市四级地土壤全氮平均值为 1.65 克/千克，变化幅度为 1.01～2.50 克/千克。含量大于 2.5 克/千克，出现频率为 10%；含量为 2～2.5 克/千克，出现频率为 10%；含量为 1.5～2 克/千克，出现频率为 30%；含量为 1～1.5 克/千克，出现频率为 50%。

6. 全磷　同江市四级地全磷平均值为 1.60 克/千克，变化幅度为 0.96～2.28 克/千克。

7. 全钾　同江市四级地全钾平均值为 17.72 克/千克，变化幅度为 16.26～18.97 克/千克。

8. 土壤有效锌　四级地土壤有效锌平均值为 1.64 毫克/千克，最小值为 1.05 毫克/千克，最大值为 2.45 毫克/千克。

9. 有效铁　四级地土壤有效铁平均值为 27.80 毫克/千克，最小值为 19.82 毫克/千克，最大值为 34.68 毫克/千克。

10. 有效铜　四级地土壤有效铜平均值为 0.84 毫克/千克，最小值为 0.42 毫克/千克，最大值为 1.46 毫克/千克。

11. 有效锰　四级地土壤有效锰平均值为 20.62 毫克/千克，最小值为 14.98 毫克/千克，最大值为 31.61 毫克/千克。

12. 土壤腐殖质厚度　四级地土壤腐殖质厚度在 50 厘米以上，出现频率为 11.5%；厚度在 30～50 厘米，出现频率为 7.7%；厚度在 20～30 厘米，出现频率为 39.8%；厚度在 10～20 厘米，出现频率为 38.4%；厚度在 0～10 厘米，出现频率为 2.6%。

13. 成土母质　四级地土壤成土母质由岩石半风化物、冲积质、沉积坡积母质组成，其中岩石半风化物出现频率为 45.6%。

14. 土壤质地　四级地土壤质地由沙壤、粘壤组成，其中沙壤占 76.3%，粘壤占 23.7%。

15. 土壤侵蚀程度　四级地土壤侵蚀程度由微度、轻度、中度和强度组成，其中微度侵蚀出现频率为 30.3%；轻度侵蚀出现频率为 28.6%；中度侵蚀出现频率为 23.1%；强度侵蚀出现频率为 18%。

16. 年降水量 年降水量为 364～786 毫米，平均值为 575 毫米。

17. 海拔 海拔为 60～70 米，海拔小于等于 65 米的占 46%，海拔为 60～70 米的占 54%。

18. 地貌构成 四级地土壤地貌构成由侵蚀剥蚀浅山、丘陵漫岗、侵蚀剥蚀低丘陵、起伏的冲击洪积台地与高阶地、河漫滩、倾斜的侵蚀剥蚀高台地、平坦的河流高阶地、侵蚀剥蚀小起伏低山、高河漫滩、倾斜的河流高阶地地貌构成。

第七章　耕地区域配方施肥

通过耕地地力评价，建立了较完善的土壤数据库，科学合理地划分了区域施肥单元，避免了过去人为划分施肥单元指导测土配方施肥的弊端。过去确定施肥单元，多是采用区域土壤类型、基础地力产量、农户常年施肥量等粗劣的方法为农民提供配方。而现在采用地理信息系统提供的多项评价指标，综合各种施肥因素和施肥参数来确定较精密的施肥单元。本次地力评价对同江区域内配方施肥更具有针对性、精确性、科学性，完成了测土配方施肥技术从估测分析到精准实施的提升过程。

第一节　区域耕地施肥区划分

同江市大豆产区、水稻产区，按产量、地形、地貌、土壤类型、≥10 ℃的有效积温、灌溉保证率可划分为 4 个测土施肥区域。

一、高产田施肥区

该区域地势平坦，土壤质地松软，耕层深厚，黑土层较深，地下水丰富，通透性好，保水保肥能力强，土壤理化性状优良，高产田施肥区的大豆公顷产量为 35 00～4 000 千克，高产田总面积为 50 955 公顷，占总耕地面积的 33.97％，主要分布在三村、临江、八岔、金川、银川等乡（镇）。土壤类型主要以黑土、草甸土为主，其中草甸土面积最大，为 31 592.1 公顷，占高产田面积的 62％。该土壤黑土层较厚，一般在 30 厘米左右，有机质含量在 20 克/千克以上，速效养分含量都相对很高；其次是黑土，面积为 19 362.9 公顷，占高产田总面积的 38％，该区域内≥10 ℃有效积温为 2 300～2 350 ℃，多数分布在同江市的东部和中部。

二、中产田施肥区

中产田多数分布在漫川平原以及平原上，所处地形相对平缓，坡度绝大部分小于 2°，个别土壤存在瘠薄等障碍因素。黑土层厚度不一，厚的在 20 厘米以上，薄的不足 18 厘米。结构基本为粒状或小团块状结构。质地一般，以中黏土为主。中产田玉米公顷产量为 7 000～8 000 千克，中产田面积为 61 440 公顷，占总耕地面积的 40.96％。土壤类型主要为草甸土、白浆土，其中草甸土面积最大，为 34 406.4 公顷，占中产田面积的 56％；其次白浆土面积为 27 033.6 公顷，占中产田面积的 44％。主要分布在乐业、向阳、三村、青河等乡（镇）。中产田以草甸土为主，草甸土养分含量较为丰富，全氮平均值为 2.19 克/千克，碱解氮平均值为 334.71 毫克/千克，有效磷平均值为 55.93 毫克/千克，有效锌值为 1.62 毫克/千克、全钾平均值为 17.72 克/千克，保肥性能较好，抗旱、排涝能力相对较强。该区域内≥10 ℃有效积温为 2 300～2 350 ℃，分布在同江市的西部和中部。较适合大豆、玉米、水稻生长发育以及经济作物和蔬菜的生产。

三、低产田施肥区

低产田面积为 37 605 公顷，占总耕地面积的 25.07%。主要分布在乐业、向阳、街津口等乡（镇）。土壤类型主要为白浆土和暗棕壤，其中白浆土面积最大，为 24 067.2 公顷，占低产田面积的 64%；其次暗棕壤，面积为 13 537.8 公顷，占低产田面积的 36%。该区域内≥10 ℃有效积温为 2 300～2 350 ℃，田间灌溉保证率在 45% 以下。该区域存在的主要问题是春季土壤冷凉，发苗缓慢。土壤质地硬、耕性差，土壤理化性状不良，容重大。旱、涝和盐、碱都影响大豆、玉米生长发育，是大豆、玉米低产区。

四、水稻田施肥区

该区域主要分布在向阳、青河、三村等乡（镇），主要土壤类型为水稻土、草甸土、白浆土。地势低洼、平坦，质地稍硬，耕层适中，保肥能力强，土壤理化性状优良，适合水稻生长发育，是水稻高产区。

第二节 地力评价施肥分区与测土施肥单元的关联

施肥单元是耕地地力评价图中具有属性相同的图斑。在同一土壤类型中也会有多个图斑—施肥单元。按耕地地力评价要求，同江市玉米产区可划分为 3 个测土施肥区域；水稻划为 1 个测土施肥区域。

在同一施肥区域内，按土壤类型一致、自然生产条件相近、土壤肥力高低和土壤普查划分的地力分级标准确定测土施肥单元。根据这一原则，上述 4 个测土施肥区，可划分为 14 个测土施肥单元。其中大豆、玉米、水稻高产田草甸土和黑土施肥区划分为 4 个测土施肥单元。

第三节 施肥分区

同江市耕地施肥区分为高产田施肥区域、中产田施肥区域、低产田施肥区域和水稻田施肥区域 4 个施肥区域，按照不同施肥单元，即 14 个施肥单元，制订大豆、玉米、水稻草甸土和黑土区高产田施肥推荐方案，大豆、玉米、水稻草甸土区中产田施肥推荐方案。

一、分区施肥属性查询

本次耕地地力调查，共采集土样 1 957 个，确定的评价指标 8 个，有机质、耕层厚度、灌溉保证率、有效磷、全钾、有效锌、pH、≥10 ℃有效积温，在地力评价数据库中建立了耕地资源管理单元图、土壤养分分区图。形成了有相同属性的施肥管理单元 102 个，按照不同作物、不同地力等级产量指标和地块、农户综合生产条件可形成针对地域分区特点的区域施肥配方；针对农户特定生产条件的分户施肥配方。

二、施肥单元关联施肥分区代码

根据"3414"试验、配方肥对比试验、多年氮磷钾最佳施肥量试验建立起来的施肥参数体系和土壤养分丰缺指标体系，选择适合同江市特定施肥单元的测土施肥配方推荐方法（养分平衡法、丰缺指标法、氮磷钾比例法、以磷定氮法、目标产量法），计算不同级别施肥分区代码的推荐施肥量（N、P_2O_5、K_2O）。

1. 高产田草甸土、黑土区施肥推荐　方案见表 7-1。

表 7-1　高产田草甸土、黑土区施肥分区代码与作物施肥推荐关联查询

施肥分区代码	碱解氮含量（毫克/千克）	施肥量纯氮（千克/亩）	施肥分区代码	有效磷含量（毫克/千克）	施肥量五氧化二磷（千克/亩）	施肥分区代码	速效钾含量（毫克/千克）	施肥量氧化钾（千克/亩）
1	>250	12	1	>60	5	1	>200	2
2	180～250	12.5	2	40～60	5	2	200～150	2.5
3	150～180	13	3	20～40	5.5	3	100～150	3
4	120～150	13.5	4	20～10	6	4	50～100	3.5

2. 中产田草甸土区施肥推荐　方案见表 7-2。

表 7-2　中产田草甸土区施肥分区代码与作物施肥推荐关联查询

碱解氮级别	碱解氮含量（毫克/千克）	施肥量纯氮（千克/亩）	有效磷级别	有效磷含量（毫克/千克）	施肥量五氧化二磷（千克/亩）	速效钾级别	速效钾含量（毫克/千克）	施肥量氧化钾（千克/亩）
1	>250	10	1	>60	4	1	>200	1
2	180～250	11	2	40～60	4.5	2	200～150	1.5
3	150～180	11.5	3	20～40	5	3	100～150	2
4	120～150	12	4	20～10	5.5	4	50～100	2.5

3. 低产田草甸土区施肥推荐方案　见表 7-3。

表 7-3　低产田草甸土区施肥分区代码与作物施肥推荐关联查询

碱解氮级别	碱解氮含量（毫克/千克）	施肥量纯氮（千克/亩）	有效磷级别	有效磷含量（毫克/千克）	施肥量五氧化二磷（千克/亩）	速效钾级别	速效钾含量（毫克/千克）	施肥量氧化钾（千克/亩）
1	>250	8	1	>60	5	1	>200	1
2	180～250	9	2	40～60	6	2	200～150	2

（续）

碱解氮 级别	碱解氮含量 （毫克/千克）	施肥量纯氮 （千克/亩）	有效磷 级别	有效磷含量 （毫克/千克）	施肥量五氧 化二磷 （千克/亩）	速效钾 级别	速效钾含量 （毫克/千克）	施肥量氧化钾 （千克/亩）
3	150～180	9.5	3	20～40	6.5	3	100～150	2.5
4	120～150	10	4	20～10	7	4	50～100	3

三、施肥分区特点概述

（一）高产田黑土、草甸土施肥区

高产田黑土、草甸土区施肥区域划分为黏底草甸厚层黑土施肥单元、水稻土施肥单元2个施肥单元。

1. 黏底草甸厚层黑土施肥单元 黏底草甸厚层黑土是同江市主要耕种的土壤，其主要分布在同江市的临江、金川、银川、八岔、青河等乡（镇），耕地面积为19 362.9公顷，占全市耕地总面积的12.91%，该土壤有机质含量48.28克/千克、全氮含量2.69克/千克、碱解氮含量353.32毫克/千克、全磷含量1.59克/千克、全钾含量17.73克/千克。该施肥区土壤耕性好，黑土层厚，通透性好，保肥保水能力强，作物苗期生长快，土壤易耕期长。

2. 草甸土施肥单元 草甸土主要分布在同江市的青河、临江、金川、银川、八岔等乡（镇），面积为31 592.1公顷，占全市总耕地面积的21.06%。该土壤有机质含量37.46克/千克、全氮含量1.91克/千克、碱解氮含量315.52毫克/千克、有效磷含量51.77毫克/千克、全钾含量17.94毫克/千克，该施肥区土壤耕性较好，黑土层较薄，通透性好，但有机质、有效磷和速效钾含量相对较低。生产中应增施磷、钾肥，耕作中增施有机肥。该区域是发展水稻生产的高产土壤。

（二）中产田草甸土、白浆土施肥区

大豆、玉米中产田草甸土和白浆土区施肥区域划分为中层黏壤质潜育草甸土施肥单元、岗地白浆土施肥单元2个施肥单元。

1. 中层黏壤质潜育草甸土施肥单元 中层黏壤质潜育草甸土主要分布在乐业、青河、三村等乡（镇），中层黏壤质潜育草甸土是同江市又一大耕作土壤，该土壤耕地面积为34 406.4公顷，占全市总耕地面积的22.94%。该土壤有机质含量34.49克/千克、全氮含量1.94克/千克、碱解氮含量311毫克/千克、有效磷含量53毫克/千克、全钾含量17克/千克，黑土层较厚，土质较黏重，干时板结，耕性较差。耕作中应增施有机肥。

2. 岗地白浆土施肥单元 岗地白浆土主要分布在同江市的乐业、向阳、三村等乡（镇），耕地面积为27 033.6公顷，占全市耕地总面积的18.02%。该土壤有机质含量29.1克/千克、全氮含量1.6克/千克、碱解氮含量240.78毫克/千克、有效磷含量59.4毫克/千克、全钾含量18.71克/千克，有机质含量较高，黑土层较薄，土质较黏重，土壤潜在肥力较高，耕性较好。由于所处施肥区≥10℃有效积温较低，大多在2 350℃左右，所以大豆、玉米很难获得较高产量。

（三）低产洼地白浆土和暗棕壤施肥区

低产洼地白浆土和暗棕壤区施肥区域

低产洼地白浆土和暗棕壤主要分布在同江市的乐业、向阳等乡（镇），低产洼地白浆土耕地面积为 24 067.2 公顷，占全市耕地总面积的 16.04%；该土壤有机质含量 20.62 克/千克、全氮含量 1.17 克/千克、碱解氮含量 252.43 毫克/千克、有效磷含量 52.57 毫克/千克、全钾含量 18.58 克/千克，有机质含量相对较低。暗棕壤耕地面积为 13 537.8 公顷，占全市耕地总面积的 9.02%；土壤通透性较差，质地较黏重，耕性不良，不适宜作物生长，是大豆、玉米低产田。种植抗盐碱作物，增施有积肥和含硫的化肥。

附录

附录1　同江市大豆适宜性评价专题报告

　　大豆是同江市第一大作物，面积保持在8万公顷左右，大豆适应性广，耐瘠薄。大豆在不同的土壤上表现不一样，差异明显，因此，适宜性评价时将土壤质地的评估值进行了调整，其余指标与地力评价指标相同。

一、评价指标的标准化

　　大豆质地隶属度评估见附表1-1。

附表1-1　大豆质地隶属度评估

质　　地	重壤土	中壤土	沙壤土	轻黏土
隶属度	1.0	0.8	0.3	0.6

二、确定指标权重

　　采用层次分析法确定每一个评价因素对耕地综合地力的贡献大小。

（一）构造评价指标层次结构图

　　根据各个评价因素间的关系，构造了层次结构图。层次分析构造矩阵见附图1-1。

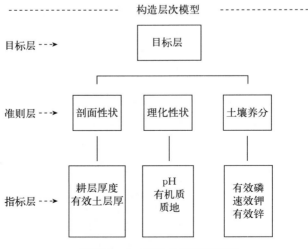

附图1-1　层次分析构造矩阵

（二）建立判断矩阵

采用专家评估法，比较同一层次各因素对上一层次的相对重要性，给出数量化的评估。专家评估的初步结果经合适的数学处理后（包括实际计算的最终结果——组合权重）反馈给专家，请专家重新修改或确认。经多轮反复评估形成最终的判断矩阵。

（三）确定各评价因素的综合权重

利用层次分析计算方法确定每一个评价因素的综合评价权重。评价指标的专家评估及权重值如下：

目标层判别矩阵原始资料：

1.000 0	1.250 0	3.333 3
0.800 0	1.000 0	2.500 0
0.300 0	0.400 0	1.000 0

特征向量：[0.478 6，0.374 7，0.146 7]

最大特征根为：3.000 5

$CI = 2.297\ 133\ 386\ 572\ 89E - 04$

$RI = 0.58$

$CR = CI/RI = 0.000\ 396\ 06 < 0.1$

一致性检验通过！

- -

准则层（1）判别矩阵原始资料：

| 1.000 0 | 0.500 0 |
| 2.000 0 | 1.000 0 |

特征向量：[0.333 3，0.666 7]

最大特征根为：2.000 0

$CI = 0$

$RI = 0$

$CR = CI/RI = 0.000\ 000\ 00 < 0.1$

一致性检验通过！

- -

准则层（2）判别矩阵原始资料：

1.000 0	0.500 0	0.333 3
2.000 0	1.000 0	0.500 0
3.000 0	2.000 0	1.000 0

特征向量：[0.163 8，0.297 3，0.539 0]

最大特征根为：3.009 2

$CI = 4.585\ 995\ 393\ 785\ 24E - 03$

$RI = 0.58$

$CR = CI/RI = 0.007\ 906\ 89 < 0.1$

一致性检验通过！

准则层（3）判别矩阵原始资料：

1.000 0	1.666 7	7.142 9
0.600 0	1.000 0	5.000 0
0.140 0	0.200 0	1.000 0

特征向量：$[0.566\,5,\ 0.358\,0,\ 0.075\,4]$

最大特征根为：3.002 7

$CI = 1.325\,296\,389\,351\,3E - 03$

$RI = 0.58$

$CR = CI/RI = 0.002\,284\,99 < 0.1$

一致性检验通过！

层次总排序一致性检验：

$CI = 1.912\,913\,697\,976\,4E - 03$

$RI = 0.302\,433\,079\,341\,78$

$CR = CI/RI = 0.006\,325\,08 < 0.1$

总排序一致性检验通过！

层次分析结果

层次 A	层次 C			
	剖面性状 0.478 6	理化性状 0.374 7	土壤养分 0.146 7	组合权重 $\sum C_i A_i$
耕层厚度	0.333 3			0.159 5
有效土层厚	0.666 7			0.319 0
pH		0.163 8		0.061 4
有机质		0.297 3		0.111 4
质地		0.539 0		0.202 0
有效磷			0.566 5	0.083 1
速效钾			0.358 0	0.052 5
有效锌			0.075 4	0.011 1

大豆耕地适宜性等级划分见附图 1-2，大豆适宜性指数分级见附表 1-2。

附表 1-2　大豆适宜性指数分级

地力分级	地力综合指数分级（IFI）
高度适宜	>0.79
适　宜	0.76~0.79
勉强适宜	0.71~0.76
不适宜	<0.71

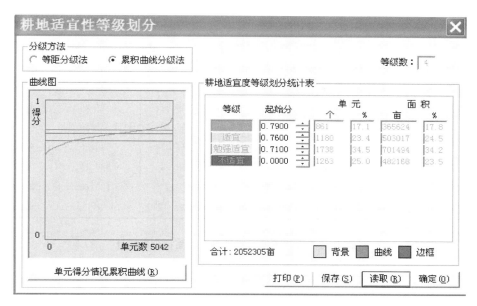

附图 1-2　大豆耕地适宜性等级划分

（四）评价结果与分析

本次大豆适宜性评价将全市耕地划分为 4 个等级：高度适宜耕地 27 384.64 公顷，占全市耕地总面积的 18.3%；适宜耕地 37 776.49 公顷，占全市耕地总面积 25.2%；勉强适宜耕地 49 989.99 公顷，占全市耕地总面积的 33.3%；不适宜耕地 34 848.88 公顷，占全市耕地总面积 23.2%。大豆不同适宜性耕地地块数及面积统计见附表 1-3，大豆不同适宜性各乡（镇）面积分布统计见附表 1-4，大豆不同适宜性各土类面积分布统计见附表 1-5。

附表 1-3　大豆不同适宜性耕地地块数及面积统计

适宜性	地块（个数）	面积（公顷）	所占比例（%）
高度适宜	861	27 384.64	18.3
适宜	1 180	37 776.49	25.2
勉强适宜	1 738	49 989.99	33.3
不适宜	1 263	34 848.88	23.2
合计	5 042	150 000.00	100.0

附表 1-4　大豆不同适宜性各乡（镇）面积分布统计

单位：公顷

乡（镇）	面积	高度适宜	适　宜	勉强适宜	不适宜
街津口赫哲族乡	6 493.30	637.68	1 479.43	2 154.12	2 222.07
三村镇	20 306.70	762.79	2 750.83	12 724.78	4 068.30
乐业镇	15 060.00	3 262.02	4 243.04	6 739.04	815.90

（续）

乡（镇）	面积	高度适宜	适宜	勉强适宜	不适宜
向阳乡	15 940.00	2 600.36	2 958.04	5 527.73	4 853.87
临江镇	13 233.30	1 925.85	7 669.02	3 555.42	83.01
银川乡	17 200.00	4 429.44	5 537.80	5 897.96	1 334.80
八岔赫哲族乡	14 066.70	7 409.20	5 148.48	1 331.36	177.67
金川乡	18 686.70	5 368.38	5 034.82	4 042.80	4 240.70
青河乡	24 873.30	631.75	2 438.93	6 886.11	14 916.51
同江镇	4 140.00	357.18	516.11	1 130.67	2 136.04
合计	150 000.00	27 384.64	37 776.49	49 989.99	34 848.88

附表 1-5　大豆不同适宜性各土类面积分布统计

单位：公顷

土类	面积	白浆土	暗棕壤	黑土	沼泽土	草甸土	泥炭土	水稻土
高度适宜	27 384.64	1 012.54	0	5 050.33	885.93	20 347.6	0	88.24
适宜	37 776.49	4 501.32	0	4 263.75	1 714.11	27 106.42	0	190.89
勉强适宜	49 989.99	20 565.39	462.83	4 477.56	1 126.44	22 891.9	309.79	156.08
不适宜	34 848.88	9 204.28	10 107.94	6 399.55	111.28	7 711.83	1 314.00	0
合计	150 000.00	35 283.53	10 570.77	20 191.19	3 837.76	78 057.75	1 623.79	435.21

　　从大豆不同适宜性耕地的地力等级的分布特征来看，耕地等级的高低与地形部位、土壤类型及土壤质地密切相关。高中产耕地从行政区域看，主要分布在乐业、临江、银川、八岔、金川等乡（镇），这一地区土壤类型以黑土、草甸土为主，地势较平缓、低洼，坡度一般不超过1°；低产土壤则主要分布土壤盐碱性较大和低平低洼地区，行政区域包括三村、向阳、青河、街津口等乡（镇）。土壤类型主要是白浆土、草甸土和部分黑土地区，地势起伏较大或者低洼。大豆不同适宜性耕地相关指标平均值见附表1-6。

附表 1-6　大豆不同适宜性耕地相关指标平均值

项　目	高度适宜	适宜	勉强适宜	不适宜
有机质（克/千克）	52.96	41.33	33.62	32.98
有效锌（毫克/千克）	1.89	1.76	1.47	1.46
速效钾（毫克/千克）	134.18	117.69	102.90	102.35
有效磷（毫克/千克）	60.15	57.17	56.53	51.75
pH	5.00	4.98	5.10	5.08
耕层厚度（厘米）	18.72	17.76	16.83	16.36
容重（克/厘米^3）	1.21	1.24	1.26	1.26

（续）

项　目	高度适宜	适　宜	勉强适宜	不适宜
全氮（克/千克）	2.95	2.30	1.87	1.85
碱解氮（毫克/千克）	379.24	342.93	297.01	297.24
有效铜（毫克/千克）	0.79	0.83	1.00	0.90
有效锰（毫克/千克）	20.18	19.82	18.87	19.01
有效铁（毫克/千克）	28.06	27.68	27.78	28.81
全钾（克/千克）	18.02	17.81	17.89	17.70
全磷（克/千克）	1 465.67	1 502.96	1 591.28	1 659.83

1. 高度适宜　同江市大豆高度适宜耕地总面积 27 384.64 公顷，占全市耕地总面积的 18.3％。主要分布在乐业镇、向阳乡、银川乡、八岔赫哲族乡、金川乡，面积最大的是八岔赫哲族乡，其次是金川乡。土壤类型以黑土、草甸土为主。大豆高度适宜耕地相关指标统计见附表 1-7

附表 1-7　大豆高度适宜耕地相关指标统计

项　目	平均值	最大值	最小值
有机质（克/千克）	52.96	98.90	8.20
有效锌（毫克/千克）	1.89	3.73	0.15
速效钾（毫克/千克）	134.18	545.00	46.00
有效磷（毫克/千克）	60.15	114.40	23.40
pH	5.00	6.10	4.00
耕层厚度（厘米）	18.72	44.00	13.00
容重（克/厘米^3）	1.21	1.92	1.00
全氮（克/千克）	2.95	7.40	0.29
有效氮（毫克/千克）	379.24	662.26	133.06
有效铜（毫克/千克）	0.79	10.10	0.13
有效锰（毫克/千克）	20.18	48.70	4.40
有效铁（毫克/千克）	28.06	65.30	10.90
全钾（克/千克）	18.02	22.40	12.70
全磷（克/千克）	1 465.67	2 739.00	671.00

大豆高度适宜耕地所处地形相对平缓，侵蚀和障碍因素很小。耕层各项养分含量高。土壤结构较好，质地适宜，一般为重壤土。容重适中，土壤大都呈中性，pH 为 4.0～6.1；养分含量丰富，有效锌为 1.89 毫克/千克，有效磷为 60.15 毫克/千克，速效钾为 134.18 毫克/千克。保水保肥性能较好，有一定的排涝能力。该级地适于种植大豆，产量水平高。

2. 适宜 同江市大豆适宜耕地总面积 37 776.49 公顷，占全市耕地总面积的 25.2%。主要分布在乐业镇、临江镇、银川乡、八岔赫哲族乡、金川乡，面积最大为临江镇，其他依次是乐业镇、银川乡、八岔赫哲族乡、金川乡。土壤类型以黑土、草甸土为主。大豆适宜耕地相关指标统计见附表 1-8。

附表 1-8　大豆适宜耕地相关指标统计

项　目	平均值	最大值	最小值
有机质（克/千克）	41.33	99.40	6.30
有效锌（毫克/千克）	1.76	3.76	0.28
速效钾（毫克/千克）	117.69	392.00	42.00
有效磷（毫克/千克）	57.17	105.00	23.70
pH	4.98	6.30	4.10
耕层厚度（厘米）	17.76	25.00	13.00
容重（克/厘米³）	1.24	1.92	1.00
全氮（克/千克）	2.30	7.10	0.35
有效氮（毫克/千克）	342.93	647.14	102.82
有效铜（毫克/千克）	0.83	8.63	0.10
有效锰（毫克/千克）	19.82	52.10	4.50
有效铁（毫克/千克）	27.68	65.30	10.90
全钾（克/千克）	17.81	22.30	12.70
全磷（克/千克）	1 502.96	2 739.00	671.00

大豆适宜地块所处地形平缓，侵蚀和障碍因素小。各项养分含量较高。质地适宜，一般为壤土。容重适中，土壤大都呈中性至酸酸性，pH 为 4.1~6.3；养分含量较丰富，有效锌为 1.76 毫克/千克，有效磷为 57.17 毫克/千克，速效钾为 117.69 毫克/千克，有机质为 41.33 克/千克。保肥性能好，该级地适于种植大豆，产量水平较高。

3. 勉强适宜 同江市大豆勉强适宜耕地总面积 49 989.99 公顷，占全市耕地总面积的 33.3%。主要分布在三村镇、乐业镇、向阳乡、银川乡、青河乡。土壤类型以黑土、白浆土为主。大豆勉强适宜耕地相关指标统计见附表 1-9。

附表 1-9　大豆勉强适宜耕地相关指标统计

项　目	平均值	最大值	最小值
有机质（克/千克）	33.62	94.20	4.30
有效锌（毫克/千克）	1.47	3.81	0.07
速效钾（毫克/千克）	102.90	328.00	37.00
有效磷（毫克/千克）	56.53	103.60	20.10
pH	5.10	6.30	4.10

（续）

项　目	平均值	最大值	最小值
耕层厚度（厘米）	16.83	25.00	13.00
容重（克/厘米^3）	1.26	1.90	1.00
全氮（克/千克）	1.87	6.60	0.23
有效氮（毫克/千克）	297.01	737.86	57.46
有效铜（毫克/千克）	1.00	10.90	0.08
有效锰（毫克/千克）	18.87	59.60	4.10
有效铁（毫克/千克）	27.78	65.30	10.90
全钾（克/千克）	17.89	22.20	13.10
全磷（克/千克）	1 591.28	2 728.00	572.00

大豆勉强适宜地块所处地形低洼，侵蚀和障碍因素大。各项养分含量偏低。质地较差，一般为重壤土或沙壤土。土壤呈酸性，pH 为 4.1～6.3；养分含量较低，有效锌为 1.47 毫克/千克，有效磷为 56.53 毫克/千克，速效钾为 102.9 毫克/千克。该级地勉强适于种植大豆，产量水平较低。

4. 不适宜　同江市大豆不适宜耕地总面积 34 848.88 公顷，占全市耕地总面积 23.2%。主要分布在三村镇、向阳乡、金川乡、青河乡。土壤类型以黑土、白浆土为主。大豆不适宜耕地相关指标统计见附表 1-10。

附表 1-10　大豆不适宜耕地相关指标统计

	平均值	最大值	最小值
有机质（克/千克）	32.98	88.10	3.90
有效锌（毫克/千克）	1.46	3.62	0.07
速效钾（毫克/千克）	102.35	345.00	33.00
有效磷（毫克/千克）	51.75	103.30	20.10
pH	5.08	6.30	4.00
耕层厚度（厘米）	16.36	25.00	13.00
容重（克/厘米^3）	1.26	1.67	1.02
全氮（克/千克）	1.85	6.58	0.19
有效氮（毫克/千克）	297.24	873.94	92.74
有效铜（毫克/千克）	0.90	5.54	0.06
有效锰（毫克/千克）	19.01	59.60	4.10
有效铁（毫克/千克）	28.81	58.10	10.70
全钾（克/千克）	17.70	22.10	12.90
全磷（克/千克）	1 659.83	2 717.00	572.00

大豆不适宜地块所处地形低洼，侵蚀和障碍因素大。各项养分含量低。土壤大都呈中性或碱性，pH 为 4.0～6.3；养分含量较低，有效锌为 1.46 毫克/千克，有效磷为 51.75 毫克/千克，速效钾为 102.35 毫克/千克。该级地不适于种植大豆，产量水平低。

附录2 同江市耕地地力调查与平衡施肥专题报告

第一节 概 况

同江市从"八五"计划开始就是国家重点商品粮及副食品生产基地县市，在各级政府的领导下，农业生产特别是粮食生产取得了长足的发展。进入 20 世纪 80 年代以后，粮食产量连续大幅度增长，1991 年全市粮食总产突破 8 万吨大关，化肥施用量达 2 万吨，之后化肥施用量逐年增加，是促使粮食增产的决定性的因素之一。2008 年全市化肥施用量为 4.5 万吨，粮食总产达 45 万吨。可以说化肥的使用已经成为促进粮食增产不可取代的一项重要措施。

一、开展专题调查的背景

（一）同江市肥料使用的延革

同江市垦殖已有近 100 多年的历史，肥料应用也有近 50 年的历史。从肥料应用和发展历史来看，大致可分为 4 个阶段：

1. 20 世纪 60 年代以前 耕地主要依靠有机肥料来维持作物生产和保持土壤肥力，作物产量不高，施肥面积约占耕地面积的 80%，应用作物主要是大豆、小麦、玉米等，主要以有机肥为主。

2. 20 世纪 70～80 年代 仍以有机肥为主、化肥为辅，化肥主要靠国家计划拨付，总量达 300 多吨，应用作物主要是粮食作物和少量经济作物，除氮肥外，磷肥得到了一定范围的推广应用，主要是硝酸铵、硫酸铵、氨水和过磷酸钙。

3. 20 世纪 80～90 年代 中共十一届三中全会后，农民有了土地的自主经营权，随着化肥在粮食生产作用的显著提高，农民对化肥形成了强烈的依赖，化肥开始大面积推广应用，总用量达 2 万吨，平均公顷用肥达 0.15 吨，施用有机肥的面积和数量逐渐减少。20 世纪 90 年代末开展了因土、因作物的诊断配方施肥，氮、磷、钾的配施在农业生产得到应用，氮肥主要是硝酸铵、尿素、硫酸铵，磷肥以磷酸二铵为主，钾肥、复合肥、微肥、生物肥和叶面肥推广面积也逐渐增加。

4. 20 世纪 90 年代至今 随着农业部配方施肥技术的深化和推广，黑龙江省土壤肥料管理站先后开展了推荐施肥技术和测土配方施肥技术的研究和推广，广大土肥科技工作者积极参与，针对当地农业生产实际进行了施肥技术的重大改革。

（二）同江市化肥肥效演变分析

同江市化肥使用量与粮食总产统计见附表 2-1，化肥用量与粮食总产的关系见附图 2-1。

1991—2009 年，耕地面积从 5.9 万公顷增加至 14 万公顷；耕作方式从牛马犁过渡至以大中型拖拉机为主，作物品种从农家品种更新为杂交种和优质高产品种，肥料投入以农家肥为主过渡到以化肥为主导，并且化肥用量连年大幅度增加，农家肥用量大幅度减少，粮食产量也连年大幅度提高。

附表 2-1　化肥施用量与粮食总产统计

项　目	1991 年	1995 年	1997 年	2005 年	2007 年	2009 年
化肥施用量（万吨）	2	2.14	2.6	3.7	4.2	4.5
粮食总产（万吨）	8	9.2	14.1	30.6	28.0	45

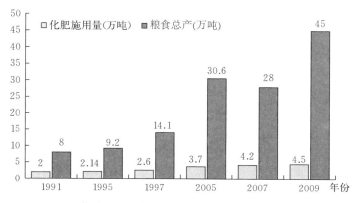

附图 2-1　化肥用量与粮食总产的关系

　　附图 2-1 描述了同江市从 1991—2009 年肥料与粮食产量的变化规律。前 7 年化肥用量逐年递增，农肥逐年递减；1997 年农肥用量降至最低，全市 70％以上耕地不施农肥；化肥用量高峰出现在 2005 年，达 2.46 万吨，但粮食产量并没有达到理想指标。随着化肥用量和粮食产量的逐年增加，从 1993 年以后，全市作物开始出现缺素症状，1996 年大面积缺锌，同年出现玉米大面积缺钾症状。因此，这一时段全市耕地土壤因过度开发利用地力呈逐年下降趋势。1991—1997 年，化肥投入一直维持在 1 万～1.5 万吨，粮食总产也维持 5 万～10 万吨，地力下降造成的粮食增产幅度下降，引起了国家、省、市、区各级政府的高度重视，在全市范围内开展耕地培肥技术的全面普及推广工作。大力推广农家肥、化肥、生物肥相结合的施肥方式，全市 10 个乡（镇）完成了一个周期的土壤测试和配方施肥。此后同江市从盲目施肥走向科学施肥，结束了贫钾历史，开始了大面积推广应用钾肥，提出了稳氮、调磷、增钾的施肥原则，使化肥的施用量趋于合理，粮食产量开始逐年提高，收到了良好的经济效益、社会效益和生态效益。

二、开展专题调查的必要性

　　耕地是作物生长基础，了解耕地土壤的地力状况和供肥能力是实施平衡施肥最重要的技术环节。因此开展耕地地力调查，查清耕地的各种营养元素的状况，对提高科学施肥技术水平，提高化肥的利用率，改善作物品质，防止环境污染，维持农业可持续发展等都有着重要的意义。

　　1. 开展耕地地力调查，提高平衡施肥技术水平，是稳定粮食生产保证粮食安全的需要　保证和提高粮食产量是人类生存的基本需要。粮食安全不仅关系到经济发展和社会稳定，还有深远的政治意义。近几年来，我国一直把粮食安全作为各项工作的重中之重，随着经济和社会的不断发展，耕地逐渐减少和人口不断增加的矛盾将更加激烈，21世纪人类将面临粮食等农产品不足的巨大压力，同江市作为国家粮食生产基地是维持国家粮食安全的坚强支柱，必须充分发挥科技的作用保证粮食的持续稳产和高产。平衡施肥技术是节本增效、增加粮食产量的一项重要技术，随着作物品种的更新、布局的变化，土壤的基础肥力也发生了变化，在原有基础上建立起来的平衡施肥技术已经不能适应新形势下粮食生产的需要，必须结合本次耕地地力调查和评价结果对平衡施肥技术进行重新研究，制订适合当地生产实际的平衡施肥技术措施。

2. 开展耕地地力调查，提高平衡施肥技术水平，是增加农民收入的需要 同江市是以农业为主的农业大市，粮食生产收入占农民收入的很大比重，是维持农民生产和生活所需的根本。在现有条件下，自然生产力低下，农民不得不靠投入大量成本来维持粮食的高产，化肥投入占整个生产投入的50%以上，但化肥效益却逐年下降。如何科学合理的搭配肥料品种和施用技术，以期达到提高化肥利用率、增加产量、提高效益的目的，要实现这一目的就必须结合本次耕地地力调查与之进行平衡施肥技术的研究。

3. 开展耕地地力调查，提高平衡施肥技术水平，是实现绿色农业的需要 随着中国加入WTO对农产品提出了更高的要求，农产品流通不畅就是由于质量低、成本高造成的，农业生产必须从单纯地追求高产、高效向绿色（无公害）农产品方向发展，这对施肥技术提出了更高、更严的要求。这些问题的解决都必须要求了解和掌握耕地土壤肥力状况，掌握绿色（无公害）农产品对肥料施用的质化和量化的要求，对平衡施肥技术提出了更高、更严的要求，所以，必须进行平衡施肥的课题研究。

第二节　调查方法和内容

一、样点布设

依据《耕地地力调查与质量评价技术规程》，利用同江市归并土种后的土壤图、基本农田保护图和土地利用现状图叠加产生的图斑作为耕地地力调查的调查单元。同江市耕地面积150 000公顷，本次样点1 957个；样点布设基本覆盖了全市主要的土壤类型。

二、调查内容

布点完成后，对取样农户农业生产基本情况及时进行了入户调查。

三、肥料施用情况

（1）农家肥：分为牲畜过圈肥、秸秆肥、堆肥、沤肥、绿肥、沼气肥等，单位为千克。
（2）有机商品肥：是指经过工厂化生产并已经商品化，在市场上购买的有机肥。
（3）有机无机复合肥：是指经过工厂化生产并已经商品化，在市场销售的有机无机复

（混）肥。

（4）氮素化肥、磷素化肥、钾素化肥：应填写肥料的商品名称、养分含量、购买价格、生产企业。

（5）无机复（混）肥：调查地块施入的复（混）肥的含量，购买价格等。

（6）微肥：被调查地块施用微肥的数量，购买价格、生产企业等。

（7）微生物肥料：指调查地块施用微生物肥料的数量。

（8）叶面肥：用于叶面喷施的肥料，如喷施宝、双效微肥等。

四、样品采集

土样采集是在作物成熟收获后进行的。在采样时，首先向农民了解作物种植情况，按照《全国测土配方施肥技术规范》要求逐项填写调查内容，并用 GPS 定位仪进行定位。在选定的地块上进行采样，大田采样深度为 0～20 厘米，每块地平均选取 15 个点，用四分法留取土样 1 千克做化验分析。

第三节　专题调查的结果与分析

一、耕地肥力状况调查结果与分析

本次耕地地力评价工作，共对 1957 个样点土样的有机质、全氮、有效磷、速效钾和微量元素等进行了分析，同江市耕地养分含量平均值及变化幅度见附表 2-2。

附表 2-2　同江市耕地养分含量平均值及变化幅度

项　目	有机质（克/千克）	全氮（克/千克）	有效磷（毫克/千克）	速效钾（毫克/千克）	有效锌（毫克/千克）	有效铁（毫克/千克）	有效锰（毫克/千克）
平均值	39.7	2.11	55.12	114.88	1.65	27.9	19.93
变化幅度	3.9～99.4	0.19～7.4	20.1～114.4	34～545	0.07～3.81	10.7～65.3	4.1～59.6

（一）土壤有机质及大量元素

1. 土壤有机质　本次评价同江市耕地土壤有机质平均值为 39.7 克/千克，变化幅度为 3.9～99.4 克/千克。其中，含量大于 40 克/千克（按数字出现频率统计）占 0.14%，含量为 30～40 克/千克占 3.88%，含量为 20～30 克/千克占 47.85%，含量为 10～20 克/千克占 47.88%。第二次土壤普查为 23.95 克/千克，下降了 3.44 克/千克。

2. 土壤全氮　本次评价同江市耕地土壤中全氮平均值为 2.11 克/千克，变化幅度为 0.19～7.4 克/千克。其中，全氮含量在 2.5 克/千克以上的占 47.23%，含量为 2.0～2.5 克/千克的占 13.44%，含量为 1.5～2.0 克/千克的占 15.05%，含量为 1.0～1.5 克/千克的占 18.36%，含量小于 1.0 克/千克占 5.9%。与第二次土壤普查相比略有下降，没有明显变化。

3. 土壤有效磷　本次评价同江市耕地土壤有效磷平均值为 55.12 毫克/千克，变化幅度为 20.1～114.40 毫克/千克。与第二次土壤普查比较，同江市耕地土壤有效磷有很大改善。第二次土壤普查土壤有效磷在 20 毫克/千克以下，本次调查含量大于 20 毫克/千克的面积也明显增加。

4. 土壤速效钾 本次评价同江市土壤速效钾平均值为 114.88 毫克/千克，变化幅度为 34～545 毫克/千克。其中，大于 200 毫克/千克的占 1.26%，含量为 150～200 毫克/千克的占 3.03%，含量为 100～150 毫克/千克的占 21.3，含量为 50～100 毫克/千克的占 49.6%；第二次土壤普查时，全市含量＜50 毫克/千克约占 10.2%。在本次调查的土壤样本中，含量小于 50 毫克/千克占 25.38%。

（二）微量元素

土壤微量元素虽然作物需求量不大，但它们同大量元素一样，在植物生理功能上是同样重要和不可替代的。微量元素的缺乏不仅会影响作物生长发育、产量和品质，而且会造成一些生理性病害。如缺锌导致玉米"花白病"和水稻赤枯病。因现在耕地地力评价中把微量元素作为衡量耕地地力的一项重要指标。以下为本次调查耕地土壤微量元素情况，微量元素调查情况见附表 2-3。

附表 2-3 微量元素调查情况

单位：毫克/千克

项 目	平均值	变化幅度	极缺	轻度缺	适中	丰富	极丰富
有效锌	1.65	0.07～3.81	0.5	0.5～1.0	1.3	＞3	—
有效铁	27.90	10.70～65.30	＜2.5	2.5～4.5	4.5～10	10～20	＞20
有效锰	19.93	4.10～59.60	＞5.0	—	—	＞15	

1. 土壤有效锌 依据土壤微量元素丰缺标准，本次调查有效锌范围主要集中在 0.07～3.81 毫克/千克，含量低于 0.5 毫克/千克的占 7.4%，含量大于 3 毫克/千克的占 12.1%。因此，同江市耕地土壤 80% 有效锌处中等水平，对高产作物玉米，尤其又是对锌敏感作物，应施锌肥。

2. 土壤有效铁 在调查的土壤样本中，67.4% 的有效铁大于 20 毫克/千克的临界值，因此同江市土壤中富铁，这是本次地力评价的新发现。

3. 土壤有效锰 在调查的土壤样本中，大于 15 毫克/千克占 49.3%，说明同江市耕地土壤中有效锰相当丰富。

二、全市施肥情况调查结果与分析

本次耕地地力评价，共计调查 365 户农民肥料施用情况（附表 2-4）。

附表 2-4 同江市主要土类施肥情况统计

单位：千克/公顷

项 目	有机肥	纯 N	P_2O_5	K_2O	$N：P_2O_5：K_2O$
白浆土	10 500	35	50	27.5	1：1.3：0.8
草甸土	12 315	32	47.2	28.2	1：1.47：0.8

在调查的 365 农户中，只有 78 户施用有机肥，占总调查户数的 21.3%，平均施用量 700 千克/亩左右，主要是禽畜过圈粪和秸秆肥等。同江市 2008 年平均施用化肥纯养分量为 112.5 千克，其中，氮肥 33.5 千克/公顷，主要来自尿素、复合肥；磷肥 48.6 千克/公顷，主要来自磷酸二铵和复合肥；钾肥 27.8 千克/公顷，主要来自复合肥和硫酸钾、氯化钾等。同江市总体施肥较高，比例为 1 : 1.4 : 0.8，磷肥和钾肥的比例有较大幅度的提高，但与科学施肥比例相比还有一定的差距。

从肥料品种看，同江市的化肥品种已由过去的单质尿素、磷酸二铵、钾肥向高浓度复合化、长效化复合（混）肥方向发展，复合肥比例已上升到 57% 左右。在调查的 365 农户中有 81% 农户能够做到氮、磷、钾搭配施用，19% 农户主要使用磷酸二铵、尿素。旱田硫酸锌等微肥施用比例为 22.7%，水田施用比例为 23%；叶面肥大田主要用于玉米苗期，约占 72%、水稻约占 55%。

第四节　耕地土壤养分与肥料施用存在的问题

一、耕地土壤养分失衡

本次调查表明，同江市耕地土壤中大量营养元素有所改善，特别是土壤有效磷增加的幅度比较大，这有利于土壤磷库的建立。但需要特别指出的是，同江市耕地中土壤有效锌含量有所下降，1 957 个样点的样本调查中有 4.2% 低于临界值，因此应重视锌肥的施用。

二、重化肥轻农肥的倾向严重，有机肥投入少、质量差

目前，农业生产中普遍存在着重化肥轻农肥的现象，过去传统的积肥方法已不复存在。由于农村农业机械的普及提高，有机肥源相对集中在少量养殖户家中，这势必造成农肥施用的不均衡和施用总量的不足；在农肥的积造上，由于没有专门的场地，农肥积造过程基本上是露天存放，风吹雨淋势必造成养分的流失，使有效养分降低，影响有机肥的施用效果。

三、化肥使用比例不合理

随着高产品种的普及推广，化肥的施用量逐年增加，但施用化肥数量并不是完全符合作物生长所需，化肥投入氮肥偏少、磷肥适中、钾肥不足，造成了氮、磷、钾比例不平衡。加之施用方法不科学，特别是有些农民为了省工省时，未从耕地土壤的实际情况出发，实行一次性施肥不追肥，这样在保水保肥条件不好的瘠薄性地块，容易造成养分流失、脱肥，尤其是氮肥流失严重，降低肥料的利用率，作物高产限制因素未消除，大量的化肥投入并未发挥出群体增产优势，高投入未能获得高产出。因此，应根据同江市各土壤类型的实际情况，有针对性地制订新的施肥指导意见。

四、平衡施肥服务不配套

平衡施肥技术已经普及推广了多年，并已形成一套比较完善的技术体系，但在实际应用过程中，技术推广与物资服务相脱节，购买不到所需肥料，造成平衡施肥难以发挥应有的科技优势。而现有的条件不能为农民提供测、配、产、供、施配套服务。今后要探索一条方便快捷、科学有效的技物相结合的服务体系。

第五节　平衡施肥规划和对策

一、平衡施肥规划

依据《耕地地力调查与质量评价技术规程》，同江市基本农田保护区耕地分为 4 个等级，同江市基本农田分级统计见附表 2-5。

附表 2-5　同江市基本农田分级统计

项　　目	一级	二级	三级	四级	合计
面积（公顷）	35 996.41	59 024.58	43 711.02	11 267.99	150 000.00
总耕地面积（%）	24.0	39.35	29.14	7.51	100.00

1. 同江市基本农田分级　根据各类土壤评等定级标准，把同江市各类土壤划分为 3 个耕地类型：

（1）高肥力土壤：包括一级地。

（2）中肥力土壤：包括二级地、三级地。

（3）低肥力土壤：包括四级地。

根据 3 个耕地土壤类型制订同江市平衡施肥总体规划。

2. 大豆平衡施肥技术　根据耕地地力等级、大豆种植方式、产量水平及有机肥使用情况，确定同江市大豆平衡施肥技术指导意见，见附表 2-6。

附表 2-6　同江市大豆不同土壤类型施肥模式

单位：千克/公顷

地力等级	目标产量	有机肥	N	P_2O_5	K_2O	N：P：K
高肥力	7 500	14 000	35	52	30	1：1.6：0.30
中肥力	6 000	12 000	32	48	28	1：1.5：0.87
低肥力	5 250	10 500	30	45	26	1：1.5：0.87

在肥料施用上，提倡"垄三"栽培，底肥和追肥相结合，追肥以叶面喷施为主，有机肥深层施入。

根据水稻需氮的两个高峰期（分蘖期和幼穗分化期），采用前重、中轻、后补的施肥原则。前期 40％的氮肥做底肥，分蘖肥占 30％，粒肥占 30％；磷肥做底肥一次施入；钾肥底肥和拔节肥各占 50％。除氮、磷、钾肥外，水稻对硫、锌等微量元素需要量也较大，因此要适当施用硫酸锌和含硅等微肥，每公顷施用量 1 千克左右。

二、平衡施肥对策

同江市通过开展耕地地力评价、施肥情况调查和平衡施肥技术，总结同江市总体施肥概况为：总量偏高、比例失调、方法不尽合理。具体表现在氮肥普遍偏低，磷肥投入偏高，钾和微量元素肥料相对不足。根据同江市农业生产实际，科学合理施用的总的原则是：增氮、减磷、加钾和补微。围绕种植业生产制订出平衡施肥的相应对策和措施。

1. 增施优质有机肥料，保持和提高土壤肥力　积极引导农民转变观念，从农业生产的长远利益和大局出发，加大有机肥积造数量，提高有机肥质量，扩大有机肥施用面积，制订出沃土工程的近期目标。一是在根茬还田的基础上，逐步实际高根茬还田，增加土壤有机质含量；二是大力发展畜牧业，通过过腹还田，补充、增加堆肥、沤肥数量，提高肥料质量；三是大力推广畜禽养殖场，将粪肥工厂化处理，发展有机复合肥生产，实现有机肥的产业化、商品化市场；四是针对不同类型土壤制订出不同的技术措施，并对这些土壤进行跟踪化验，建立技术档案，设点监测观察结果。

2. 加大平衡施肥的配套服务　推广平衡施肥技术，关键在技术和物资的配套服务，解决有方无肥、有肥不专的问题，因此要把平衡施肥技术落到实处，必须实行"测、配、产、供、施"一条龙服务，通过配肥站的建立，生产出各施肥区域所需的专用型肥料，农民依据配肥站储存的技术档案购买到自己所需的配产肥，确保技术实施到位。

3. 制订和实施耕地保养的长效机制　在《黑龙江省基本农田保护条例》的基础上，尽快制订出适合当地农业生产实际，能有效保护耕地资源，提高耕地质量的地方性政策法规，建立科学耕地养护机制，使耕地发展利用向良性方向发展。

附录3 同江市耕地地力评价与土壤改良利用专题报告

第一节 概　况

一、同江市耕地资源概况

由于多年来广大农民为了追求高产，盲目增施化肥，重用地，轻养地，导致耕地质量呈严重退化趋势，已成为限制同江市粮食增产的重要因素。所以提高耕地质量，是确保粮食稳产、高产的重要基础。而耕地地力评价是对耕地基础地力的评价，也就是对耕地土壤的地形、地貌条件、成土母质、农田基础设施及培肥水平、土壤理化性状等综合因素构成的耕地生产力的评价。通过本次地力评价，利用"县域耕地资源管理信息系统"将全市耕地划分为 4 个等级，一级地面积为 35 996.41 公顷，占总耕地面积的 24.0%；二级地面积 59 024.58 公顷，占总耕地面积的 39.35%；三级地面积为 43 711.02 公顷，占总耕地面积的 29.14%；四级地面积为 11 267.99 公顷，占总耕地面积的 7.51%。一级地属同江市的高产土壤，主要分布在全市中东部平原草甸土、黑土区，面积为 35 996.41 公顷，占总耕地面积的 24.0%；二级、三级地属同江市的中产土壤，主要分布在全市西中部漫岗平原草甸土、白浆土、黑土区，面积为 102 735.60 公顷，占总耕地面积的 68.49%；四级地属同江市的低产土壤，主要分布在全市沿江中部低山暗棕壤区，面积为 11 267.99 公顷，占总耕地面积的 7.51%。中、低产田面积合计为 114 003.59 公顷，占总耕地面积的 76.0%。

因此，了解耕地的地力及状况对提升耕地质量、改造中低产田极为重要。

二、土壤资源与农业生产概况

1. 土壤资源概况　同江市耕地总面积为 150 000 万公顷，耕地主要土壤类型有黑土、草甸土、沼泽土、水稻土、白浆土、暗棕壤，其中以草甸土面积最大，其次为白浆土和水稻土。

2. 农业生产概况　同江市是典型的农业区，种植制度为一年一熟制，种植作物以大豆、水稻、玉米三大作物为主。据同江市统计局统计，2008 年全市玉米播种面积 12 935 公顷，总产量 104 188 吨；大豆播种面积 96 366 公顷，总产量 246 073 吨；水稻播种面积 18 922 公顷，总产量 136 704 吨。

第二节 专题调查方法

一、评价原则

本次同江市耕地地力评价是完全按照《耕地地力调查与质量评价技术规程》进行的。在工作中主要坚持了以下几个原则：一是统一的原则，即统一调查项目、统一调查方法、统一野外编号、统一调查表格、统一组织化验、统一进行评价；二是充分利用现有成果的原则，即以同江市第二次土壤普查、同江市土地利用现状调查、同江市行政区划等已有的成果作为评价的基础资料；三是应用高新技术的原则，即在调查方法、数据采集及处理、成果表达等方面全部采用了高新技术。

二、调查内容

本次同江市耕地地力调查的内容是根据当地政府的要求和生产实践的需求确定的，充分考虑了成果的实用性和公益性。主要有以下几个方面：一是耕地的立地条件，包括经纬度、海拔高度、地形地貌、成土母质、土壤侵蚀类型及侵蚀程度；二是土壤属性，包括耕层理化性状和耕层养分状况，具体有耕层厚度、质地、容重、pH、有机质、全氮、有效磷、速效钾、有效锌、有效铜、有效铁等；三是土壤障碍因素，包括障碍层类型及出现位置等；四是农田基础设施建设，包括抗旱能力、排涝能力和农田防护林网建设等；五是农业生产情况，包括良种应用、化肥施用、病虫害防治、轮作制度、耕翻深度、秸秆还田和灌溉保证率等。

三、评价方法

在收集同江市有关耕地情况资料，并进行外业补充调查（包括土壤调查和农户的入户调查两部分）及室内化验分析的基础上，建立起同江市耕地地力管理数据库，通过 GIS 系统平台，采用 ARCINFO 软件对调查的数据和图件进行数值化处理，最后利用扬州土壤肥料工作站开发的"全国耕地地力评价软件系统 V3.2"进行耕地地力评价。

1. 建立空间数据库　将同江市土壤图、行政区划图、土地利用现状图等基本图件扫描后，用屏幕数字化的方法进行数字化，即建成同江市地力评价系统空间数据库。

2. 建立属性数据库　将收集、调查和分析化验的数据资料按照数据字典的要求规范整理后，输入数据库系统，即建成同江市地力评价系统属性数据库。

3. 确定评价因子　根据全国耕地地力调查评价指标体系，经过专家采用经验法进行选取，将同江市耕地地力评价因子确定为 10 个，其中立地条件包括≥10 ℃有效积温和耕层厚度；理化性状包括土壤质地和 pH；土壤养分包括有机质、有效锌、有效磷、速效钾；土壤管理包括地貌类型和灌溉保证率。

4. 确定评价单元　把数字化后的同江市土壤图、行政区划图和土地利用现状图 3 个图层进行叠加，形成的图斑即为同江市耕地资源管理评价单元，共确定形成评价单元 3 200 个。

5. 确定指标权重　组织专家对所选定的各评价因子进行经验评估，确定指标权重。

6. 数据标准化　选用隶属函数法和专家经验法等数据标准化方法，对同江市耕地评价指标进行数据标准化，并对定性数据进行数值化描述。

7. 计算综合地力指数　选用累加法计算每个评价单元的综合地力指数。

8. 划分地力等级　根据综合地力指数分布，确定分级方案，划分地力等级。

9. 归入全国耕地地力等级体系　依据《全国耕地类型区、耕地地力等级划分》（NY/T 309—1996），归纳整理各级耕地地力要素主要指标，结合专家经验，将同江市各级耕地归入全国耕地地力等级体系。

10. 划分中低产田类型　依据《全国中低产田类型划分与改良技术规范》（NY/T 309—1996），分析评价单元耕地土壤主导障碍因素，划分并确定同江市中低产田类型。

第三节　调查结果

一、一级地

同江市一级地总面积 35 996.41 公顷，占全市耕地面积的 24.0%，分布在八岔、金川、乐业、临江、向阳等乡（镇）。同江市一级地各乡（镇）分布面积统计见附表 3-1，同江市一级地各土壤分布面积统计见附表 3-2、附图 3-1。

附表 3-1　同江市一级地分布面积统计

乡（镇）	耕地面积（公顷）	一级地面积（公顷）	占乡（镇）面积（%）
八岔赫哲族乡	14 066.70	5 345.35	38.00
街津口赫哲族乡	6 493.30	2 603.81	40.10
金川乡	18 686.70	5 363.08	28.70
乐业镇	15 060.00	4 864.38	32.30
临江镇	13 233.30	3 652.39	27.60
青河乡	24 873.30	2 089.36	8.40
三村镇	20 306.70	1 827.60	9.00
同江镇	4 140.00	720.36	17.40
向阳乡	15 940.00	4 335.68	27.20
银川乡	17 200.00	5 194.40	30.20
合计	150 000.00	35 996.41	24.00

附表 3-2　同江市一级地土壤分布面积统计

土　类	耕地面积（公顷）	一级地面积（公顷）	占土类面积（%）	占一级地面积（%）
黑　　土	20 191.19	2 068.16	10.20	6.00
暗棕壤	10 570.77	187.24	1.80	1.00
草甸土	78 057.75	21 830.81	28.00	60.00
沼泽土	3 837.76	1 943.84	50.70	5.00
泥炭土	1 623.79	0	0	0
水稻土	435.21	212.68	48.90	1.00
白浆土	35 283.53	9 753.68	27.60	27.00
合计	150 000.00	35 996.41	24.00	100.00

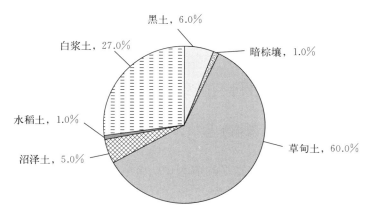

附图 3-1　同江市各土类一级地面积分布

从土壤组成情况看，同江市一级地分布于黑土、草甸土、白浆土、暗棕壤、沼泽土和水稻土 6 个土类。一级地总面积为 35 996.41 公顷，占全市耕地面积的 24%。

根据土壤养分测定结果，各评价指标总结如下：

1. 有机质　同江市一级地土壤有机质平均值为 39.69 克/千克，变化幅度为 30.36～58.98 克/千克。含量大于 50 克/千克，出现频率为 30%；含量为 30～50 克/千克，出现频率是 70%；含量为 25～35 克/千克，出现频率为 0%；含量为 15～25 克/千克，出现频率为 0%。

2. pH　同江市一级地土壤 pH 平均为 5.0，变化幅度为 4.68～5.51。pH 大于 7.5，出现频率为 0%；pH 为 6.5～7.5，出现频率是 0%；pH 为 5.5～6.5，出现频率为 10%；pH 为 4.5～5.5，出现的频率为 90%。

3. 有效磷　同江市一级地土壤有效磷平均值为 55.11 毫克/千克，变化幅度为 50.65～61.54 毫克/千克。含量大于 100 毫克/千克，出现频率为 0%；含量为 40～100 毫克/千克，出现频率为 100%；含量为 20～40 毫克/千克，出现频率为 0%；含量为 10～20 毫克/千克，出现频率为 0%。

4. 速效钾　同江市一级地土壤速效钾平均值为 125.1 毫克/千克，变化幅度为 98.22～142.09 毫克/千克。含量大于 100 毫克/千克，出现频率为 83%；含量为 90～100 毫克/千克，出现频率为 16.7%。

5. 全氮　同江市一级地土壤全氮平均值为 2.21 克/千克，变化幅度为 1.55～3.42 克/千克。含量大于 2.5 克/千克，出现频率为 50%；含量为 2.1～2.5 克/千克，出现频率为 30%；含量为 1.5～2.0 克/千克，出现频率为 20%；含量为 1～1.5 克/千克，出现频率为 0%。

6. 全磷　同江市一级地土壤全磷平均值为 1.53 克/千克，变化幅度为 1.17～2.06 克/千克。含量在 0.06 克/千克以下，出现频率为 0%；含量为 0.06～0.07 克/千克，出现频率为 0%；含量为 0.07～0.08 克/千克，出现频率为 0%；含量在 0.08 克/千克以上，出现频率为 100.0%。

7. 全钾　同江市一级地土壤全钾平均值为 17.8 克/千克，变化幅度为 16.55～18.58 克/千克。含量在 2.0 克/千克以下，出现频率为 0%；含量为 2.0～3.0 克/千克，出现频率为 0%；

含量为 3.0～4.0 克/千克，出现频率为 0％；含量在 4.0 克/千克以上，出现频率为 100.0％。

8. 土壤有效锌 一级地土壤有效锌平均值为 1.65 毫克/千克，最小值为 1.00 毫克/千克，最大值为 2.35 毫克/千克。

9. 有效铁 一级地土壤有效铁平均值为 27.90 毫克/千克，最小值为 24.18 毫克/千克，最大值为 31.53 毫克/千克。

10. 有效铜 一级地土壤有效铜平均值为 0.83 毫克/千克，最小值为 0.43 毫克/千克，最大值为 1.25 毫克/千克。

11. 有效锰 一级地土壤有效锰平均值为 19.92 克/千克，最小值为 16.72 克/千克，最大值为 24.45 克/千克。

12. 土壤腐殖质厚度 一级地土壤腐殖质厚度为 10～20 厘米，出现频率为 65％；厚度在 8～10 厘米，出现频率为 17.5％；厚度在 6～8 厘米，出现频率为 10％；厚度小于 6 厘米，出现频率为 7.5％。

13. 成土母质 一级地土壤成土母质由黄土母质和冲积母质组成，其中黄土母质出现频率为 33.5％；冲积母质出现频率为 66.5％。

14. 土壤质地 一级地土壤质地由壤土、轻壤土、黏壤土和壤质黏土组成。

15. 土壤侵蚀程度 一级地土壤无侵蚀。

16. 降水量 年降水量为 364～786 毫米，平均值为 575 毫米。

17. 海拔 一级地海拔为 42～52 米，海拔小于 42 米的占 17.5％；海拔为 42～52 米的占 82.5％。

18. 地貌构成 一级地位于中东部松花江平原，一马平川，视野宽阔，耕地集中连片，地面比降 1/8 000～1/10 000，水利资源丰富，土层深厚，土质肥沃，适合各种作物生长。

二、二 级 地

同江市二级地总面积为 59 024.58 公顷，占全市耕地面积的 39.35％。分布在八岔、街津口、金川、乐业、临江、青河、三村、同江镇、向阳、银川 10 个乡（镇）。同江市各乡（镇）二级地分布面积统计见附表 3-3、附图 3-2。

附表 3-3 同江市各乡（镇）二级地分布面积统计

乡（镇）	耕地面积（公顷）	二级地面积（公顷）	占乡（镇）面积（％）
八岔赫哲族乡	14 066.70	6 435.14	45.75
街津口赫哲族乡	6 493.30	2 402.11	37.00
金川乡	18 686.70	5 995.39	32.08
乐业镇	15 060.00	5 783.25	38.40
临江镇	13 233.30	5 918.07	44.72

（续）

乡（镇）	耕地面积（公顷）	二级地面积（公顷）	占乡（镇）面积（%）
青河乡	24 873.30	8 165.42	32.83
三村镇	20 306.70	9 915.75	48.83
同江镇	4 140.00	815.79	19.70
向阳乡	15 940.00	6 085.55	38.18
银川乡	17 200.00	7 508.11	43.65
合计	150 000.00	59 024.58	39.35

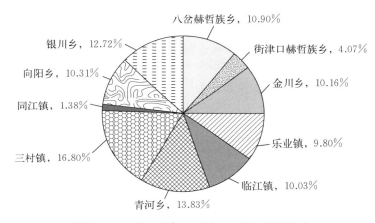

附图 3-2　同江市各乡（镇）二级地面积分布

　　从土壤组成看，同江市二级地分布于黑土、草甸土、白浆土、暗棕壤、泥炭土、沼泽土、水稻土 7 个土类。见附表 3-4。

附表 3-4　同江市二级地各土类分布面积统计

土　类	总面积（公顷）	二级地面积（公顷）	占土类面积（%）	占二级地面积（%）
黑　土	20 191.19	4 371.71	21.65	7.41
暗棕壤	10 570.77	1 793.07	16.96	3.04
草甸土	78 057.75	32 571.65	41.73	55.18
沼泽土	3 837.76	1 386.44	36.13	2.35
泥炭土	1 623.79	320.53	19.74	0.54
水稻土	435.21	222.53	51.13	0.38
白浆土	35 283.53	18 358.65	52.03	31.10
合计	150 000.00	59 024.58	39.35	100.00

　　根据土壤养分测定结果，各评价指标总结如下：

1. 有机质 同江市二级地土壤有机质平均值为 39.47 克/千克，变化幅度为 27.91～58.38 克/千克。含量大于 50 克/千克，出现频率为 20%；含量为 35～50 克/千克，出现频率为 40%；含量为 25～35 克/千克，出现频率为 40%；含量为 15～25 克/千克，出现频率为 0%。

2. pH 同江市二级地土壤 pH 平均为 5.03，变化幅度为 4.67～5.49。pH 大于 7.5 出现频率为 0%；pH 在 6.5～7.5，出现频率是 0%；pH 在 5.5～6.5，出现频率为 0%；pH 在 4.5～5.5，出现频率为 100%。

3. 有效磷 同江市二级地土壤有效磷平均值为 55.93 毫克/千克，变化幅度为 50.05～69.13 毫克/千克。含量大于 100 毫克/千克，出现频率为 0%；含量为 40～100 毫克/千克，出现频率为 100%；含量为 20～40 毫克/千克，出现频率为 0%；含量为 10～20 毫克/千克，出现频率为 0%。

4. 速效钾 同江市二级地土壤速效钾平均值为 116.5 毫克/千克，变化幅度为 95.02～133.22 毫克/千克。含量大于 100 毫克/千克，出现频率为 85.7%；含量为 90～100 毫克/千克，出现频率为 14.3%。

5. 全氮 同江市二级地土壤全氮平均值为 2.19 克/千克，变化幅度为 1.34～3.71 克/千克。含量大于 2.5 克/千克，出现频率为 20%；含量为 2～2.5 克/千克，出现频率为 40%；含量为 1.5～2 克/千克，出现频率为 30%；含量为 1～1.5 克/千克，出现频率为 10%。

6. 全磷 同江市二级地土壤全磷平均值为 1.52 克/千克，变化幅度为 1.17～1.90 克/千克。

7. 全钾 同江市二级地土壤全钾平均值为 17.72 克/千克，变化幅度为 16.64～18.32 克/千克。

8. 有效锌 二级地土壤有效锌平均值为 1.62 毫克/千克，最低值为 1.20 毫克/千克，最高值为 2.28 毫克/千克。

9. 有效铁 二级地土壤有效铁平均值为 27.21 毫克/千克，最低值为 22.84 毫克/千克，最高值为 32.25 毫克/千克。

10. 有效铜 二级地土壤有效铜平均值为 0.83 毫克/千克，最低值为 0.48 毫克/千克，最高值为 1.24 毫克/千克。

11. 有效锰 二级地土壤有效锰平均值为 19.65 毫克/千克，最低值为 16.86 毫克/千克，最高值为 24.21 毫克/千克。

12. 土壤腐殖质厚度 二级地土壤腐殖质厚度为 10～20 厘米的出现频率为 23.9%；为 8～10 厘米的出现频率为 22.5%；为 6～8 厘米的出现频率为 31.2%；为 <8 厘米的出现频率为 22.5%。

13. 成土母质 二级地土壤成土母质沉积或冲积母质和坡积母质组成，其中沉积母质出现频率为 40.6%；冲积母质出现频率为 52.9%；黄土状沉积物出现频率为 6.5%。

14. 土壤质地 二级地土壤质地由壤土和黏土组成，其中壤土占 11.1%；壤土占 14%；壤土占 4.3%；黏壤土占 52.7%；壤质黏土占 17.9%。

15. 土壤侵蚀程度 二级地土壤无明显侵蚀。

16. 年降水量 年降水量为 364～786 毫米，平均值为 507.7 毫米。

17. 海拔 海拔为 45～80 米，海拔小于等于 47 米的占 47.1%；海拔为 45～55 米的占 52.9%。

18. 地貌构成　东西部平原，海拔为 45～55 米，地面比降 1/8 000，地势平坦。土壤主要类型有白浆土、水稻土。白浆土以平地白浆土为主，水稻土以黑土型水稻土为主，土壤耕层浅，该区自然条件较好，有利于农业生产。

三、三 级 地

同江市三级地总面积为 43 711.02 公顷，占全市耕地面积的 29.14%。同江市各乡（镇）三级地分布面积统计见附表 3-5、附图 3-3，同江市三级地各土类分布面积统计见附表 3-6、附图 3-4。

附表 3-5　同江市各乡（镇）三级地分布面积统计

乡（镇）	耕地面积（公顷）	三级地面积（公顷）	占乡（镇）面积（%）
八岔赫哲族乡	14 066.70	2 066.91	14.69
街津口赫哲族乡	6 493.30	931.07	14.34
金川乡	18 686.70	3 695.70	19.78
乐业镇	15 060.00	3 939.57	26.16
临江镇	13 233.30	3 408.64	25.76
青河乡	24 873.30	12 456.50	50.08
三村镇	20 306.70	7 340.19	36.15
同江镇	4 140.00	2 126.74	51.37
向阳乡	15 940.00	4 326.41	27.14
银川乡	17 200.00	3 419.28	19.89
合计	150 000.00	43 711.02	29.14

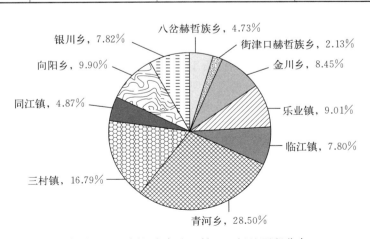

附图 3-3　同江市各乡（镇）三级地面积分布

附表 3-6　同江市各土类三级地分布面积统计

土　类	总面积（公顷）	三级地面积（公顷）	占土类面积（%）	占三级地面积（%）
黑　土	20 191.19	7 363.24	36.48	16.85
暗棕壤	10 570.77	7 155.92	67.70	16.37
草甸土	78 057.75	20 876.65	26.75	47.75
沼泽土	3 837.76	396.20	10.32	0.91
泥炭土	1 623.79	777.06	47.85	1.78
水稻土	435.21	0	0	0
白浆土	35 283.53	7 141.95	20.24	16.34
合计	150 000.00	43 711.02	29.14	100.00

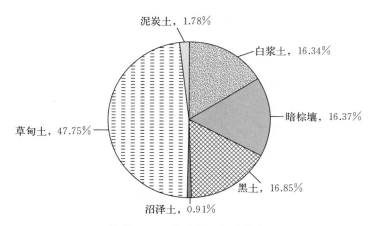

附图 3-4　各土类三级地分布

从土壤组成看，同江市三级地分布于黑土、草甸土、白浆土、暗棕壤、沼泽土、泥炭土 6 个土类。

根据土壤养分测定结果，各评价指标总结如下：

1. 有机质　同江市三级地土壤有机质平均值为 34.49 克/千克，变化幅度为 26.61～43.53 克/千克。含量大于 50 克/千克，出现频率为 0%；含量为 35～50 克/千克，出现频率是 30%；含量为 25～35 克/千克，出现频率为 70%；含量为 15～25 克/千克，出现的频率为 0%。

2. pH　同江市三级地土壤 pH 平均值为 5.01，变化幅度为 4.68～5.50。pH 大于 7.5，出现频率为 0%；pH 为 6.5～7.5，出现频率是 0%；pH 为 5.5～6.5，出现频率是 0%；pH 为 4.5～5.5，出现的频率是 100%。

3. 有效磷　同江市三级地土壤有效磷平均值为 51.77 毫克/千克，变化幅度为 41.97～59.64 毫克/千克。含量大于 100 毫克/千克，出现频率为 0%；含量在 40～100 毫克/千克，出现频率为 100%；含量在 20～40 毫克/千克，出现频率为 0%；含量在 10～20 毫克/千克，出现频率为 0%。

4. 速效钾　同江市三级地土壤速效钾平均值为 107.2 毫克/千克，变化幅度为 85.67～151.5 毫克/千克。含量大于 100 毫克/千克，出现频率为 66.7%；含量在 80～100 毫克/千克，出现频率为 33.3%。

5. 全氮　同江市三级地土壤全氮平均值为 1.91 克/千克，变化幅度为 1.39～2.60 克/千克。含量大于 2.5 克/千克，出现频率为 2%；含量在 2～2.5 克/千克，出现频率为 2%；含量在 1.5～2 克/千克，出现频率为 54%；含量在 1～1.5 克/千克，出现频率为 42%。

6. 全磷　同江市三级地土壤全磷平均值为 1.54 克/千克，变化幅度为 1.16～2.19 克/千克。

7. 全钾　同江市三级地土壤全钾平均值为 17.94 克/千克，变化幅度为 16.89～18.71 克/千克。

8. 有效锌　三级地土壤有效锌平均值为 1.62 毫克/千克，最小值为 0.92 毫克/千克，最大值为 2.28 毫克/千克。

9. 有效铁　三级地土壤有效铁平均值为 28.83 毫克/千克，最小值为 24.55 毫克/千克，最大值为 31.15 毫克/千克。

10. 有效铜　三级地土壤有效铜平均值为 0.81 毫克/千克，最小值为 0.40 毫克/千克，最大值为 1.24 毫克/千克。

11. 有效锰　三级地土壤有效锰平均值为 19.53 毫克/千克，最小值为 16.31 毫克/千克，最大值为 21.56 毫克/千克。

12. 土壤腐殖质厚度　三级地土壤腐殖质厚度为 15～20 厘米，出现频率为 11.3%；厚度为 10～15 厘米，出现频率为 14.4%；厚度为 8～10 厘米，出现频率为 48.2%；厚度为 6～8 厘米，出现频率为 25.0%；厚度为 0～5 厘米，出现频率为 1.1%。

13. 成土母质　三级地土壤成土母质由洪积、沉积或其他沉积物组成，其中洪积出现频率为 32.2%。

14. 土壤质地　三级地土壤质地由黑土、草甸土和白浆土组成，其中黑土占 81.9%；草甸土占 15.9%；白浆土占 2.2%。

15. 土壤侵蚀程度　三级地土壤侵蚀程度由微度、轻度组成，其中微度侵蚀占 65.5%；轻度侵蚀占 34.5%。

16. 年降水量　年降水量为 364～786 毫米，平均值为 575 毫米。

17. 海拔　海拔为 48～58 米，海拔小于等于 50 米的占 38.1%。

18. 地貌构成　地势盆状、不平，地形细碎，漫川漫岗，气候温凉，水土流失严重，岗地耕层薄，肥力差，风蚀面积大，地下水位低，水贫乏等。

四、四　级　地

同江市四级地总面积为 11 267.99 公顷，占总耕地面积的 7.51%。同江市各乡（镇）四级地分布面积统计见附表 3 - 7、附图 3 - 5，同江市各土类四级地分布面积统计见附表 3 - 8、附图 3 - 6。

附表 3-7　同江市各乡（镇）四级地分布面积统计

乡（镇）	总面积（公顷）	四级地面积（公顷）	占乡（镇）面积（%）
八岔赫哲族乡	14 066.70	219.30	1.56
街津口赫哲族乡	6 493.30	556.30	8.57
金川乡	18 686.70	3 632.53	19.44
乐业镇	15 060.00	472.80	3.14
临江镇	13 233.30	254.20	1.92
青河乡	24 873.30	2 162.02	8.69
三村镇	20 306.70	1 223.16	6.02
同江镇	4 140.00	477.11	11.52
向阳乡	15 940.00	1 192.36	7.48
银川乡	17 200.00	1 078.21	6.27
合计	150 000.00	11 267.99	7.51

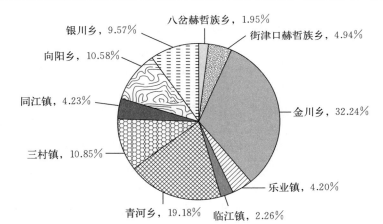

附图 3-5　同江市各乡（镇）四级地面积分布

附表 3-8　同江市各土类四级地分布面积统计

土　类	总面积（公顷）	四级地面积（公顷）	占该土类面积（%）	占四级地面积（%）
黑　　土	20 191.19	6 388.08	31.64	56.69
暗棕壤	10 570.77	1 434.54	13.57	12.73
草甸土	78 057.75	2 778.64	3.60	24.66
沼泽土	3 837.76	111.28	2.90	0.99
泥炭土	1 623.79	526.20	32.41	4.67
水稻土	435.21	0	0	0
白浆土	35 283.53	29.25	0.08	0.26
合计	150 000.00	11 267.99	7.51	100.00

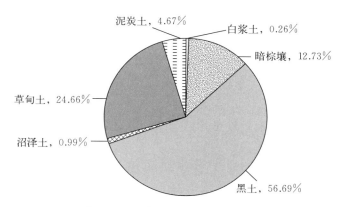

附图 3-6　各土类四级地面积分布

从土壤组成看，同江市四级地分布于暗棕壤、黑土、草甸土、白浆土、沼泽土和泥炭土 6 个土类。

根据土壤养分测定结果，各评价指标总结如下：

1. 有机质　同江市四级地土壤有机质平均值为 29.16 克/千克，变化幅度为 19.7～41.34 克/千克。含量大于 50 克/千克，出现频率为 0%；含量为 35～50 克/千克，出现频率是 30%；含量为 25～35 克/千克，出现频率为 40%；含量为 15～25 克/千克，出现的频率为 30%。

2. pH　同江市四级地土壤 pH 平均为 5.03，变化幅度为 4.79～5.50。pH 大于 7.5，出现频率为 0%；pH 在 6.5～7.5，出现频率是 0%；pH 在 5.5～6.5，出现频率为 0%，pH 在 4.5～5.5，出现的频率为 100%。

3. 有效磷　同江市四级地土壤有效磷平均值为 52.61 毫克/千克，变化幅度为 42.51～57.94 毫克/千克。含量大于 100 毫克/千克，出现频率为 0%；含量在 40～100 毫克/千克，出现频率为 100%；含量在 20～40 毫克/千克，出现频率为 0%；含量在 10～20 毫克/千克，出现频率为 0%。

4. 速效钾　同江市四级地速效钾平均值为 90.9 毫克/千克，变化幅度为 64～122.77 毫克/千克。含量大于 100 毫克/千克，出现频率为 33.3%；含量在 60～100 毫克/千克，出现频率为 66.6%。

5. 全氮　同江市四级地土壤全氮平均值为 1.65 克/千克，变化幅度为 1.01～2.50 克/千克。含量大于 2.5 克/千克，出现频率为 10%；含量在 2～2.5 克/千克，出现频率为 10%；含量在 1.5～2 克/千克，出现频率为 30%；含量在 1～1.5 克/千克，出现频率为 50%。

6. 全磷　同江市四级地全磷平均值为 1.60 克/千克，变化幅度为 0.96～2.28 克/千克。

7. 全钾　同江市四级地全钾平均值为 17.72 克/千克，变化幅度为 16.26～18.97 克/千克。

8. 有效锌 四级地土壤有效锌平均值为 1.64 毫克/千克，最小值为 1.05 毫克/千克，最大值为 2.45 毫克/千克。

9. 有效铁 四级地土壤有效铁平均值为 27.80 毫克/千克，最小值为 19.82 毫克/千克，最大值为 34.68 毫克/千克。

10. 有效铜 四级地土壤有效铜平均值为 0.84 毫克/千克，最小值为 0.42 毫克/千克，最大值为 1.46 毫克/千克。

11. 有效锰 四级地土壤有效锰平均值为 20.62 毫克/千克，最小值为 14.98 毫克/千克，最大值为 31.61 毫克/千克。

12. 土壤腐殖质厚度 四级地土壤腐殖质厚度在 50 厘米以上的出现频率为 11.5%；厚度在 30~50 厘米，出现频率为 7.7%；厚度在 20~30 厘米，出现频率为 39.8%；厚度在 10~20 厘米，出现频率为 38.4%；厚度在 0~10 厘米，出现频率为 2.6%。

13. 成土母质 四级地土壤成土母质由岩石半风化物、冲积质、沉积坡积母质组成，其中岩石半风化物出现频率为 45.6%。

14. 土壤质地 四级地土壤质地由沙壤、黏壤组成，其中沙壤占 76.3%，黏壤占 23.7%。

15. 土壤侵蚀程度 四级地土壤侵蚀程度由微度、轻度、中度和强度组成，其中微度侵蚀出现频率为 30.3%；轻度侵蚀出现频率为 28.6%；中度侵蚀出现频率为 23.1%；强度侵蚀出现频率为 18%。

16. 年降水量 年降水量为 364~786 毫米，平均值为 575 毫米。

17. 海拔 海拔为 60~70 米，海拔小于等于 65 米的占 46%，海拔为 60~70 米的占 54%。

18. 地貌构成 四级地土壤地貌构成由侵蚀剥蚀浅山、丘陵漫岗、侵蚀剥蚀低丘陵、起伏的冲击洪积台地与高阶地、河漫滩、倾斜的侵蚀剥蚀高台地、平坦的河流高阶地、侵蚀剥蚀小起伏低山、高河漫滩、倾斜的河流高阶地地貌构成。

第四节 土壤存在的问题

一、土壤养分贫瘠

由于同江市大豆面积连年居高不下，导致大豆重迎茬面积过多，造成土壤养分单一、贫瘠。重迎茬面积年均在 6 万公顷以上，主要集中在乐业镇、向阳乡、临江镇、金川乡、银川乡、八岔赫哲族乡，因此实行合理轮作势在必行。

土壤有机质逐年下降，增加土壤有机质问题亟待解决。

二、土壤沙化和黏化

同江市土壤沙化面积逐年增大，集中表现在乐业镇、向阳乡，面积为 2 万公顷。

三、土壤流失状况

在暗棕壤区有较严重的水土流失现象。由于乱砍滥伐天然次生林和不合理的开荒更加剧了坡耕地的水土流失速度和强度。主要体现在街津口乡，东部村屯因耕地坡度较大而造成的。

四、土层浅薄

由于同江市机械化程度较高，机械农田作业频繁，使犁底层上升，耕层变薄，全市面积达到 6.5 万公顷。

第五节　同江市耕地土壤改良利用目标

一、总体目标

（一）粮食增产目标

同江市是黑龙江省粮食的主产区和国家重要的商品粮生产基地，粮食总产量约 5 亿千克。本次耕地地力评价结果显示，同江市中低产田土壤占有相当大的比例，另外高产田土壤也有一定的潜力可挖，因此增产潜力较大，若通过适当措施加以改良，消除或减轻土壤中障碍因素的影响，可使低产变中产，中产变高产，高产变稳产甚至更高产。如果按地力普遍提高一个等级（保守数字），每公顷增产粮食 750 千克计算，同江市每年可增产粮食 5 000 万千克，这样每年粮食总产可达到 6 亿千克。

（二）生态环境建设目标

同江市耕地土壤在开垦初期，农田生态系统基本上处于稳定状态，然而在新中国成立以后到 20 世纪 80 年代以前的一段时间里，由于"以粮为纲"，过度开垦并采取掠夺式经营，致使生态系统遭到了极大的破坏，导致风灾频繁、旱象严重、水土流失加剧。当前生态环境建设的目标是恢复建立稳定复合的农田生态系统，依据本次耕地地力评价结果，下决心调整农、林、牧业结构，彻底改变单纯种植粮食的现状，对坡度大、侵蚀重、地力瘠薄的部分坡耕地的暗棕壤要坚决退耕还林还草；此外要大力营造农田防护林，完善农田防护林体系，增加森林覆盖率，使农田生态系统与草地生态系统及森林生态系统达到合理有机的结合，进而实现农业生产的良性循环和可持续发展。

（三）社会发展目标

同江市是农业大市，农民的收入以种植业和畜牧业为主。依据本次耕地地力评价结果，针对不同土壤的障碍因素进行改良培肥，可以大幅度提高耕地的生产能力，巩固同江市国家商品粮基地地位。同时通过合理配置和优化耕地资源，加快种植业和农村产业结构调整，发展粮区畜牧业，可以提高农业生产效益，增加农民收入，全面推进同江市农村建设小康社会进程。

二、近期目标

2016—2021 年，利用 5 年时间，改造中产田土壤 5 万公顷，使其大部分达到高产田水平，单产达到 7 500 千克/公顷。

三、远期目标

2022—2027 年，利用 5 年时间，改造低产田土壤 5 万公顷，使其大部分达到中产田水平，单产超过 6 000 千克/公顷，另外还要退耕还林还草 4 000 公顷，将不适合农业用地的坚决退出耕地序列。

第六节　同江市土壤改良的主要途径

同江市土地资源丰富，土壤类型较多，生产潜力很大，对农、林、牧、副、渔各业的全面发展极为有利。但是，由于自然条件和人为等因素的影响，有些地方土壤利用不太合理，上文已经提到了同江市土壤存在的一些问题，这些都是问题的主要方面。但目前多数土壤还存在着许多不被人们所重视的、程度不同的限制因素，因此，要尽快采取有效措施，全面规划、改良、培肥土壤，为加速实现农业现代化打下良好的土壤基础。下面将土壤改良的主要途径分别论述。

一、大力植树造林，建立优良的农田生态环境

人类开始农事活动的历史经验证明，森林是农业的保姆，林茂才能粮丰，是优良农田生态环境的集中表现形式。目前，同江市的森林覆盖率和农田防护林的覆盖率很低，只有18.3%，基础太差，风灾年年发生，因此，造林必须有个长足的大发展。为了驯服风沙、保持水土、涵养水源、调节气候、解放秸秆，都必须造林。要造农田防护林、水土保持林、水源涵养林、堤防渠道林等抗灾、保收、增产多种作用的森林。要林网化、绿化三田（水平梯田、沙田和沟坝田）、四旁（宅旁、村旁、路旁和水旁），同时搞好育苗，各乡（镇）都要拿出一定数量的土地作为育苗基地。本着同江市的实际情况，在大力发展植树造林的基础上，结合筑路、治水建设三田工程，造林要紧紧跟上。在三五年内全市森林覆盖率要达到20%以上，农田防护林覆盖率达到4.8%以上，这样就会使全市林业发生很大变化，农田生态就会大改善，随之而来的将会出现一幅林茂粮丰的大好景象。

二、改革耕作制度实行轮作耕法

同江市地处黑龙江省东北部，地处三江平原下梢，属于大陆性季风气候，合理耕作可以保持和提高土壤肥力，因此要实行大豆、玉米、经济作物三区轮作，同时要大力发展水

稻种植面积。

（一）深翻、深松、耙地相结合整地

翻、耙、松相结合整地，有减少土壤风蚀，增强土壤蓄水保墒能力，提高地温，一次播种保全苗等作用。

翻地最好是秋翻，无条件的也可以进行春翻，争取春季不翻土或少翻土。秋翻可接纳秋雨水，使水蓄在土壤里，有利蓄水保墒。春季必须翻整的地块，要安排在低洼保墒条件较好的地块，早春顶棱浅翻或顶浆起垄，再者抓住雨后抢翻，随翻随耙，随播随压，连续作业。

耙茬整地是抗旱耕作的一种好形式，要积极应用这一整地措施，耙茬整地不直接把表土翻开，有利保墒，又适于机械播种。

深松是整地的一种辅助措施，能起到加深土壤耕作层，打破犁底层，疏松土壤，提高地温，增加土壤蓄水能力的效果。要想使作物"吃饱、喝足"，"住得舒服"，抗旱抗涝，风吹不倒，必须加厚活土层，尽量打破犁底层或加深犁底层的部位。为此，深松是完全必要的，是切实可行的。根据深松耕法的经验表明，90％以上的深松面积增产，其增产幅度在8％～10％。深松如果能与旱灌结合起来效果更好。尤其是同江市范围内，应积极应用深松耕法，改变土壤干、瘦、硬和耕层薄犁底层厚的不良性状。

（二）积极推广应用机械播种。

机械播种是抗春旱、保全苗的一项主要措施之一。在同江市地势平坦的东部乡（镇）地块，便于机械作业。最好是土地规模经营，采用大型播种机械做到开沟、播种、施肥（化肥）、覆土、镇压一次完成，防止跑墒。机械播种还有播种适时、缩短播期、株距均匀、小苗生长一致等优点。

（三）因土种植，合理布局

根据同江市土壤情况，东部平原地区要在稳定玉米面积的同时适当提高水稻播种面积；中部丘陵漫岗区除以玉米为主外，还要提高大豆面积，最好做到玉米、大豆合理轮作；西北部地区，粮食作物应以玉米、杂粮为主，经济作物以大豆、葵花、马铃薯为主，逐步建立起玉米、杂粮、经济作物轮作制。同时要把种植绿肥纳入轮作制中，对同江市不适宜播种的瘠薄坡耕地、易涝地一定要采取退耕还林或还草政策。

三、增加土壤有机质培肥土壤

土壤有机质是作物养料的重要给源，增加土壤有机质是改土肥田，提高土壤肥力的最好途径。不断向土壤中增加新鲜有机质，能够改善土壤质地，增强土壤通气透水性能，提高地温，促进微生物活动，有利速效养分的释放，满足作物生长发育的需要。

（一）种植绿肥饲草肥田

种草和种植绿肥生产近年来在同江市已经列入生产项目之中，但仅限于在农业、畜牧业、水利部门的零星种植，缺乏统一规划。无论是农业种植绿肥，畜牧部门种的牧草、水利部门种的护坡护沟草本植物都不同程度起到增加土壤有机质作用。

据测定，种绿肥牧草第一年增加土壤有机质0.062％，第二年增加0.071 2％，第三

年增加有机质 0.091 4%，平均每年增加土壤有机质 0.074 8%，相当于每公顷地耕层增加有机质 1 683 千克，相当于每公顷地施有机质含量为 10% 的优质有机肥 15 000 千克。另外，每公顷地产鲜植物按 7 500 千克计算，可固定氮素 112.5 千克，除 33.5% 自身生长外，每公顷遗留氮素 75 千克，相当每公顷增施尿素 187.5 千克。每公顷产鲜草 15 000 千克，每 6 千克鲜草增加土壤有机质 0.5 千克，则增加土壤有机质 0.04%。所以每 500 千克草木樨鲜草氮、磷、钾含量相当于 15 千克硫酸铵、6 千克过磷酸钙和 6 千克硫酸钾。除了直接利用根茬肥田，大量的地上部用来养畜，更是一笔大的收入，而且形成一个生物良性循环，即种草、养畜、肥田，形成了肥田增产增收的新的结构。应该有一个统一规划，按不同土壤、不同地形，采取不同种植方式，以起到增加肥力、形成生态平衡、新的生物结构、改良土壤、培肥地力的作用。农业生产中，以粮草间、轮、套作为主，利用豆科绿肥作物地上部和地下部，改善土壤的有机物和无机物状况，创造一个新的生态环境，增加土壤有机质，改善土壤贫瘠的状况。

对于一些土层薄多砾石的高部位的暗棕壤和白浆土和平原地区的浅位沙砾底草甸土宜采取清种草木樨、沙打旺、紫花苜蓿等绿肥饲草；坡度小水土流失不严重地块可以粮、草轮作，即一年作物，二年种草。对于草甸暗棕壤、中层草甸土，可采取间种形式，玉米∶草木樨为 2∶1～2∶2 间作。既有利于调整作物的比例，又有利于农牧业发展，形成新的生态系统，调整农业内部结构。粮草间作，粮草轮作，符合同江市的实际，影响土壤培肥、改变生态系统的作用大、面宽。将多采取间作的形式，特别是对于农业部门，应将注意力转移到粮草间作方面来。

（二）增施农肥

增施优质农肥，才能补充不断下降的土壤有机质。据记载，土壤有机质按 0.1% 的速率下降，如果每公顷施用 10% 有机质含量的农肥，每公顷需 22 500 千克，才能维持土壤有机质的平衡。因此从培肥地力的角度，必须每年施入优质农肥，达到土壤肥力不减，获得高额的产量。

从同江市现时农业生产水平衡量，一是农肥质量不高，有的地方粪肥有机质含量低于 6%；二是数量不足，目前同江市平均公顷施农肥不足 1 000 千克；三是施肥年份不多，时有时无，更有边远地块从开垦尚无施过肥。了解土壤对有机质肥料需求的迫切性，更应引起生产者对农牧相依相辅共同发展关系的注意。所以增施有机农肥，走农牧结合道路，提升耕地质量具有必要性和迫切性。

（三）配方施肥

配方施肥是在以施用有机肥为基础的前提下，根据土壤的供肥性能和作物需肥规律，提出氮、磷、钾和中微量元素的适宜比例、适宜用量和施肥方法。通过采用测土施肥技术可以解决目前农民盲目施肥、经验施肥问题，做到作物缺什么补什么，缺多少补多少，什么时间缺就什么时间补。

（四）大力发展秸秆还田

秸秆还田是增加土壤有机质，提高土壤肥力的重要手段之一，它对土壤肥力的影响是多方面的，既可为作物提供各种营养，又可改善土壤理化性状。据试验秸秆还田一般可增产 10% 左右。抓住当前国家、省的有机质提升项目有利契机，广泛宣传，大力推广秸秆还田技术，走种地与养地相结合的道路。秸秆还田最好结合每公顷增施氮肥 55 千克、磷肥 35 千克，以调节微生物活动的适宜碳氮比，加速秸秆的分解。目前，要把秸秆还田作为农业基本建设的一项内容，和提高土壤有机质的一项重要措施来抓，为在全市逐步实行秸秆还田创造条件。

第七节　同江市耕地土壤改良利用对策及建议

农业生产实践过程中，常常把相近似的自然条件和生产水平、种植种类，以及生产发展方向，归纳成组合，或称之为区域。这对生产活动和生产发展有一定指导意义。土壤改良利用分区，便是把相同土类、相同土壤利用途径、相近似的改良方式，归纳为同一区域，以便发挥土壤资源的利用价值。

一、分区的依据

（1）依据土壤普查资料，按土壤属性和肥力的差异，相同或相近似生态环境，综合的自然条件特点，归纳为分区。
（2）按生产水平，种植方式，农业发展方向的一致性划分。
（3）遵照土壤改良利用方式和改良途径的不同，进行分区。

二、分区的原则

（1）在同一分区内，土壤成土条件、土壤类型重点突出，主要土壤基本性质相似。
（2）土壤存在的问题和改良意见一致。
（3）自然条件、地形地势相近似。
（4）土壤自然条件和生态环境条件，与村、屯行政区域的生产范围，尽量保持一致性。

三、分区概述

依据分区原则和依据全市共分为 3 个区。
（1）西中部漫岗平原豆、稻及经济作物（蔬菜）种植区：在该区内就土壤改良利用问题，一要实行豆、稻、经济作物（蔬菜）三区轮作制度，达到用地养地结合的目的；二要增施农家肥以提高土壤肥力，施用农肥每公顷要达到 15 万千克；三要扩大饲草和绿肥的种植面积，年均在 300 公顷以上，以此来培肥地力。
（2）中部沿江生态农业区：该区要实行退耕还林和还草的农业措施，使之达到保持水土和培肥地力的目的。
（3）东部低平原豆、稻种植区：该区就保持土壤肥力的问题，提高土壤抗涝能力，加强农田基础设施建设，大力发展水稻生产，同时要逐步扩大经济作物种植面积，逐步与大豆进行轮作。

四、建　议

1. 加强领导、提高认识，科学制订土壤改良规划　进一步加强领导，研究和解决改良过程中重大问题和困难，切实制订出有利于粮食安全，农业可持续发展的改良规划和具体实施措施。财政、金融、土地、水利、计划等部门要协同作战，全力支持这项工作。鼓励和扶持农民积极进行土壤改良，兼顾经济、社会、生态效益，促使土壤良性循环，为今后农业生产奠定坚实基础。

2. 加强宣传、培训，提高农民素质　各级政府应该把耕地改良纳入工作日程，组织科研院所和推广部门的专家，对农民进行专题培训，提高农民素质，使农民深刻认识到耕地改良是为了子孙后代造福，是一项长远的增强农业后劲的一项重要措施，使农民自发的积极参与土壤改良，才能使这项工程长久地坚持下去。

3. 加大建设高标准良田的投资力度　以振兴东北工业基地为契机，来振兴东北的农业基地，实现工农业并举，中央财政、省市财政应该对同江市这样的产粮大市给予重点资金支持，完善水利工程、防护林工程、生态工程、科技示范园区等工程的设施建设，防止水土流失。实现"藏粮于土"粮食安全的宏伟目标。

4. 建立耕地质量监测预警系统　为了遏制基本农田的土壤退化、地力下降趋势，国家应立即着手建设黑土监测网络机构，组织专家研究论证，设立监测站和监测点，利用先进的卫星遥感影像作为基础数据，结合耕地现状和 GPS 定位仪定位观测，真实反映出同江市土壤整体的生产能力及其质量的变化。

5. 建立耕地改良示范园区　针对各类土壤障碍因素，建立一批不同模式的土壤改良利用示范园区，抓典型、树样板，辐射带动周边农民，推进土壤改良工作的全面开展。

附录4 同江市立足特色农业的发展
强化耕地培肥与管护

针对同江市的实际情况，做大做强绿色大豆、水稻、玉米、蔬菜生产等主导产业，同时按照同江市农村经济发展的战略要求，强化耕地质量管理与保护，优化土地资源，因地制宜，提出科学的建议，具有十分重要的意义。

第一节 耕地地力建设与土壤改良培肥

一、继续加强农田生态环境整治

农田建设，必须把创造优良农田生态系统和土壤改良结合起来，山水林田路综合治理，最终要建成旱能灌、涝能排、灾能抗、土质肥沃、高产稳产的高标准农田。

一是大地园林化。按国家"三北"四期工程建设和同江市"十二五"规划要求，实现平原绿化达到15%的目标。突出抓好乐业、三村、青河、向阳、临江等乡（镇）的农防林建设。二是土地整理规范化，充分利用国家对农田基本建设的投入，以乐业镇、同江镇、临江镇的土地整理模式为标准，推进农田基本建设工作，建立高标准农田，建立灌、排配套，抗灾能力强的，生态环境好的现代化农田核心区域。推进现代农业的发展。

造好农田防护、水土保持、生物排水林等抗灾、保收、增产的多种作用林地。据林业、水利部门调查统计，同江市森林覆盖率山区为42%，中东部平原区的森林覆盖率仅有18%，直接影响农业生产，影响农作物的生长发育，影响粮食生产安全。目前农田地下水位降低0.5～1.0米，有效影响半径可达125～150米。

二、改土培肥，提高土地生产力

同江市低产耕地主要以白浆土为主。白浆土属半水成土，只受土壤上层暂时性滞水影响而湿润的土壤，属非地带性土壤。同江市分布的白浆土主要是岗地白浆土和平地白浆土，其土壤质地黏重，出现障碍层次，水土流失严重，跑水、跑土、跑肥，心土裸露，怕旱、怕涝，作物根系扎不下去，土壤板结，耕性差，产量不高不稳。因此培肥土壤、提高地力，是提高和发挥耕地生产潜力的保证。

应该明确指出，土壤肥力的培育和改善，土地生产力的提高，是长期而艰巨的工作。因此，必须在一个较长的时间内，综合运用各种措施（包括物理的、化学的、生物的）对土壤加以治理和改造。同江市研究了以稻治土，大面积发展水田，改良白浆土，同时做到肥料的合理施用，以及适当耕翻耙、整地措施等，对改善土壤理、化、生物性状，提高土壤肥力和土地生产力方面的积极意义。

培肥的主要任务是增加土壤有机质。广辟有机肥料来源就成了关键。解决的基本途径：一是尽可能多地把土壤生产的有机质归还土壤；二是通过合理的作物布局和耕作措施的调整来减少土壤有机质的消耗。具体来说，重点抓了以下几项措施：

1. 种植绿肥　通过 2～3 年的绿肥种植，增加地面覆盖，既改善了土壤理化性状又增加了有机肥源。

2. 以无机换有机　即以合理增施化肥来增加有机质的生产。在白浆化低产地区的改造初期，为了尽快地改善农民的生活条件，必须迅速提高生产力，仅靠大面积种植牧草和绿肥来获得有机肥源，在实际上存在较大的难度。而适当使用化肥，提高作物和秸秆产量，是提高农民生活水平，解决农村"化肥"紧缺的重要措施，也是获得大量秸秆和畜禽粪便等有机肥来源的可靠途径。

3. 积极研究和开发秸秆的多途径利用方式，提高秸秆的还田率和利用率　根据白浆化低产地区综合治理阶段的进展，当地农村经济和农民生活的发展水平，在采用秸秆直接还田的基础上，积极研究推广秸秆直接或加工（如青储、微生物发酵等）后过腹还田和生产沼气后的副产品还田，既解决了养殖业生产饲料不足的问题，提高了秸秆的利用价值；又为农民生活提供了能源，还为农田生产提供了优质有机肥。缓和了农村燃料、饲料、肥料三者之间的矛盾，可以说是一举多得。

第二节　耕地资源合理配置与种植业结构调整

积极发展畜牧业，努力实现农林牧综合发展，建立良性循环的优化农田生态系统

合理调整农村产业结构，积极发展畜牧养殖业，建立良性循环的农田生态系统和农业生态经济系统，同江市委、市政府十分重视，曾将畜牧业的发展和生产列为"半壁江山"，年实现畜牧业产值占农业总产值的 40%，坚持发展养殖基地 10 处、专业村 25 个、专业大户 120 户，并在资金、场所、物资技术等方面给予支持。排除农民在养殖业上存在的心理上、技术上、资金上的障碍，发展了一批农牧结合的畜牧养殖场、专业村养殖大户、专业户和联户。并通过分析研究，提出了农牧结合的形式，综合治理办法：在以农户分散养殖的基础上，以养殖场、专业村为主体带动养殖专业户和联户为畜牧业生产。农牧结合的养殖规模不断扩大，实现场、村、户多轮驱动的畜牧大市。随着生产力水平的发展，技术水平的提高，经济能力的增强，养殖规模的扩大，推进了畜牧业生产的发展，近而，加速农田生态系统的综合治理，又为综合发展建立良性循环的农业生态经济系统提供了必要的基础。要逐步形成以种植业为基础，养殖业为纽带来带动和促进农副产品加工业的发展，实现农林牧全面发展，种养加综合经营的农业生态经济系统。

农区发展畜牧业，实行农牧结合，不仅是提高畜牧业生产水平，满足人民生活需要的主要途径，也是促进农业发展，提高农民收入的重要措施。积极发展畜牧业生产，既可以加速农田生态系统的综合治理，又为综合发展建立良性循环的农业生态经济系统提供了必要的基础。根据同江市畜牧业生产的实际情况，研究总结出了一套农牧结合配套技术，促进了畜牧业发展。

1. 因地制宜合理调整畜禽生产布局 因地制宜合理调整畜禽布局，就近利用当地的自然和社会资源，是农区发展畜牧业的一大特点，也是农牧能否很好结合、相互促进的基础。根据同江市的具体条件，在畜禽结构的布局上，市委市政府明确提出：在同江市的低洼、沟谷等低平地上的沼泽土、泥炭土等水草丰盛、草甸资源相对较多的农村，结合土壤改良和荒地的利用，实行种草养畜，以发展牛、羊为主，结合发展鸡、猪养殖；在生产力水平较高，粮食尤其是玉米等饲料比较充足、经济条件较好的中南部地区，主要发展食粮型的鸡、猪、牛生产，而且由于指导思想明确，畜禽结构和布局合理，不仅促进了畜牧业的迅速发展，畜牧业产值不断攀升，2012 年实现畜牧业产值 27 916 万元，占农业总产值的 20%，也促进了种植业和加工业的发展。

2. 农牧结合的形式和规模 农牧结合的形式和规模是农区发展畜牧业，实行农牧结合所必须解决的问题。综合分析表明，在粮食低产地区，人口相对较少，土地相对较多，农民不富裕，还不太愿意完全脱离土地的具体特点，种养结合的养殖专业户，是实行农牧结合的最基本形式。因此，提出了以养殖专业户（联户）为龙头来带动试验区、示范区和扩散区的畜牧业生产，使他们成为全市畜牧业发展的生力军。

养殖专业户的规模大小受资源、市场的影响，也受本身的经济支付能力、劳动力和技术水平的制约，是一个比较复杂的问题，尤其是国家对畜禽产品不保证收购的情况下更是如此。规模小，技术要求不高，投资小，风险小，但总经济效益低，竞争力差；规模越大，技术水平要求越高，投资大，风险也大，但总经济效益高，竞争能力强。因此，适当的规模经营是立于不败之地的重要环节。根据同江市的实际和本次调查的结果，综合治理初期，实行农牧结合的个体专业户的养殖规模不宜过大，应以中小型为主，养鸡一般 500 只左右，养猪 50～500 头，养牛 50～200 头，养羊 50～100 只，养兔 100～150 只为宜。目前同江市发展起来的养殖专业户大多是这个标准和水平。这样的规模，一方面可消耗农业生产中的废弃物，另一方面也不会对农村环境产生多大的污染，从而使农牧业协调发展。

第三节　作物平衡施肥与绿色农产品基地建设

一、配方施肥技术与绿色食品生产

同江市是国家绿色食品发展中心批准的 3.33 万公顷绿色水稻生产基地市。到 2012 年，全市水稻面积 4.0 万公顷实现 100%，绿色水稻生产建设成为全省较大的绿色水稻生产基础。全市共有 A 级绿色食品标识 30 个，无公害标识 48 个。通过几年来对水稻生产中多因素及单因素试验，研究了氮、磷、钾 3 种元素相互关系。对土壤肥力的调控，除增加土壤有机质含量外，按 A 级绿色食品生产技术规程的要求，合理的使用氮、磷、钾肥配合对改善协调土壤供肥能力和作物产量的关系有很重要的意义；合理的氮、磷、钾肥配合比例对于提高氮、磷、钾肥的利用率有很重要的理论和现实意义；合理的氮、磷、钾肥配合比例也有利于减少施肥对环境的污染，确保农产品安全具有十分重要意义。通过3414试验，肥料比例（N：P_2O_5：K_2O）为 5：7：8 时为宜，最佳施肥量为纯氮用量控制在

8.0 千克/亩，五氧化二磷用量控制在 2.5 千克/亩，氧化钾为 6.0 千克/亩。

二、土壤有机质调控与稻秆还田

调控土壤有机质的途径和措施主要如下：

1. 秸秆还田　有机肥源主要依靠作物秸秆。近几年来，通过黑龙江省土壤肥料管理站、市农技部门和同江市农业技术推广中心多次电视讲座、印发宣传材料、科技三下乡等方式向农民宣传推广秸秆还田技术，使当地农民普遍提高了认识，同时市农机部门多渠道引进适用于不同动力的秸秆还田机，使秸秆还田技术得到了广泛应用。目前，作物秸秆 30%～50% 用作饲料和肥料。

2. 增加和开辟有机肥源

（1）以无机肥料增加有机肥源：按绿色食品技术堆积的要求，合理使用化学肥料，大幅度增产粮食。一般每增产 1.0 千克水稻、玉米、大豆相应增产的秸秆数量分别为 1.2 千克、1.8 千克、3.0 千克。例如含有机质 10.0 克/千克、矿化率 3.0% 的土壤，如果玉米产量为 400 千克/亩，则玉米秸秆产量相应为 720 千克/亩，只需投入 31% 的玉米秸秆，即可维持腐殖质平衡。

（2）以高产田秸秆培肥低产田：低产田产量低，每年生产的作物秸秆全部还田，仍难达到培肥要求；中产田生产水平一般，每年生产秸秆只能满足本身培肥需求；高产田土壤有机质含量一般较高，每年生产的秸秆除满足本身培肥需求外，还有一部分用于培肥中低产土壤，使全部土壤有机质得到全面保持与逐步提高。

三、改善有机材料还田程序

同江市现行秸秆还田程序有 4 种形式：

1. 直接还田　绿肥青体和作物秸秆直接施入土壤，省工省事，多在燃煤充裕、水源较好地区推行。水源困难地区，土壤中的秸秆腐解之前，架空耕层，对作物生长和耕作管理有一定的影响。

直接还田的另一种方式是将秸秆粉碎，覆盖于田间，经过初步分解，等作物收获后耕地时施入土壤。

秸秆覆盖还田和直接还田，增加土壤有机质的积累，特别是秸秆覆盖还田可以提高土壤蓄水保墒能力，调节土壤温度，增加株间二氧化碳浓度，改善土壤结构状况，协调土壤养分的供应，促进盐碱土的脱盐，具有省工、节能、减少杂草和防止水土流失等作用。

2. 堆沤还田　秸秆经过粉碎堆沤施入土壤，可以避免直接还田中的消极影响。但是，无论直接还田或堆沤还田，秸秆中的大量粗蛋白和碳水化合物未经过中间利用过程，直接进入土壤，经济效益较差。

3. 过腹还田　以可食用绿肥青体和作物秸秆饲养食草牲畜，以畜粪回田培肥土壤。

4. 根茬还田　利用土地比较宽裕的低产土壤种植一部分苜蓿、沙打旺，以地上部分喂养牲畜，畜粪回田；以地下部分和残落茎叶培肥土壤，是同江市的传统经验。一般作物根茬总量为其秸秆总量的 1/4～1/3，单产 400 千克/亩水稻，秸秆产量约为 480 千克/亩，根茬总量约为 160 千克/亩。同江市不少地区有机肥质量较差，施用量亦少，但土壤有机质仍然比较稳定，是作物根茬还田起了作用。

四、制订和执行严格的土壤保护制度

平整土地，禁止修挖工程以及拉土、卖沙，注意保留多年培肥熟化的耕层表土，挖取底土，用土以后，复原表土。基建占地力求避开富含有机质的高肥力土壤，尽量安排在瘠薄低产土壤。占用农田营造建筑物之前，应将富含有机质的表土运走，覆盖于薄劣土壤之上。有些地区挖取荒地草皮垒墙，刮取山坡草皮积肥，破坏生态，降低肥力，应严加制止。

五、土壤有机质增减预测

根据土壤有机质积累转化规律及其系数，进行土壤有机质动态趋势与增减幅度概算以及培肥目标实现时期预测。例如，土壤有机质含量 10.0 克/千克，腐殖质年矿化率 3%，耕层土壤质量按 15 万千克/亩，则土壤腐殖质每年损耗量为 45 千克/亩。如果每年投入玉米秸秆 225 千克/亩，玉米秸秆腐殖化系数为 0.20，则土壤腐殖质每年积累量亦为 45 千克/亩。土壤腐殖质积累损耗基本相抵，可以保持平衡，如果每年投入玉米秸秆 375 千克/亩，从腐殖质积累量中扣除损耗量，每年可有 30 千克/亩盈余，土壤有机质每年可以增加0.02%。随着土壤有机质含量提高，腐殖质矿化率及矿化量相应增加。如果预期在 10 年期间把土壤有机质含量由原来 10.0 克/千克提高到 12.0 克/千克左右，每年投入玉米秸秆数量应保持 375 千克/亩以上。

第四节　加强耕地地力监测网络建设与保护

一、建立高效的耕地地力监测、信息管理与预警体系

一是建立健全耕地地力监测体系，从硬件和软件两个方面加强和提高监测能力，改进分析设备，提高分析能力。要加强耕地地力监测网络建设，及时准确地掌握耕地地力变化的动态（加快监测点配套设施建设），把土壤的安全检测列入农产品安全检测的重要环节，切实抓好耕地地力监测、管理等配套技术规程和标准的制订工作，为指导合理施肥、维护耕地地力奠定扎实基础。二是建立健全耕地地力信息共享信息系统，应用 3S（GIS、GPS、RS）技术，改进、优化耕地资源管理信息系统功能，不断充实、完善基础数据库，提高信息的开发利用效率，为调整、优化农业结构，发展区域性特色农产品产业带，建立无公害农产品基地，发展绿色农产品提供科学依据。三是建立土壤质量与安全预警体系。在耕地地力调查的基础上，根据耕地区域分布、利用类型、灌溉水来源等要素，设立土壤环境质量监控点，分析土壤理化性状和土壤环境变化趋势，及时发现和掌握土壤障碍因

素、土壤污染的发生和发展情况，并能先期提出预警报告，及时为农业生产提供针对性强的治理、预防措施和改良、培肥土壤的指导意见。

二、完善耕地保养管理法律法规，依法加强耕地地力建设

根据《中华人民共和国农业法》《基本农田保护条例》等现行法律、法规，依法加强耕地地力建设与保养。要抓紧制订适用于当地的《耕地保养管理条例》等地方性法规，把建立耕地保养监督管理制度，建立健全耕地地力监测体系，加强耕地地力保护等工作纳入法制化轨道，努力健全耕地保养管理的法律法规体系，促进农业生产持续稳定发展。

三、建立耕地保养管理专项资金，加大政府对耕地地力建设的支持力度

政府要重视耕地地力保护，把它作为农业基础建设的一项重要举措。建议各级财政部门及有关部门将耕地地力建设这项工作纳入财政预算，列入重点支持项目，建立耕地保养管理专项资金，制订优惠政策，加大资金投入力度，改善和提高耕地地力，为生产优质、无公害、特色农产品创造良好的土壤环境条件。

多渠道争取资金，加大对耕地地力建设的投资力度，努力保护、改善耕地质量，提高耕地综合生产能力，是增强农业竞争实力的重要途径。重点在以下方面增加投入，一是采取工程、生物、农艺等综合措施，开展标准化农田建设，改造中低产田，减少劣质耕地；二是大力实施"沃土工程"，推广各类商品有机肥、新型优质高效肥，推广秸秆还田等地力培肥和平衡施肥技术，扩种肥、饲、菜兼用的绿肥新品种，鼓励充分开发和利用有机肥资源，特别要重视畜禽养殖场的粪肥利用，应制订切实有效的政策加以引导，改善生态环境，提高土壤肥力；三是结合特色农产品、无公害农产品、绿色食品等基地建设，动态地进行耕地肥力和环境质量监测，为耕地保养、消除土壤障碍因子、防治环境污染提供科学依据。建议重点抓好以下方面的投入：

1. 重视和支持新建加土田土壤的调查与改良工作　一是及时进行新建加土田的土壤及养分调查工作，以帮助查明耕地肥力变化情况，采取有针对性的措施；二是采取有力的措施进行改良，重视有机肥的资源利用与开发，继续推广秸秆还田和优化配方施肥技术，大力实施"沃土工程"，培肥耕地。如对充分利用养殖大户的粪肥、畜粪、人粪尿、丢弃的秸秆等制作有机肥项目，大力推广种植绿肥等提供必要的资金支持，推动废弃物的利用。这样不仅增加了耕地有机肥的投入，肥沃土壤。又充分开发和利用这些废弃物资源，保护改善环境，减少社会的发展成本。

2. 切实加强地力与土壤环境监测　顺应农业生产发展的要求，即根据无公害农产品、绿色食品及其他特色产业的发展要求，有针对性地进行地力监测和耕地土壤环境质量监测，为及时发现、消除土壤障碍因子，保护、治理土壤环境，控制污染，提供信息和依据。目前，同江市耕地地力与土壤环境监测能力无论是仪器设备，还是人员与技术能力均比较薄弱，迫切需要给予稳定的资金支持并补充掌握测试新技术的人员以承担起相应的分析与检测职责。

附录5 同江市耕地地力评价工作报告

同江市地处黑龙江省东北部,松花江和三江平原下梢。辖区总耕地面积38.33万公顷,其中市属耕地面积15万公顷。2008年粮食总产5亿千克,农民人均收入达到4 370元。市辖6乡、4镇,4个农林牧渔场,85个行政村,127个自然屯,总人口21万人,其中市属人口13万人,农场人口8万人。是国家重要的商品粮基地县,2008年被评为全国绿色食品标准化生产基地县。

2007年,同江市被正式确定为国家测土配方施肥资金补贴项目市。几年来,在黑龙江省土肥管理站的正确指导和亲切关怀下,在市委、市政府的高度重视和正确领导下,全市各乡(镇)村领导和群众积极配合下,由推广中心组织4个工作组、20余名科技人员在全市10个乡(镇)、85个行政村开展了项目实施工作。按照省测土配方施肥采集土样,土样干燥后进行化验,检测出全市耕地土壤中各种养分含量及其他因子数据。市政府也先后派科技人员去桦南、方正、肇源、安达、五常、阿城、双城及周边市县测土配方施肥园区参观学习。同时,积极组织科技人员参加黑龙江省土壤肥料工作站召开的GPS卫星定位及采样标准技术培训等各种会议,为项目的实施积累了人才技术保障。通过电视台跟踪报道,使测土配方施肥项目既宣传得轰轰烈烈,每个工作环节又落实得扎扎实实。四年来开展了测土配方施肥电视讲座20余期次,建立测土配方施肥科技示范户5 000户,采集化验土样11 975个,按黑龙江省土壤肥料管理站要求增加了加密土样4 000个,评价代表土样1 975个,施肥建议卡入户率达98%。全市推广测土配方施肥面积8万公顷,辐射面积达到11.67万公顷,累计应用配方肥3 000吨。化肥施用量下降6%~8%,肥料利用率提高了5个百分点左右,粮食增产10%以上,每亩减少化肥投入资金8.50元,粮食增产54.7千克,增收65.6元,合计亩净增收74.1元,全市累计推广测土配方施肥面积8万公顷,累计增收8 892万元。目前,全市形成了以推广中心为核心,以乡(镇)农技站为主线,以村农民科技示范户为重点的测土配方施肥项目实施网络。为全市10个乡(镇)、85个行政村、2万户农民提供测土配方技术服务,并于2010年12月完成了耕地地力评价工作。

一、项目实施的目的意义

同江市的耕地地力调查与评价工作,是按照农业部办公厅、财政部办公厅、农办农〔2005〕43号文件、黑龙江省农业委员会、黑龙江省财政厅、黑农委联发〔2005〕192号文件精神,按照全国农业技术推广服务中心《耕地地力评价指南》的要求,于2007年正式开展工作。

组织实施好测土配方施肥,对于提高同江市粮食单产,降低生产成本,实现粮食稳定增产和农民持续增收具有重要的现实意义。

耕地地力评价是测土配方施肥补贴项目实施的一项重要内容,测土配方施肥不仅仅只是一项技术,而是一项惠农政策。同江市在20世纪80年代初进行过第二次土壤普查,在以后的 20 多年中，农村经营管理体制，耕作制度、作物品种、肥料使用种类和数量、种植结构、产量水平、病虫害防治手段等许多方面都发生了巨大的变化。农村部分地区盲目施肥、过量施肥现象严重。这些变化对耕地的土壤肥力以及环境质量必然会产生巨大的影响。然而，自第二次土壤普查以来，同江市的耕地土壤却没有进行过全面的调查。目前同江市农村仍以小农经济为主，千家万户地块分割，种植制度、肥力水平和种田水平的千差万别造成了土壤特性在不同空间位置上的量值不相等。传统统计方法仅凭经验将土地划分为若干较为均一的区域，以均值概括土壤特性的全貌。因此，开展耕地地力评价工作，对同江市优化种植业结构，建立各种专用农产品生产基地，推广先进的农业技术，确保粮食安全是非常必要的。

（一）保障国家粮食生产安全的需要

按照党中央"一定要毫不松懈地抓好粮食生产，为维护国家粮食安全做出更大的贡献"的指示精神，确保国家粮食生产安全，解决 13 亿中国人的吃饭问题，使广大人民群众由温饱型向更高生活水准迈进，就要进一步增加粮食产量，而粮食产量的增加必须建立在良好的土壤环境条件下，为农作物提供最佳的生产空间，解决耕地数量减少与粮食需求增长的矛盾。1996 年，我国耕地总面积达 1.3 亿公顷，2006 年底降为 1.218 亿公顷，10 年减少 0.08 亿公顷。同江市耕地面积一直维持在 15 万公顷，多年来，粮食产量一直在 3 亿千克左右。调整种植业结构，特别是通过测土配方施肥项目的实施，使粮食产量有了大幅度地提高，达到历史最高水平，2008 年实现了 5 亿千克，比 1998 年增产 2.2 亿千克，增长 53.6%。因此，按照黑龙江省省委"八大经济区"建设的总目标，以三江平原农业开发区及千亿斤粮食产能工程为重点，通过科学分析，准确掌握同江市耕地生产能力，运用现有成果因地制宜加强同江市耕地质量建设，指导同江市种植业调整，通过 3~5 年的努力，使同江市水稻面积实现 3.33 万公顷，力争使粮豆薯总产实现 7.5 亿千克，成为同江市名副其实的全省产粮大市和农产品加工大市。

（二）实现农业可持续发展的必然需要

土地是人们赖以生存和发展的最根本的物质基础，是一切物质生产最基本的源泉。切实保护好耕地，对于提高耕地综合生产能力，保障粮食安全具有深远的历史意义和重大的现实意义。同江市是全国粮食生产基地市，随着工业化、城镇化建设步伐的加快，大量的无机肥料的应用，生活废弃物的堆积，工业废水的污染对农业和整个生态环境造成了极大的负面影响。近几年来，同江市高度重视环境保护工作，特别是实现测土配方施肥以来，于 2009 年 5 月，同江市被评为国家环境保护生态市。因此，开展耕地地力评价，有利于更科学合理地利用有限的耕地资源，全面提高同江市耕地综合生产能力，遏制耕地质量退化，确保地力不断向好的方向发展。

（三）开展耕地地力评价工作是提高耕地质量的需要

随着测土配方施肥项目的常规化，就能不断地获得新的数据，不断更新耕地资源管理信息系统，使管理者及时有效地掌握耕地地力状态。因此，耕地地力评价是加强耕地地力建设必不可少的基础工作。利用"高新"技术和现代化手段对耕地地力进行监测和管理是农业现代化的一个重要标志。通过采用当前国际上公认的"3S"技术等耕地地力调查先进技术，对耕地地力进行调查和评价，不仅克服了传统调查与评价周期长、精度低、时效差的弊端，而且及时有效地将调查成果应用于同江市农业结构调整、绿色无公害农产品产地建设，为农民科学施肥提供技术指导，为领导指导生产提供决策支持和理论依据，从而推进了同江市优势农产品生产向优势产地集中。同时，应用现代科技手段，创建网络平台，通过计算机网络可简便快捷地为涉农企业、农技推广和广大农户提供及时有效的咨询服务。

实践证明，组织实施好测土配方施肥，对于提高肥料利用率，减少肥料浪费，保护农业生态环境，改善耕地养分状况，实现农业可持续发展具有深远影响。多年来，同江市耕地地力经历了从盲目开发到科学可持续利用的过程，适时开展测土配方施肥项目是发展效益农业、绿色生态农业、可持续发展农业的有力举措。

二、工作组织

根据《全国测土配方施肥技术规范》和黑龙江省土壤肥料管理站的具体要求，组织人员开展此项工作。

（一）成立领导组织，强化协助实施力度

同江市成立了工作领导小组，由主管农业的副市长任组长，市农业委员会主任任副组长，成员包括市农业技术推广中心和各涉农部门领导等。领导小组负责组织协调，制订工作方案，落实人员，安排资金，指导全面工作。领导小组下设同江市测土配方施肥项目工作办公室，由市农业技术推广中心主任任组长，成员由市推广中心的有关人员组成，按照黑龙江省土壤肥料管理站的统一安排，具体组织实施各项工作任务。

成立技术指导小组和专家顾问组。技术指导小组组长由同江市技术推广中心主任担任，副组长由业务副主任、土肥站站长、化验室主任担任，成员由同江市农业技术推广中心业务骨干组成，负责外业中的卫星定位仪和土样采集等技术指导和室内土壤化验、数据录入、分析配方等工作。制订了"同江市测土配方施肥工作方案""同江市测土配方施肥技术方案""同江市野外调查及采样技术规程"，同时负责科技人员及农民的技术培训。

（二）成立专业队，按质量标准进行野外调查

同江市测土配方施肥严格按照测土、配方、配肥、供肥和施肥指导5个环节开展工作。

1. 土壤分类　在外业调查之前，按照黑龙江省土壤肥料管理站的要求，根据同江市土壤的实际结果，对全市的土壤分类做了系统的整理，本次评价全市共分为7个土类、9个亚类、12个土属、21个土种。其中草甸土、白浆土和黑土面积占总耕地面积的89.02%，土壤呈微酸性，pH大都在7以下。

2. 技术培训　2007年4月25日，由市农业技术推广中心组织召开"同江市测土配方施肥技术培训会"，由推广中心主管业务副主任、土壤肥料管理站、化验室主任等同志讲授野外采集土样、入户调查表格的填写和GPS定位仪的使用方法等，将各样点土样装入特制布袋中，填写好标签，内外各1份，标明编号、采样地点、时间、采集人、土类等项目。标签应用铅笔填写，不得以钢笔填写，同时要避开路边、田埂、沟边、肥堆等特殊部位。这次培训班有市、乡（镇）骨干47人参加。

3. 野外调查和土样采集同时进行 从 2007 年 5 月 1 日至 10 月 20 日第一次采集土样 4 000 个；至 2010 年，先后采集土样 10 000 个，及时下发配方施肥建议卡，推广应用配方肥 3 000 吨。按乡（镇）、村、屯划区办法，采用 GPS 定位，确定经纬度。每个采样点都附有一套采样点基本情况调查表和农业生产情况调查表，其中内容包括立地条件、剖面性状、土地整理、污染情况、土壤管理以及肥料、农药、种子、机械投入等方面内容，采样点涉及全市 10 个乡（镇）、85 个行政村。

野外调查包括入户调查、实地调查，采集土样以及填写各种表格等多项工作，调查范围广、项目多、要求严、时间紧。为保证工作进度和质量，野外调查专业队由县农业技术推广中心负责技术指导。在野外调查阶段，市农业技术推广中心组织分片检查，由中心主任带队，发现问题就地纠正解决。外业工作共分两个阶段进行，在每一个阶段工作完成以后，都进行检查验收。在化验期间，技术指导小组对化验结果进行抽检，以保证数据的准确性，同时及时将数据录入计算机，按黑龙江省土壤肥料管理站要求，制订配方、派专人到配肥站监督肥料生产，并及时送到农民家中，生产期间科技人员跟踪进行技术指导服务，确保项目的实施。

本项工作在同江市农业委员会、国土资源局、水务局、环保局、林业局、统计局、气象局、财政局等部门协调下完成。

（三）收集材料，为项目实施做好准备工作

从 2007 年 5 月开始，搜集同江市土壤方面的材料。确定了骨干技术人员，提前进入工作状态。主要是收集各种资料，其中包括图件资料、有关文字资料、数字资料；同时对资料进行整理、分析、编绘、录入；这些水利资料、气象资料、统计资料和水质环境等，随后对野外调查和室内化验工作进行了全面安排和准备。

1. 图件资料 从国土资源局收集了同江市土地利用现状图；农业技术推广中心提供了全市各乡（镇）土壤图；从市民政局收集了同江市行政区划图。

2. 文字和数据资料 由市土壤肥料管理站提供了第二次土壤普查部分相关资料及数据。由市史志办提供了《同江市县志》等相关资料及数据。由市国土资源局提供了全市耕地面积、基本农田面积等相关资料及数据。由市统计局提供了全市农业总产值、农村人均产值、种植业产值、粮食产量（各种作物产量情况）、施肥情况、国民生产总值等相关资料及数据。由市气象局提供了全市气象资料及数据。由市水务局提供了水利、水资源、农田灌溉情况和水质污染等相关资料及数据。

（四）按规范要求开展室内化验

土壤测试是制订肥料配方的重要依据。按照《全国测土配方施肥技术规范》要求，同江市按 1 500 亩耕地采集 1 个土样，选择有代表性的点，对测土配方施肥的效果进行了跟踪调查。室内化验主要做了土壤物理性状分析、土壤养分性状的分析。

1. 土壤物理性状分析项目 包括土壤容重（环刀法）、土壤含水量（烘干法）的分析和化验土样的制作。

2. 土壤养分性状分析项目 包括土壤速效养分（碱解扩散法）、pH（电位法）、有机质（油浴加热重铬酸钾氧化容量法）、全氮（凯氏蒸馏法）、全磷（氢氧化钠熔融——钼锑抗比色法）、全钾（氢氧化钠熔融——原子吸收分光光度法）、有效磷（碳酸氢钠提取——

钼锑抗比色法）、速效钾（1 摩尔/升乙酸铵浸提——原子吸收分光光度计法）。

3. 微量元素　（有效铜、铁、锰、锌）DTPA 浸提——原子吸收分光光度法。

（五）调查表的汇总和数据库的录入

1. 调查表的汇总和录入　调查表的汇总主要包括采样点基本情况调查表和农业生产情况调查表的汇总及数据的录入；4 年来共录入 11 957 份，科技人员加班加点工作 380 多天次。

2. 数据库的录入　将土壤养分分析项目、物理性状分析项目输入数据库，为建立耕地资源管理信息系统提供依据。

（六）图件的数字化

对收集的图件进行扫描、拼接、定位等整理后，在 ArcInfo、ArcView 绘图软件系统下进行图件的数字化。将数字化的土壤图、土地利用现状图、基本农田保护区规划图在 ArcMap 模块下叠加形成了同江市评价单元图。

（七）建立同江市耕地资源管理信息系统

根据化验结果分析，将所有数据和资料收集整理，按样点的 GPS 定位仪定位坐标，在 ArcInfo 中转换成点位图，采用 Kriging（克立格法）分别对有机质、全氮、有效磷、速效钾等进行空间插值的方法，生成了系列养分图件。

利用黑龙江省土壤肥料管理站提供的县级耕地资源管理信息系统，建立评价元素的隶属函数，对评价单元赋值、层次分析、计算综合指标值，确定并评价了同江市耕地地力等级等相关工作。

（八）成立专家组织

专家组是项目执行过程中的重要机构，由黑龙江省土壤肥料管理站、东北农业大学、黑龙江省农业科学院成立了专家顾问组，负责技术指导、实施方案审定、评价指标选定、指标权重值测定和单因子隶属度评估和成果资料审查，遇到问题及时向专家请教，并得到了专家们的大力支持，尤其是在数字化建设和软件的应用方面得到了黑龙江极象动漫影视技术有限公司的鼎力相助，使工作顺利地开展下去。

三、主要工作成果

1. 文字报告　同江市耕地地力评价工作报告，同江市耕地地力评价技术报告，同江市耕地地力评价专题利用报告。

2. 同江市耕地质量管理信息系统　摸索出同江市测土配方施肥的实际效果，完善了测土配方施肥管理体系。形成了同江市测土配方施肥技术体系，建立了测土配方施肥技术服务体系。

3. 数字化成果图　同江市耕地土壤图，同江市耕地地力等级图，同江市土地利用现状图，同江市行政区规划图，同江市大豆适宜性评价图，同江市采样点图，同江市土壤有机质分布图，同江市全氮分布图，同江市有效磷分布图，同江市速效钾分布图，同江市有效锌分布图，同江市有效锰分布图，同江市有效铜分布图，同江市全钾分布图，同江市全磷分布图，同江市碱解氮分布图。

四、主要做法与经验

（一）主要做法

1. 因地制宜，根据时间分段进行 同江市主要农作物的收获时间都在 9 月底到 10 月中旬陆续结束，11 月 5 日前后土壤冻结。从秋收结束到土壤封冻也就是 20 天左右的时间，在这 20 天的期间内完成所有的外业任务，比较困难。根据这一实际情况，把外业的所有任务分为入户调查和采集土壤两部分。入户调查安排在秋收前进行。而采集土壤则集中在秋收后土壤封冻前进行，这样，既保证了外业的工作质量，又使外业工作在土壤封冻前顺利完成。

2. 统一计划、合理分工、密切合作 耕地地力评价是由多项任务指标组成，各项任务又相互联系成一个有机的整体。任何一个具体环节出现问题都会影响整体工作的质量。因此，在具体工作中，根据农业部制订的总体工作方案和技术规程，在黑龙江省土壤肥料管理站的指导下，采取了统一计划，分工合作的做法。省里制订了统一的工作方案，按照这一方案，对各项具体工作内容、质量标准、起止时间都提出了具体而明确的要求，并作了详尽的安排。承担不同工作任务的同志都根据这一统一安排分别制订了各自的工作计划和工作日程，并注意到了互相之间的协作和各项任务的衔接。

（二）主要经验

1. 全面安排，抓住重点工作 耕地地力评价工作的最终目的是对调查区域内的耕地地力进行科学的评价，这是开展这项工作的重点。所以，从 2007 年的秋季到 2010 年的春季，在努力全面保证工作质量的基础上，突出了耕地地力评价这一重点。除充分发挥专家顾问的作用外，还多方征求意见，对评价指标的选定和各参评指标的权重等进行了多次研究和探讨，提高了评价的质量。

2. 发挥市级政府的职能作用，搞好各部门的协作 进行耕地地力评价，需要多方面的资料图件，包括历史资料和现状资料，涉及农业委员会、国土资源局、水务局、环保局、林业局、统计局、气象局、财政局等各个部门，在市域内进行这一工作，单靠农业部门很难在这样短的时间内顺利完成，通过市政府协调各部门的工作，保证了在较短的时间内，把资料收集全，并能做到准确无误。

3. 紧密联系生产实际，为当地农业生产服务 开展耕地地力评价，本身就是与当地农业生产实际联系十分密切的工作，特别是专题报告的选定与撰写，要符合当地农业生产的实际情况，反映当地农业生产发展的需求，因此，在调查过程中，联系同江市农业生产的实际，撰写了 4 项专题报告，充分应用了这次调查成果。

五、资金使用情况

在资金运行上严格按照国家测土配方施肥项目资金管理办法实施，实行专款专用，不挤不占。2007—2010 年以来，对全市 85 个行政村、127 个自然村进行土样采集，共采集土样 11 957 个，发放测土配方施肥建议卡 11 957 份，落实 1 680 试验点次 25 个，肥效田间试验 10 个，耕地地力定位监测点 30 个，举办测土配方施肥培训班 32 次，培训技术人员、乡村干部 420 人次，培训农民 8 600 人次。现将资金运行情况报告如下：

国家投入资金 200 万元，实际支出 1 957 072.85 元。

1. 测土　分析化验 545 797.00 元；土样采集 289 029.40 元；调查农户施肥 85 173.53 元。

2. 配方施肥　农户施肥指导 66 752.87 元；制订肥料配方 87 221.00 元；田间肥效试验 151 103.55 元；数据采集 44 296.00 元；仪器设备 621 828.40 元；培训 27 047.10 元；管理费用 38 824.00 元。

六、存在的突出问题及建议

1. 专业人员少　此项调查工作要求技术性很高，如图件的数字化、经纬坐标与地理坐标的转换、采样点位图的生成、等高线生成高程、坡度、坡向图等技术及评价信息系统与属性数据、空间数据的挂接、插值等技术都要请上级的专业技术人员帮助才能完成。

2. 与第二次土壤普查衔接难度大　本次调查评价工作是在第二次土壤普查的基础上开展的，也是为了掌握两次调查之间土壤地力的变化情况。充分利用已有的土壤普查资料开展工作。应该看到本次土壤调查的对象是在土壤类型的基础上，由于人为土地利用的不同，土壤性状发生了一系列的变化，由于本次耕地地力评价技术含量高，全面系统，而第二次土壤普查较为粗浅。参加本次调查有关人员，大多数只能参与取样工作。因此在某些方面衔接难度大。

3. 收集历史资料难度大　同江市经过多次行政区划变更，历史资料不全，而且由于各部门档案专业人员少，管理不规范，造成了有些资料很难收集，为本次耕地地力评价带来一定的影响。

4. 相关经费不足　本次耕地地力评价工作需要人员多，工作时间长，工作量大，科技含量高。由于同江市是国家级扶贫开发重点县，市级财政很难从资金上给予补助。尽管采取多种办法措施，但投入资金仍然不足。

七、同江市耕地地力评价工作大事记

（1）2007 年 3 月，印发同农委字（2007）14 号文件，搞好测土配方施肥工作的指导性文件。

（2）2007 年 3 月 18～26 日，派 3 名技术人员到双城市农业技术推广中心参加全省新建项目化验员培训班学习。

（3）2007 年 4 月 10～11 日，派 3 名技术员到巴彦县农业技术推广中心参加全省测土配方施肥采样现场会和实验项目落成会议。

（4）2007 年 8 月 7～29 日，派 1 名技术人员到新疆乌鲁木齐参加农业部组织的全国第二届测土配方施肥技术研讨会。

（5）2007 年 9 月 24～27 日，派 1 名技术员到双城市农业技术推广中心参加全省配方施肥数据系统培训。

（6）2008 年 春季采样 2 000 个。

（7）2008 年 5 月 13～14 日，同江市土壤肥料管理站站长到黑龙江省土壤肥料管理站参加 2007 年项目培训。

（8）2008 年 5 月 15～22 日，派 2 名技术人员到双城市农业技术推广中心参加 2007 年项目县化验员培训。

（9）2008 年 9 月 6～12 日，派 3 名技术人员到双城市农业技术推广中心参加化验员资格培训。

（10）2009 年 4 月，黑龙江省土壤肥料管理站站长王国良带领省有关专家到同江市农业技术推广中心进行项目检查验收。

（11）2009 年 4 月，同江市农业技术推广中心主任田新富、土壤肥料管理站站长吴连富到青海省参加农业部组织的全国测土配方施肥地力评价"3414"数据整理培训班。

（12）2009 年 9 月，派土壤肥料管理站站长吴连富到青海省参加农业部组织的高产高效栽培技术培训班。

（13）2009 年 10 月，农业技术推广中心组织 35 名业务站人员进行第四次外业调查和土壤采集工作，采集加密样 2 000 个，历时 15 天。

附录 6 同江市村级土壤属性统计表

附表 6-1 村级土壤碱解氮、有效磷和速效钾含量统计

单位：毫克/千克

村名称	样本数	碱解氮			有效磷			速效钾		
		平均值	最小值	最大值	平均值	最小值	最大值	平均值	最小值	最大值
卫垦村	114	361.23	223.78	495.94	41.21	28.9	53.9	114.68	68	244
卫明村	49	340.41	223.78	435.46	53.63	23.4	81.3	152.16	76	261
渔业村	119	305.88	163.3	465.7	58.02	30.8	83.2	148.26	78	288
三村	128	223.95	65.016	707.62	66.61	27.1	92.6	116.37	34	266
四村	66	300.51	57.456	511.06	65.40	29.5	103.6	115.39	68	180
庆安村	52	381.10	208.66	707.62	69.32	51.8	92.9	111.73	80	176
卫华村	46	392.19	254.02	532.06	55.35	24.4	85.4	109.74	56	174
卫星村	48	325.08	238.9	465.7	54.68	32.9	73.7	126.27	84	197
华星村	47	365.90	223.78	526.18	75.31	41.1	103.6	108.64	66	167
一庄村	33	230.69	102.82	495.94	53.61	35.5	69.8	91.82	54	190
东风村	46	220.23	117.94	480.82	63.83	41.7	94.9	75.87	43	124
乐业村	50	263.65	163.3	435.46	63.81	35.9	99.7	109.66	50	205
同胜村	40	233.61	140.6	374.98	66.65	32.1	86.5	72.38	44	98
东方红村	36	302.64	163.3	450.58	50.56	35.9	65.5	89.81	51	169
前锋村	57	226.06	148.18	306.94	65.54	33.6	93.8	97.12	59	148
胜昌村	77	281.45	140.6	480.82	67.13	35.3	85.9	74.55	47	116
朝阳村	137	192.23	117.94	495.94	54.44	23.4	84.4	76.34	45	147
曙平村	78	230.86	140.6	465.7	49.02	23.4	87.8	76.45	37	106
燎原村	65	265.96	179.47	435.46	48.98	28	92.1	78.95	54	118
向阳村	69	288.43	163.3	495.94	45.89	31.7	71.0	77.16	54	136
合兴村	30	337.95	238.9	481.45	54.56	29.5	83.2	168.07	101	234
春华村	43	349.75	223.78	579.1	58.36	37.6	81.6	119.37	65	210
银河村	111	377.82	163.3	662.26	52.25	32	79.0	105.12	53	221
新强村	108	374.93	203.62	495.94	46.22	25.6	81.9	124.41	84	264
新颜村	130	398.46	133.06	616.9	59.25	33.2	101.5	137.51	46	361

（续）

村名称	样本数	碱解氮			有效磷			速效钾		
		平均值	最小值	最大值	平均值	最小值	最大值	平均值	最小值	最大值
新民村	118	468.08	208.66	647.14	55.96	36.2	87.1	118.12	46	241
富江村	28	453.67	359.86	632.02	39.29	23.4	59.1	200.79	171	240
新胜村	52	417.32	238.9	616.9	42.93	24.0	80.8	129.27	60	300
金江村	98	364.67	208.66	632.02	46.68	24.0	86.8	166.05	92	270
永祥村	79	262.38	163.3	480.82	51.18	26.5	82.3	70.22	36	109
永发村	62	280.41	163.3	571.54	57.90	31.4	89.6	57.63	34	209
新中村	37	346.22	226.72	465.7	50.00	37.1	83.2	94.30	76	113
胜利村	64	261.29	201.1	465.7	54.69	23.7	94.1	102.66	64	206
红旗村	112	245.93	133.06	382.54	63.39	34.0	94.4	97.40	48	157
东明村	24	369.65	163.3	495.94	64.47	41.7	79.8	136.50	70	271
东强村	61	293.44	178.42	722.74	66.41	44.3	87.7	184.67	102	345
东平村	45	305.15	223.78	363.64	64.79	31.2	83.8	109.93	62	171
东原村	31	322.52	163.3	571.54	54.24	26.8	94.1	101.97	48	209
东利村	79	311.78	178.42	526.18	54.17	22.8	84.4	69.28	40	128
金河村	129	359.21	163.3	616.9	49.29	29.8	92.9	144.97	73	256
金珠村	88	467.44	223.78	616.9	58.45	36.2	86.5	124.51	63	247
同富村	52	282.24	208.66	405.22	61.96	39.3	96.6	98.17	48	186
永丰村	56	309.56	178.42	616.9	66.06	38.9	88	99.39	48	309
永存村	71	261.17	178.42	405.22	45.48	27.7	73.3	93.62	46	246
新发村	20	222.80	133.06	334.66	45.62	25.6	84.8	92.50	66	110
新光村	9	300.46	267.6	334.66	73.36	58.5	85.3	106.11	101	109
新街村	54	265.88	163.3	420.34	48.42	20.1	77.1	97.63	68	164
头村	69	217.31	102.82	420.34	66.44	35.0	96	81.25	43	152
二村	48	193.88	80.136	314.5	62.21	26.8	78.9	71.29	40	115
永利村	90	270.92	117.94	873.94	47.05	23.4	88	82.16	33	151
永恒村	32	221.15	133.06	359.86	62.23	43.9	91.4	72.56	55	101
知青农场	52	253.80	117.94	465.7	60.66	25.6	93.8	124.46	78	205
卫国村	22	330.31	178.42	511.06	50.05	33.2	68.8	151.95	61	251
兴隆村	73	416.83	148.18	647.14	49.19	25.6	91.4	134.33	53	229

（续）

村名称	样本数	碱解氮			有效磷			速效钾		
		平均值	最小值	最大值	平均值	最小值	最大值	平均值	最小值	最大值
八岔村	41	489.24	314.5	647.14	53.66	32.6	71.5	165.76	58	283
永华村	207	440.03	254.02	662.26	59.06	36.4	92.3	109.94	45	237
富有村	35	385.17	178.42	601.78	50.28	34.4	77.1	115.66	72	194
东胜村	30	232.90	178.42	284.26	71.39	59.4	85.9	68.90	57	84
团发村	35	221.32	133.06	329.62	52.01	38.1	83.5	88.40	51	338
青年庄村	31	200.52	95.3	299.38	61.71	40.2	79.2	136.52	62	396
安卫村	40	227.66	163.3	284.26	68.23	46.9	90.5	83.95	63	198
新兴村	46	267.42	170.9	390.1	53.58	35	105	83.91	56	156
奋斗村	37	301.67	163.3	420.34	51.92	32.3	114.4	143.30	72	267
红建村	41	307.70	185.98	677.38	70.82	51.2	87.7	107.66	68	182
新富村	37	342.08	178.42	556.42	64.00	43.5	83.2	129.46	77	273
东升村	52	221.88	133.06	359.86	46.91	25.3	96.6	122.98	54	183
黎明村	28	215.75	163.3	367.4	42.17	26.8	92.1	76.07	54	195
同兴村	44	207.74	133.06	299.38	56.39	39.9	105	76.68	51	114
永安村	66	396.51	193.54	737.86	52.15	22.5	81.3	80.18	35	132
拉起河村	47	276.54	193.54	359.86	74.99	50.5	92.6	101.43	64	152
新乐村	45	328.86	170.86	405.22	43.34	27.4	63.5	105.82	66	177
永胜村	9	280.52	178.42	352.3	61.81	50.5	71	118.78	79	138
红星村	26	350.64	246.46	534.71	75.85	59.8	89.6	119.96	65	198
东阳村	28	372.62	279.22	526.18	57.48	40.4	75.3	105.54	62	195
红卫村	36	323.72	148.18	526.18	64.77	26.8	91.7	144.03	75	545
庆明村	26	185.75	117.94	286.52	73.65	54.5	85.6	94.35	72	124
东宏村	17	425.61	208.66	511.06	67.86	38.7	87.7	135.53	84	260
富川村	78	410.83	284.26	632.02	53.80	28.9	87.7	119.29	68	247
富裕村	72	310.11	238.9	465.7	47.62	23.7	66.7	147.10	69	328
富民村	24	369.49	269.14	511.06	51.56	23.7	73.7	114.54	75	237
金华村	96	313.78	193.54	465.7	46.06	23.4	85.3	138.13	64	245
富国村	15	338.51	269.14	382.54	43.56	31.1	71	122.00	99	194
临江村	33	389.73	193.54	571.54	60.76	21.9	87.7	105.85	65	151
金山村	53	331.57	193.54	435.46	56.62	25.6	93.5	151.57	67	256

附表 6－2　村级土壤有机质、全氮和全磷含量统计

单位：克/千克

村名称	样本数	有机质			全　氮			全　磷		
		平均值	最小值	最大值	平均值	最小值	最大值	平均值	最小值	最大值
卫垦村	114	37.21	5.8	44.5	2.04	0.32	2.45	536.36	134	958
卫明村	49	31.68	5.8	79.8	1.70	0.32	4.39	524.97	134	958
渔业村	119	39.06	20.3	88	2.15	1.12	4.84	394.26	134	653.8
三村	128	30.60	12.3	49.2	1.68	0.68	2.71	442.79	35	991
四村	66	31.98	8.8	49.9	1.76	0.48	2.75	681.37	1	957
庆安村	52	39.74	23	50.7	2.17	1.02	2.78	723.48	1	980
卫华村	46	46.13	14.5	88	2.54	0.8	4.84	573.14	376	901.6
卫星村	48	22.73	6.3	54.2	1.15	0.19	2.98	558.33	79	958
华星村	47	37.38	19.2	50.9	2.06	1.05	2.8	473.17	1	979
一庄村	33	28.74	14.4	88.8	1.59	0.35	4.89	544.41	34	991
东风村	46	29.28	14	43.6	1.61	0.77	2.4	350.48	1	869
乐业村	50	34.19	7.7	66.3	1.93	0.43	4.45	443.79	1	869
同胜村	40	20.73	7.3	55.3	0.64	0.29	1.52	404.35	254	683.8
东方红村	36	45.62	22.2	67.2	2.32	0.45	3.7	547.01	56	991
前锋村	57	41.80	19.1	87.2	2.29	1.04	4.8	498.57	1	979
胜昌村	77	30.22	14.1	58.3	1.67	0.78	3.21	699.36	254	979
朝阳村	137	24.75	6.2	54.3	1.29	0.34	2.98	587.96	1	979
曙平村	78	20.29	6.8	47.9	0.75	0.29	2.63	648.82	1	979
燎原村	65	26.66	11.7	63.3	1.46	0.64	3.48	441.82	101	705
向阳村	69	30.02	13.1	50.5	1.51	0.45	2.78	765.90	243	979
合兴村	30	38.79	24.2	65.3	2.14	1.33	3.73	414.88	254	575
春华村	43	36.35	14.5	59	2.00	0.8	3.24	480.89	78	924
银河村	111	48.13	11.9	81.6	2.74	0.65	6.03	491.02	34	979
新强村	108	49.73	26.6	92.6	2.75	1.46	5.64	499.37	78	979
新颜村	130	63.38	27.6	98.9	3.65	1.52	7.4	468.58	34	979
新民村	118	68.44	33	99.4	4.05	1.81	6.87	549.92	34	979
银川村	107	65.35	33	93.5	4.15	1.81	7.1	568.11	34	979
富强村	26	42.92	15.5	73	2.36	0.85	4.02	362.97	78	502.3

（续）

村名称	样本数	有机质			全　氮			全　磷		
		平均值	最小值	最大值	平均值	最小值	最大值	平均值	最小值	最大值
富江村	28	47.25	33.4	67.7	2.60	1.84	3.72	645.48	314.5	896.5
新胜村	52	65.91	34	95.5	3.71	1.87	5.77	609.38	34	979
金江村	98	36.90	8.2	75.4	2.02	0.29	4.15	536.97	34	958
永祥村	79	38.77	15.4	56.7	2.13	0.85	3.12	459.64	13	991
永发村	62	33.68	20.6	52.3	1.85	1.14	2.87	430.00	23	991
新中村	37	47.36	29.8	71.1	2.60	1.64	3.91	629.81	331	979
胜利村	64	35.64	18.8	55.3	1.95	1.04	3.04	579.80	234.3	979
红旗村	112	28.76	12.8	46	1.52	0.7	2.53	411.75	34	726
东明村	24	36.63	21.8	50.8	2.02	1.2	2.79	423.36	1	979
东强村	61	34.04	25.6	47	1.87	1.41	2.59	508.86	79	891
东平村	45	30.58	19.6	38.7	1.68	1.08	2.13	454.50	112	814
东原村	31	29.95	19.4	57.8	1.65	1.07	3.18	473.55	23	891
东利村	79	28.84	4.3	44.5	1.59	0.23	2.44	371.46	67	979
金河村	129	42.56	16.4	84.6	2.34	0.9	4.65	552.33	34	958
金珠村	88	40.81	3.9	70.6	2.25	0.21	3.88	437.50	34	935
同富村	52	41.41	13.3	94.2	2.35	0.73	5.18	465.88	221	705
永丰村	56	25.39	14	39.4	1.38	0.36	2.17	387.55	2	694
永存村	71	44.11	16.9	87.1	2.38	0.93	4.79	483.19	35	991
新发村	20	32.32	18.6	56.4	1.78	1.02	3.1	621.99	34	957
新光村	9	47.36	39.7	56.4	2.61	2.19	3.1	574.93	466.3	720.4
新街村	54	39.50	24.5	71.1	2.17	1.35	3.91	520.18	34	979
头村	69	30.21	8.8	45.4	1.66	0.48	2.5	520.65	79	991
二村	48	29.60	14.7	42.4	1.60	0.81	2.34	488.96	2	847
永利村	90	40.49	14.4	85.6	2.23	0.79	4.71	457.13	13	991
永恒村	32	25.98	11	67.7	1.43	0.6	3.72	597.11	2	913
知青农场	52	24.80	10.9	42.1	1.36	0.6	2.32	461.74	331	991
卫国村	22	26.25	11.1	62.9	1.20	0.32	3.46	538.21	45	957
兴隆村	73	60.17	31.9	95.9	3.49	1.75	5.83	573.66	34	979
八岔村	41	60.64	30.3	95.1	3.45	1.66	7.31	539.42	39.5	979

（续）

村名称	样本数	有机质			全　氮			全　磷		
		平均值	最小值	最大值	平均值	最小值	最大值	平均值	最小值	最大值
永华村	207	43.80	14.1	98.9	2.99	0.77	6.6	434.96	34	979
富有村	35	44.61	23.2	65.2	2.45	1.28	3.59	446.51	34	958
东胜村	30	36.23	8.3	49.7	0.70	0.45	1.21	405.59	332	678
团发村	35	27.64	11.1	41	2.17	0.61	6.58	752.97	299.1	869
青年庄村	31	22.60	9.7	41.1	1.21	0.53	2.26	660.98	513.5	798.3
安卫村	40	25.97	10.6	36	1.43	0.59	1.98	606.56	431	869
新兴村	46	34.50	18.9	63.8	1.92	1.04	3.51	380.87	78	551
奋斗村	37	46.52	26.3	64.7	2.54	1.45	3.39	398.51	219.8	662.6
红建村	41	30.10	17	52.1	1.66	0.94	2.86	459.92	1	706
新富村	37	34.09	14.9	51.7	1.88	0.82	2.84	426.12	1	706
东升村	52	33.46	14.4	75.5	1.78	0.79	4.15	590.12	78	979
黎明村	28	32.69	18.1	72.5	1.80	0.99	4.07	538.46	78	705
同兴村	44	26.77	16	58.5	1.50	0.88	3.22	513.83	78	869
永安村	66	49.03	27.4	67.2	2.70	1.51	3.7	390.59	46	657.5
拉起河村	47	28.83	17.3	40	1.59	0.95	2.2	182.66	67	409.9
新乐村	45	47.58	28.7	61.7	2.62	1.58	3.39	417.50	34	979
永胜村	9	36.84	30.1	43.3	1.91	1.66	2.11	296.13	243	403
红星村	26	36.02	10.9	44.5	1.98	0.6	2.45	347.15	101	979
东阳村	28	34.63	11.6	45.9	1.91	0.64	2.53	244.77	101	540
红卫村	36	29.68	17.8	44	1.63	0.98	2.42	521.44	112	991
庆明村	26	38.98	20.7	49.5	2.13	1.14	2.72	537.75	310	991
东宏村	17	31.46	24.4	38.3	1.73	1.34	2.11	190.28	1	466.2
富川村	78	39.34	17.4	66.9	2.14	0.94	3.68	418.12	34	935
富裕村	72	32.40	17.6	58.7	1.78	0.97	3.23	486.04	34	845.8
富民村	24	49.20	31.1	70.7	2.70	1.71	3.89	645.38	375	869
金华村	96	29.00	7.3	49.3	1.60	0.4	2.71	554.71	34	958
富国村	15	38.03	18.4	55.6	2.09	1.01	3.06	448.02	276	891
临江村	33	45.37	31	77.7	2.50	1.71	4.27	563.98	364	958
金山村	53	38.18	8.2	61.5	2.10	0.45	3.38	437.58	34	958

附表 6-3　村级土壤有效铜、有效锌和有效铁含量统计

单位：毫克/千克

村名称	样本数	有效铜			有效锌			有效铁		
		平均值	最小值	最大值	平均值	最小值	最大值	平均值	最小值	最大值
卫垦村	114	0.38	0.17	0.62	1.92	1.54	3.05	25.55	12.1	56.3
卫明村	49	0.47	0.13	1.57	1.86	0.99	2.39	23.68	12.1	38.2
渔业村	119	0.47	0.13	1.51	2.25	1.02	2.93	28.34	17.8	57.4
三村	128	1.35	0.76	2.07	1.25	0.42	2.44	27.57	11.6	56.8
四村	66	1.39	0.52	2.6	1.09	0.36	1.9	27.52	15.5	56.1
庆安村	52	1.16	0.46	1.88	1.14	0.38	1.9	25.05	13	40.1
卫华村	46	0.45	0.13	0.84	2.06	1.17	2.81	23.10	12.3	40.1
卫星村	48	0.38	0.13	0.57	1.92	1.54	3.12	19.98	12.1	40.7
华星村	47	1.27	0.57	1.9	1.23	0.46	2.11	22.07	12.1	56.3
一庄村	33	0.94	0.33	1.69	0.95	0.58	1.35	25.66	12.1	50.1
东风村	46	0.99	0.32	2.03	1.23	0.58	3.69	36.75	15	65.3
乐业村	50	1.17	0.49	1.89	1.08	0.49	2.01	34.18	12.1	56.3
同胜村	40	1.09	0.51	1.72	0.93	0.42	1.74	23.02	12.1	40.1
东方红村	36	0.77	0.47	1.89	0.77	0.39	2	40.41	24.4	56.3
前锋村	57	1.48	0.86	2.18	1.48	0.68	2.17	29.47	15.3	45.5
胜昌村	77	1.04	0.51	4.56	0.88	0.68	1.15	28.47	12.3	45.5
朝阳村	137	1.14	0.45	2.66	1.23	0.75	2.15	28.39	12.2	48.6
曙平村	78	0.82	0.57	1.27	1.01	0.36	1.74	34.07	12.2	48.6
燎原村	65	1.83	0.76	10.1	1.27	0.93	2.21	37.51	15	65.3
向阳村	69	1.35	0.6	2.41	1.47	1.08	2.17	30.06	12.2	48.6
合兴村	30	0.55	0.17	0.89	1.96	1.54	2.49	20.81	11.8	43.2
春华村	43	0.49	0.17	1.05	2.01	1.54	2.65	26.00	17.1	43.5
银河村	111	0.65	0.38	1.1	2.35	1.78	2.87	27.09	12.1	56.3
新强村	108	0.67	0.33	0.96	2.50	1.75	3.73	32.54	15.2	48.1
新颜村	130	0.64	0.28	0.9	2.29	1.54	2.87	21.40	10.9	50.1
新民村	118	0.67	0.33	1.34	2.25	0.53	2.87	25.61	11.6	46.9
银川村	107	0.67	0.28	1.3	2.16	1.45	2.87	23.72	13.3	37.3
富强村	26	0.55	0.17	1.05	1.84	1.38	2.22	27.78	12.9	46.6

（续）

村名称	样本数	有效铜			有效锌			有效铁		
		平均值	最小值	最大值	平均值	最小值	最大值	平均值	最小值	最大值
富江村	28	0.57	0.17	0.89	1.80	1.38	2.21	17.41	11.5	22.3
新胜村	52	0.64	0.33	1.03	2.17	1.43	2.81	34.78	12.1	65.3
金江村	98	0.42	0.17	0.89	2.40	1.54	3.81	26.50	13.3	47.7
永祥村	79	1.20	0.44	1.9	1.60	0.57	3.29	27.83	10.9	49.1
永发村	62	1.27	0.65	1.9	1.38	0.57	1.9	31.65	11.5	56.1
新中村	37	0.88	0.36	1.16	1.41	0.71	2.41	23.28	12.2	34.4
胜利村	64	1.11	0.46	2.08	1.17	0.16	2.41	32.16	12.2	45.5
红旗村	112	1.37	0.46	2.48	1.49	0.38	2.41	31.61	21.1	65.3
东明村	24	1.22	0.17	1.9	1.23	0.76	1.9	25.38	14.3	35.8
东强村	61	1.30	0.34	1.9	1.44	0.57	1.9	29.02	17.9	46.1
东平村	45	1.20	0.76	1.9	1.39	0.67	1.67	35.42	13.7	46.3
东原村	31	1.16	0.51	1.68	1.49	1.02	1.9	29.46	15.4	42.8
东利村	79	1.14	0.51	1.9	1.38	0.76	1.91	27.87	10.7	47.2
金河村	129	0.46	0.13	0.8	1.88	1.47	2.37	34.93	15.5	57.4
金珠村	88	0.44	0.13	0.96	1.88	1.45	2.89	24.51	12.8	46.9
同富村	52	0.50	0.12	1.43	1.00	0.24	2.23	34.03	12.3	50.1
永丰村	56	1.07	0.34	1.9	1.57	0.76	1.9	32.56	21.3	56.1
永存村	71	1.15	0.42	1.9	1.60	0.76	3.29	36.28	21.5	56.5
新发村	20	1.12	0.56	2.04	1.04	0.33	2.22	29.16	15.2	36.8
新光村	9	0.95	0.8	1.09	1.74	1.22	2.22	33.54	28.4	36.8
头村	69	1.29	0.62	1.8	1.11	0.47	2.44	18.37	11.2	40.4
新街村	54	0.62	0.26	1.2	1.05	0.07	2.15	30.19	15	45.8
二村	48	1.14	0.55	1.83	1.28	0.46	2.44	21.19	11.8	42.4
永利村	90	1.19	0.34	1.9	1.34	0.57	2.52	35.08	15.3	49.6
永恒村	32	1.24	0.38	1.72	1.30	0.57	1.9	27.70	12.8	58.1
知青农场	52	1.36	0.63	1.96	1.13	0.57	1.68	22.31	15.6	32.4
卫国村	22	0.42	0.15	1.31	1.95	1.33	2.81	24.40	16.6	37.1
兴隆村	73	0.71	0.28	1.8	2.28	1.81	2.75	21.39	12.1	51.6
八岔村	41	0.67	0.33	1.3	2.33	1.88	2.75	24.13	11.5	55.1

（续）

村名称	样本数	有效铜			有效锌			有效铁		
		平均值	最小值	最大值	平均值	最小值	最大值	平均值	最小值	最大值
永华村	207	0.76	0.32	10.59	1.95	1.45	3.37	22.27	10.9	65.3
富有村	35	0.49	0.17	0.91	1.92	1.45	3.37	30.98	15.2	42.3
东胜村	30	0.88	0.71	1.61	0.87	0.56	1.42	23.73	12.2	33.1
团发村	35	1.23	0.38	1.78	1.37	0.59	3.52	35.17	17.1	48.6
青年庄村	31	1.11	0.55	1.55	0.65	0.26	1	37.77	15	65.3
安卫村	40	1.38	0.64	2.68	0.57	0.28	0.88	30.81	12.2	48.1
新兴村	46	2.04	0.78	10.9	1.92	1.13	3.76	35.76	15.2	46.9
奋斗村	37	2.09	1.02	8.63	1.68	0.78	3.02	36.13	26.4	51.5
红建村	41	1.15	0.55	1.9	1.15	0.57	1.76	31.10	15.2	48.1
新富村	37	1.14	0.57	1.9	1.38	0.55	1.9	32.16	15.2	45.3
东升村	52	0.56	0.08	1.78	0.45	0.15	1.65	31.93	15	65.3
黎明村	28	1.16	0.06	1.72	1.43	0.64	1.93	21.27	12.3	40.1
同兴村	44	0.33	0.07	1.29	1.16	0.34	1.95	29.36	15.2	48.6
永安村	66	1.27	0.34	1.9	1.63	0.76	2.74	23.91	10.9	39
拉起河村	47	1.10	0.17	1.88	1.06	0.53	1.9	38.37	12.3	50.1
新乐村	45	0.54	0.19	2.04	0.53	0.07	1.36	37.91	15.2	56.3
永胜村	9	0.57	0.34	0.88	1.96	1.42	2.21	30.67	26.4	39.1
红星村	26	1.16	0.57	1.64	1.20	0.57	1.9	32.63	19.6	56.3
东阳村	28	1.11	0.65	1.68	1.23	0.76	1.63	29.28	15.6	38.9
红卫村	36	1.17	0.58	1.68	1.21	0.42	1.9	34.05	19.3	48.1
庆明村	26	0.74	0.45	1.1	1.05	0.77	1.28	19.93	13.8	38.4
东宏村	17	1.39	0.47	1.9	1.43	1.03	1.9	25.16	18.8	32.6
富川村	78	0.55	0.14	1.8	1.77	1.45	2.06	25.39	12.1	48.6
富裕村	72	0.51	0.13	0.89	1.97	1.57	2.56	17.89	11.9	24.2
富民村	24	0.41	0.13	0.8	1.78	1.54	2.75	21.60	12.3	31.4
金华村	96	0.44	0.17	0.76	2.00	1.54	3.31	21.60	11.8	43.2
富国村	15	0.50	0.13	0.89	1.88	1.45	2.13	23.93	19.7	29.4
临江村	33	0.58	0.17	0.89	2.02	1.43	2.75	33.43	15.2	46.6
金山村	53	0.47	0.17	0.84	1.82	1.54	2.63	25.76	10.9	43.5

图书在版编目（CIP）数据

黑龙江省同江市耕地地力评价 / 徐柏富主编 . —北京：
中国农业出版社，2020.5
ISBN 978-7-109-26615-5

I. ①黑… Ⅱ. ①徐… Ⅲ. ①耕作土壤－土壤肥力－
土壤调查－同江②耕作土壤－土壤评价－同江 Ⅳ.
①S159.235.4②S158

中国版本图书馆 CIP 数据核字（2020）第 032629 号

黑龙江省同江市耕地地力评价
HEILONGJIANGSHENG TONGJIANGSHI GENGDI DILI PINGJIA

中国农业出版社出版
地址：北京市朝阳区麦子店街 18 号楼
邮编：100125
责任编辑：杨桂华　廖　宁
版式设计：王　晨　　责任校对：吴丽婷
印刷：中农印务有限公司
版次：2020 年 5 月第 1 版
印次：2020 年 5 月北京第 1 次印刷
发行：新华书店北京发行所
开本：787mm×1092mm　1/16
印张：13　　插页：8
字数：320 千字
定价：108.00 元

同江市行政区划图

比例尺 1:1 000 000

本图采用北京 1954 坐标系

黑龙江极象动漫影视技术有限公司
哈尔滨万图信息技术开发有限公司

图 例

居民点
水系
公路
铁路
乡界
村界
县界

乡（镇）名称

三村镇
临江镇
乐业镇
同江镇
八岔赫哲族乡
向阳乡
青河乡
街津口赫哲族乡
金川乡
银川乡

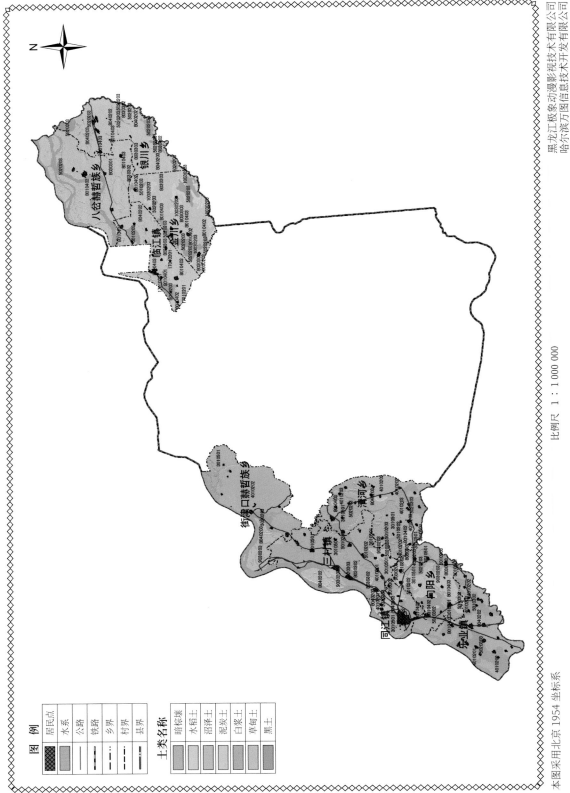

同江市土壤图

比例尺 1：1 000 000

黑龙江极象动漫影视技术有限公司
哈尔滨万图信息技术开发有限公司

本图采用北京 1954 坐标系

图 例

	居民点
	水系
	公路
	铁路
	乡界
	村界
	县界

土类名称

	暗棕壤
	水稻土
	沼泽土
	泥炭土
	白浆土
	草甸土
	黑土

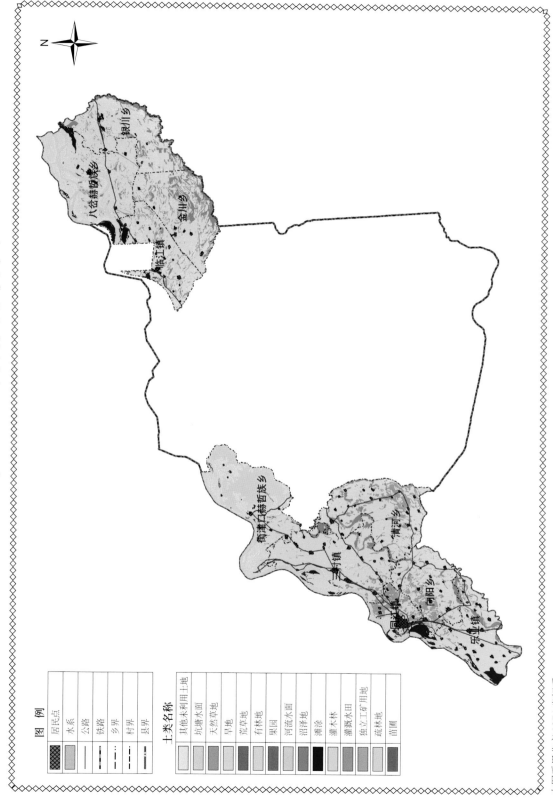

同江市土地利用现状图

比例尺 1：1 000 000

本图采用北京1954坐标系

黑龙江极象动漫影视技术有限公司
哈尔滨万图信息技术开发有限公司

图　例

	居民点
	水系
	公路
	铁路
	乡界
	村界
	县界

土类名称

	其他未利用土地
	坑塘水面
	天然草地
	旱地
	荒草地
	有林地
	果园
	河流水面
	沼泽地
	滩涂
	灌木林
	灌溉水田
	独立工矿用地
	疏林地
	苗圃

八岔赫哲族乡
银川乡
金川乡
临江镇
街津口赫哲族乡
三村镇
清河乡
向阳乡
同江镇
乐业镇

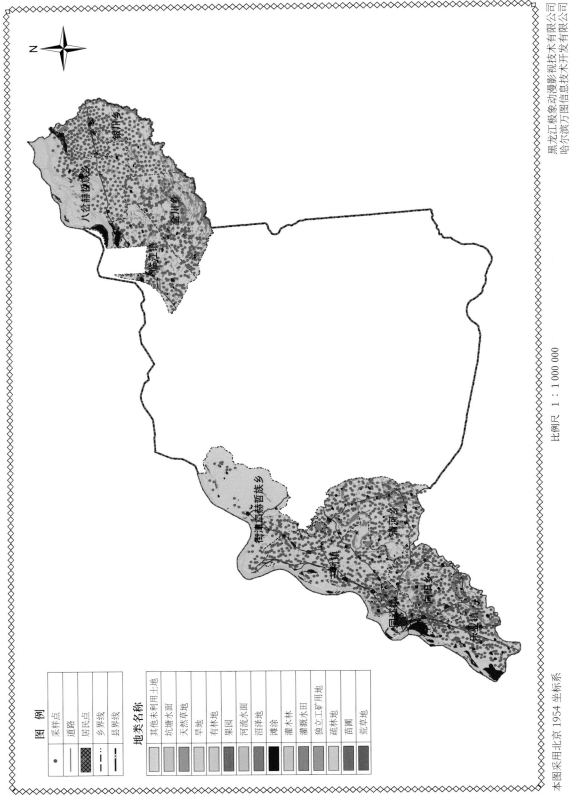

同江市耕地地力调查点分布图

黑龙江极象动漫影视技术有限公司
哈尔滨万图信息技术开发有限公司

比例尺 1：1 000 000

本图采用北京 1954 坐标系

图 例

采样点
道路
居民点
乡界线
县界线

地类名称

其他未利用土地
坑塘水面
天然草地
旱地
有林地
果园
河流水面
沼泽地
滩涂
灌木林
灌溉水田
独立工矿用地
疏林地
苗圃
荒草地

同江市耕地地力等级图

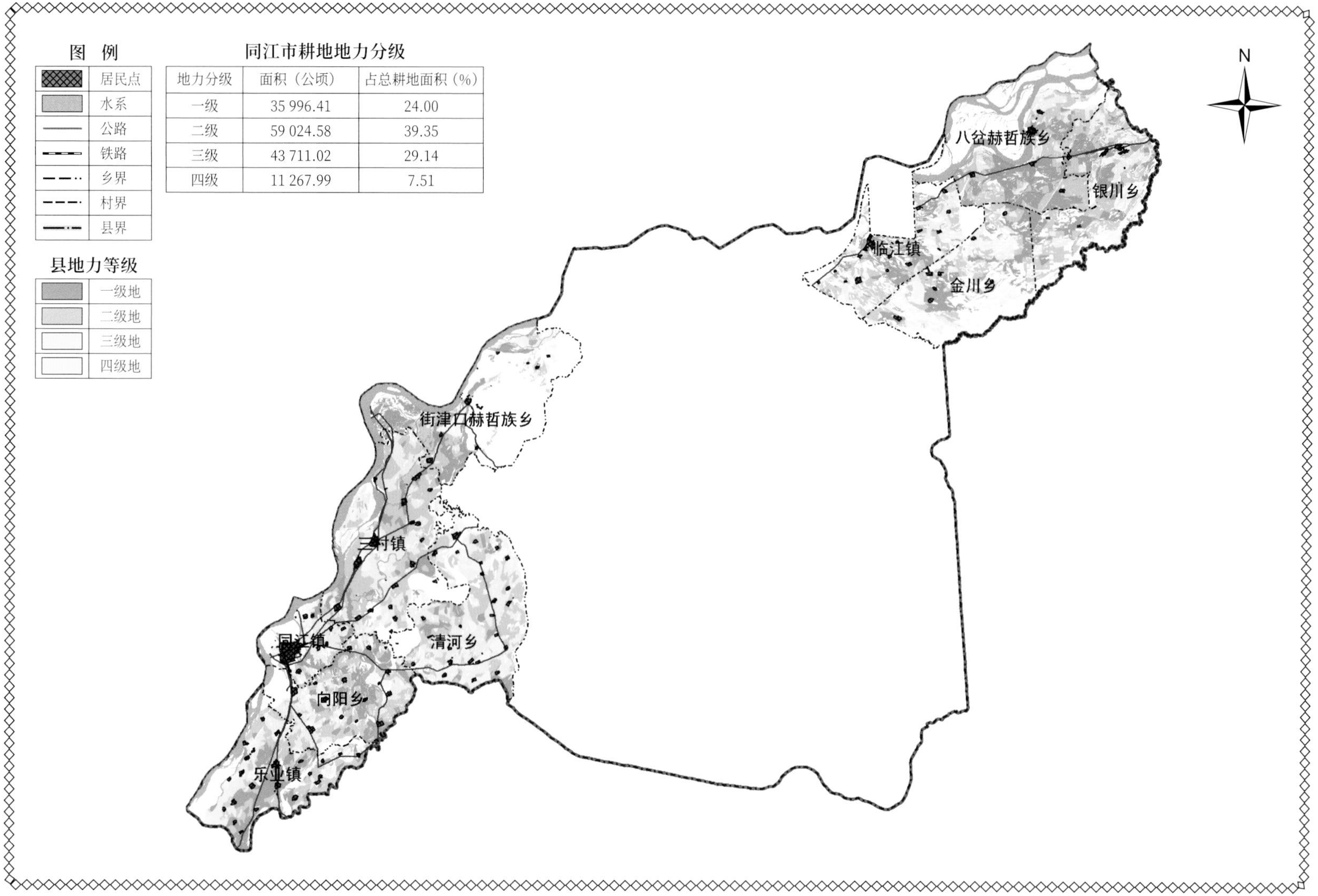

黑龙江极象动漫影视科技有限公司
哈尔滨万图信息技术开发有限公司

比例尺 1 : 1 000 000

本图采用北京 1954 坐标系

同江市耕地地力分级

地力分级	面积（公顷）	占总耕地面积（%）
一级	35 996.41	24.00
二级	59 024.58	39.35
三级	43 711.02	29.14
四级	11 267.99	7.51

图 例

居民点
水系
公路
铁路
乡界
村界
县界

县地力等级

一级地
二级地
三级地
四级地

八岔赫哲族乡
银川乡
金川乡
临江镇
街津口赫哲族乡
清河乡
三村镇
同江市镇
同阳乡
乐业镇

同江市耕地土壤有机质分级图

图 例

居民点
水系
公路
铁路
乡界
村界
县界

有机质
（克/千克）

< 10
10～20
20～30
30～40
40～60
> 60

比例尺 1：1 000 000

本图采用北京1954坐标系

黑龙江极象动漫影视技术有限公司
哈尔滨万图信息技术开发有限公司

银川乡
八岔赫哲族乡
金川乡
临江镇
街津口赫哲族乡
三村镇
清河乡
同江镇
向阳乡
乐业镇

同江市耕地土壤全氮分级图

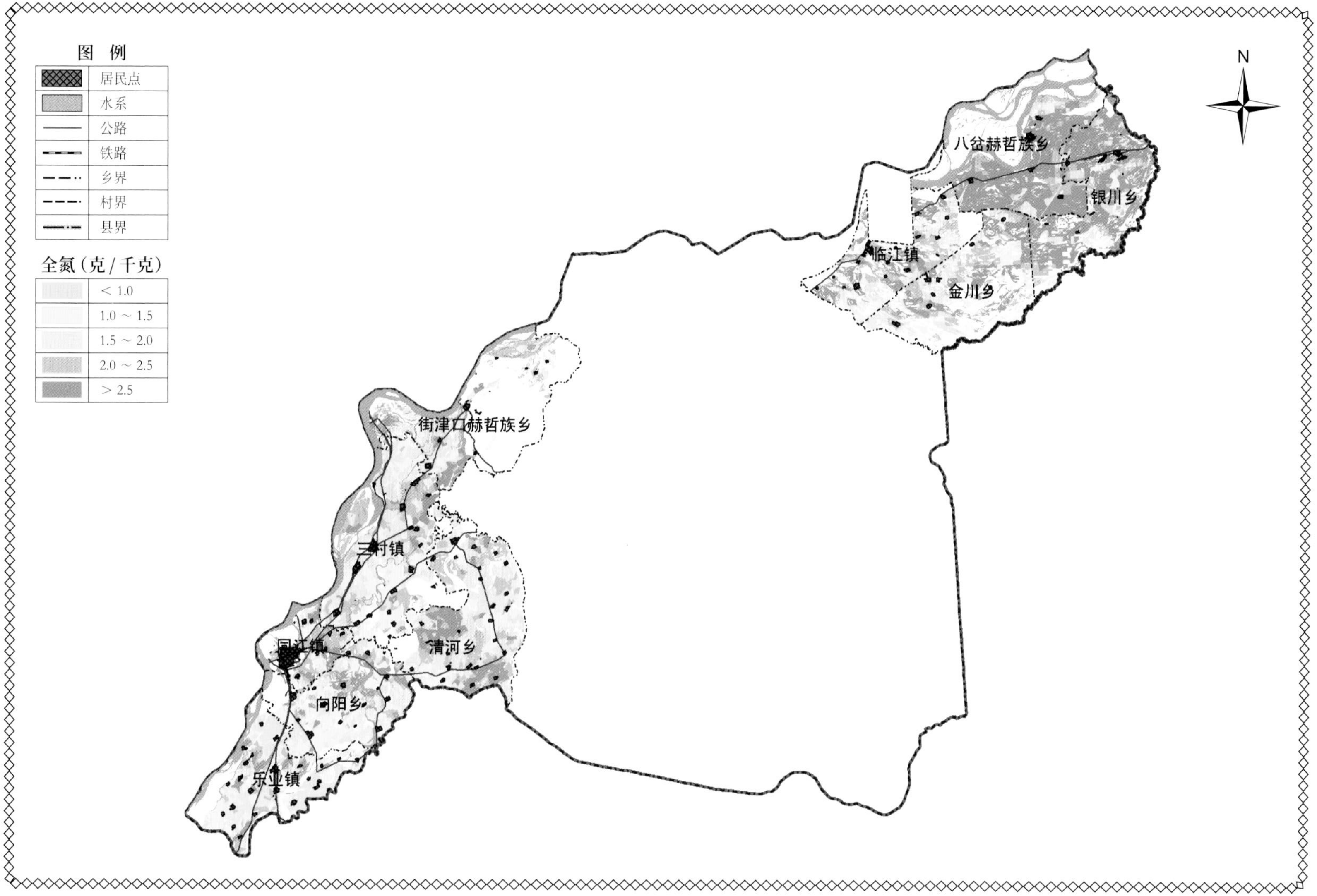

N

八岔赫哲族乡

银川乡

金川乡

临江镇

街津口赫哲族乡

清河乡

三村镇

同江镇

向阳乡

乐业镇

黑龙江极象动漫影视技术有限公司
哈尔滨万图信息技术开发有限公司

比例尺 1：1 000 000

图 例

	居民点
	水系
	公路
	铁路
	乡界
	村界
	县界

全氮（克/千克）

	< 1.0
	1.0～1.5
	1.5～2.0
	2.0～2.5
	> 2.5

本图采用北京 1954 坐标系

同江市耕地土壤全钾分级图

黑龙江极象动漫影视技术有限公司
哈尔滨万图信息技术开发有限公司

比例尺 1：1 000 000

本图采用北京 1954 坐标系

图 例

	居民点
	水系
	公路
	铁路
	乡界
	村界
	县界

全钾（克/千克）

	12.7～20.0
	20.0～22.4

银川乡

八岔赫哲族乡

金川乡

临江镇

街津口赫哲族乡

清河乡

三村镇

向阳乡

同江镇

乐业镇

同江市耕地土壤全磷分级图

黑龙江极象动漫影视技术有限公司
哈尔滨万图信息技术开发有限公司

比例尺 1:1 000 000

本图采用北京1954坐标系

图 例

	居民点
	水系
	公路
	铁路
	乡界
	村界
	县界

全磷（克/千克）

	0.5～1.0
	1.0～1.5
	1.5～2.0
	2.0～2.7

银川乡
八岔赫哲族乡
金川乡
临江镇

街津口赫哲族乡
清河乡
三村镇
向阳乡
同江镇
乐业镇

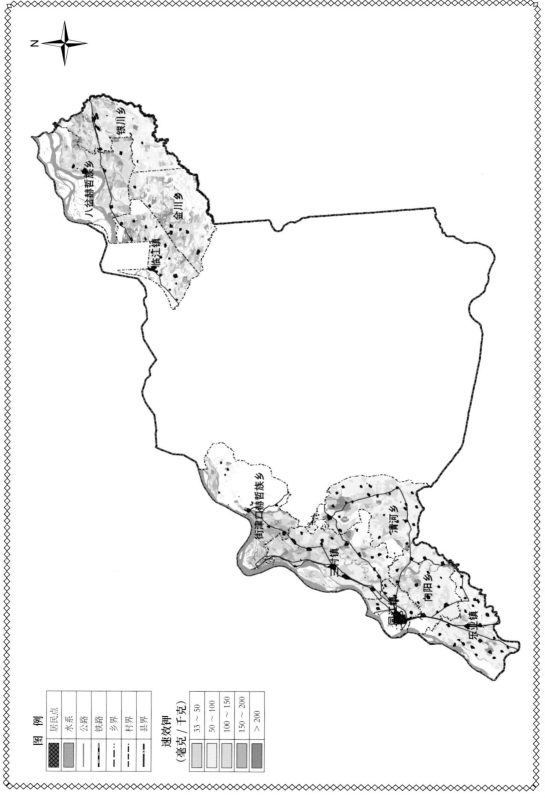

同江市耕地土壤速效钾分级图

黑龙江极象动漫影视技术有限公司
哈尔滨万图信息技术开发有限公司

比例尺 1∶1 000 000

本图采用北京1954坐标系

图 例

居民点
水系
公路
铁路
乡界
村界
县界

速效钾
（毫克/千克）

33～50
50～100
100～150
150～200
＞200

银川乡
八岔赫哲族乡
金川乡
临江镇

街津口赫哲族乡
清河乡
三村镇
向阳乡
同江镇
乐业镇

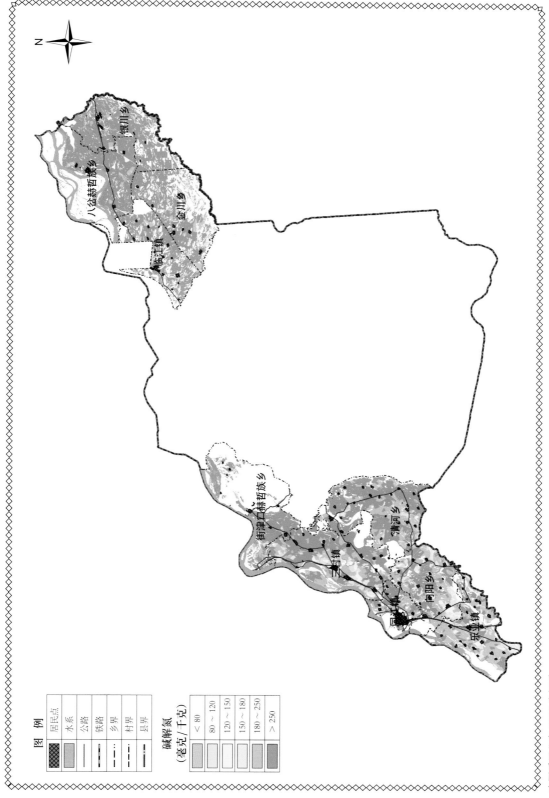

同江市耕地土壤碱解氮分级图

图　例

居民点
水系
公路
铁路
乡界
村界
县界

碱解氮
(毫克/千克)

< 80
80～120
120～150
150～180
180～250
> 250

比例尺　1：1 000 000

八岔赫哲族乡
银川乡
金川乡
临江镇

街津口赫哲族乡
三村镇
青河乡
同江镇
向阳乡
乐业镇

黑龙江极象动漫影视技术有限公司
哈尔滨万图信息技术开发有限公司

本图采用北京 1954 坐标系

同江市耕地土壤有效磷分级图

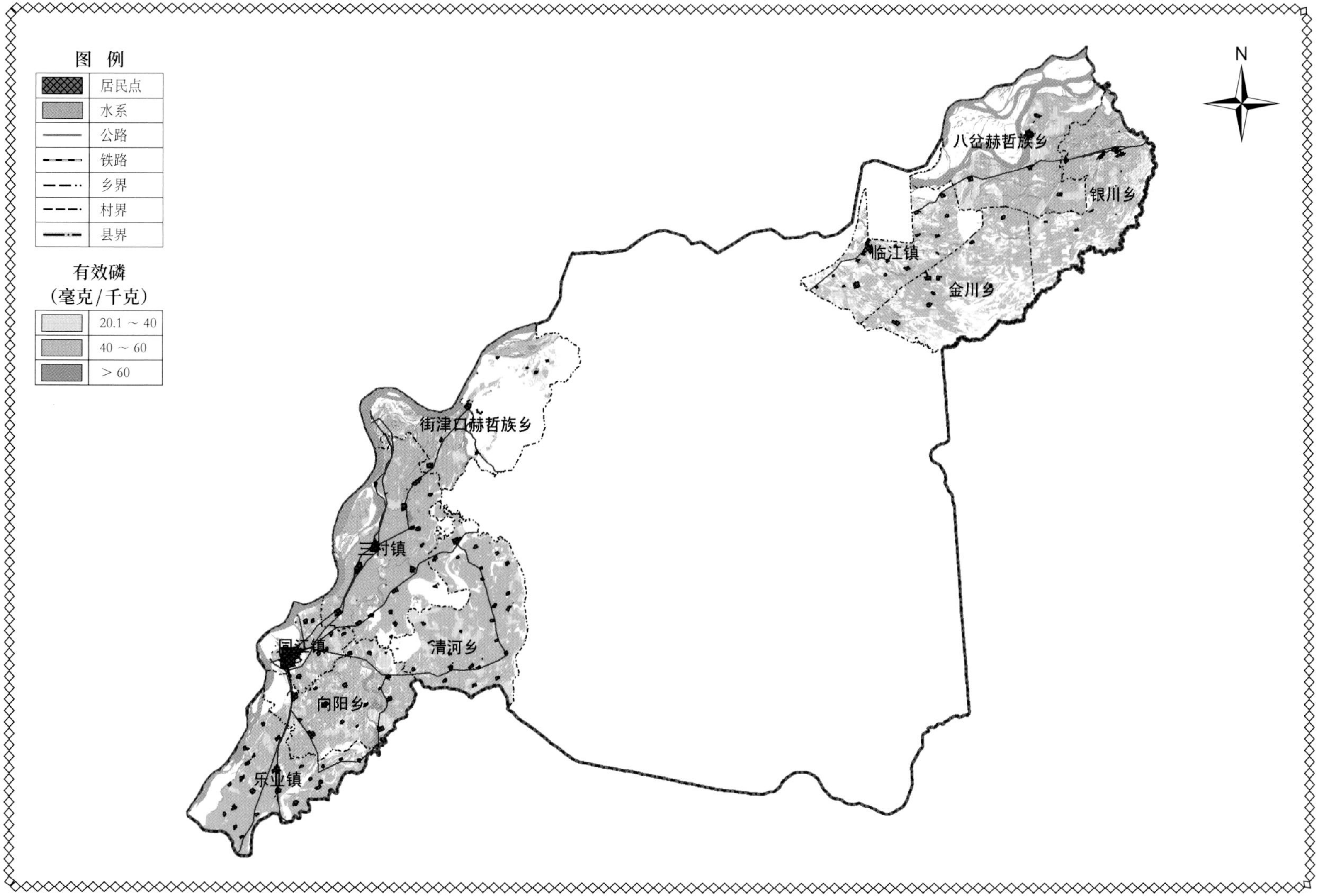

N

八岔赫哲族乡

银川乡

金川乡

临江镇

街津口赫哲族乡

青河乡

三村镇

同江镇

向阳乡

乐业镇

黑龙江极象动漫影视技术有限公司
哈尔滨万图信息技术开发有限公司

比例尺 1：1 000 000

本图采用北京 1954 坐标系

图 例

| 居民点 |
| 水系 |
| 公路 |
| 铁路 |
| 乡界 |
| 村界 |
| 县界 |

有效磷
（毫克/千克）

| 20.1 ~ 40 |
| 40 ~ 60 |
| > 60 |

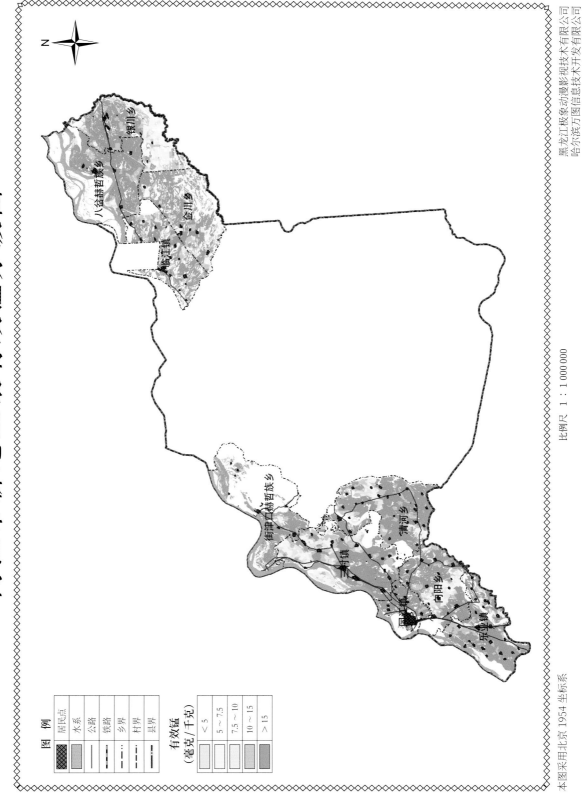

同江市耕地土壤有效锰分级图

黑龙江极象动漫影视技术有限公司
哈尔滨万图信息技术开发有限公司

比例尺 1：1 000 000

本图采用北京 1954 坐标系

图　例

	居民点
	水系
	公路
	铁路
	乡界
	村界
	县界

有效锰
(毫克/千克)

	< 5
	5 ~ 7.5
	7.5 ~ 10
	10 ~ 15
	> 15

八岔赫哲族乡

银川乡

金川乡

临江镇

街津口赫哲族乡

清河乡

三村镇

向阳乡

同江镇

乐业镇

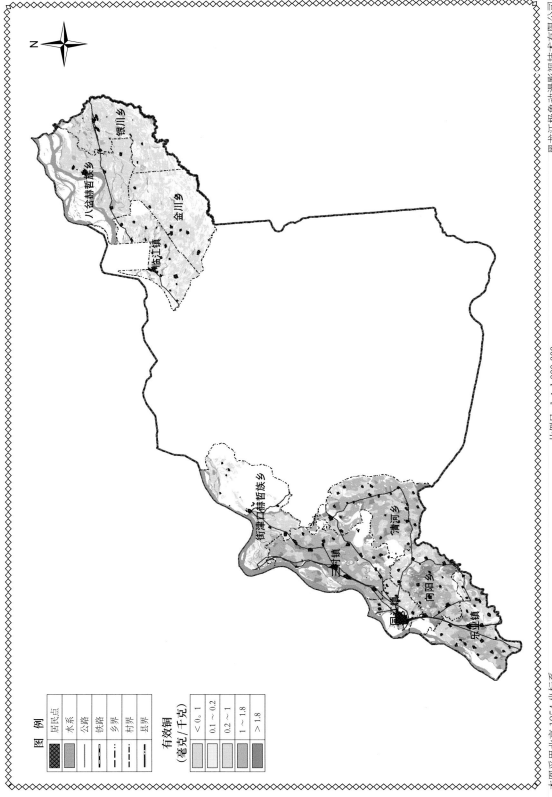

同江市耕地土壤有效铜分级图

黑龙江极象动漫影视技术有限公司
哈尔滨万图信息技术开发有限公司

比例尺 1：1 000 000

本图采用北京1954坐标系

图 例

居民点
水系
公路
铁路
乡界
村界
县界

有效铜
（毫克/千克）

< 0.1
0.1 ~ 0.2
0.2 ~ 1
1 ~ 1.8
> 1.8

银川乡
八岔赫哲族乡
金川乡
临江镇

街津口赫哲族乡
清河乡
三村镇
向阳乡
同江镇
乐业镇

同江市耕地土壤有效锌分级图

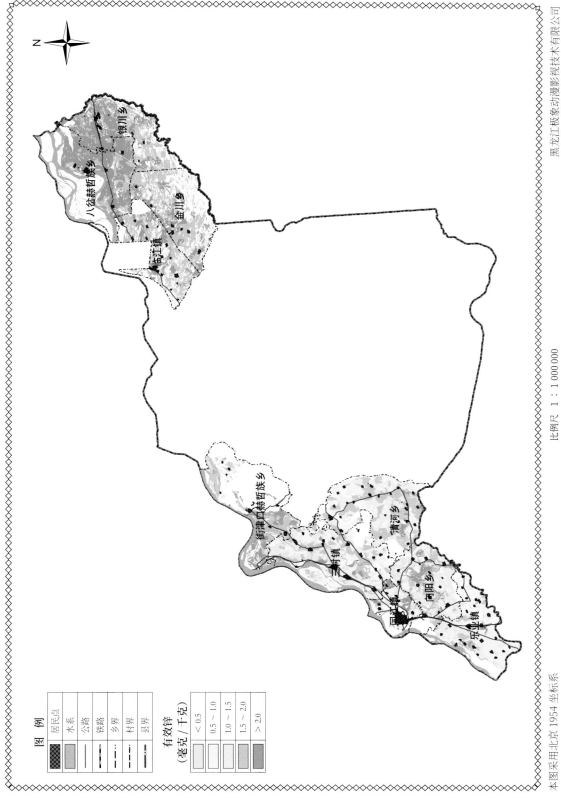

图 例

	居民点
	水系
	公路
	铁路
	乡界
	村界
	县界

有效锌
(毫克/千克)

	< 0.5
	0.5 ~ 1.0
	1.0 ~ 1.5
	1.5 ~ 2.0
	> 2.0

黑龙江极象动漫影视技术有限公司
哈尔滨万图信息技术开发有限公司

比例尺 1 : 1 000 000

本图采用北京 1954 坐标系

同江市大豆适宜性评价图

比例尺 1：1 000 000

黑龙江极象动漫影视技术有限公司
哈尔滨万图信息技术开发有限公司

本图采用北京1954坐标系

图 例

居民点
水系
公路
铁路
乡界
村界
县界

适宜性

不适宜
勉强适宜
适宜
高度适宜